COMPLÉMENTS

DE CHIMIE

DU MÊME AUTEUR

Leçons élémentaires de chimie, à l'usage des classes de l'enseignement secondaire (*premier cycle, classes de quatrième et de troisième*). Ouvrage rédigé conformément au programme officiel de 1902 et orné de 103 gravures intercalées dans le texte. 1 vol. in-18 jésus, cart. 2 fr. 50 c.

Leçons de chimie, à l'usage des classes de l'enseignement secondaire (*second cycle, classes de seconde et de première*). Ouvrage rédigé conformément au programme officiel de 1902 et orné de 136 gravures intercalées dans le texte. 1 vol. in-18 jésus, relié en toile souple. 3 fr. 50 c.

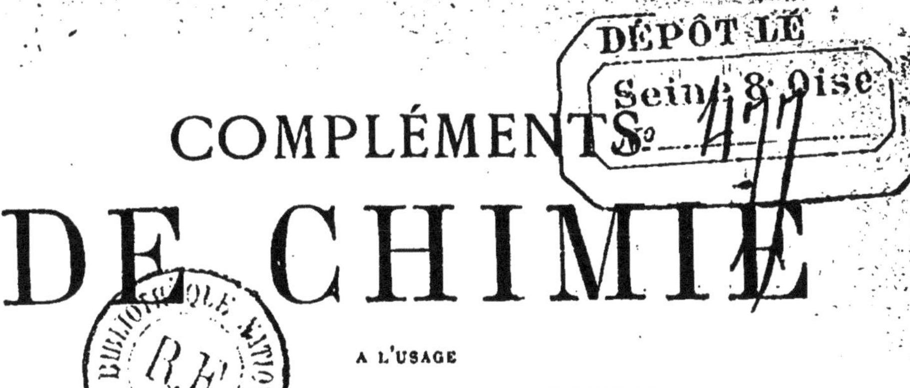

COMPLÉMENTS DE CHIMIE

A L'USAGE
DES CLASSES DE L'ENSEIGNEMENT SECONDAIRE

PAR

P. LUGOL
AGRÉGÉ DES SCIENCES PHYSIQUES, PROFESSEUR AU LYCÉE CONDORCET

Ouvrage rédigé conformément au programme officiel de 1902 et orné de 35 gravures intercalées dans le texte

SECOND CYCLE
CLASSE DE MATHÉMATIQUES A ET B

PARIS
LIBRAIRIE CLASSIQUE EUGÈNE BELIN
BELIN FRÈRES
RUE DE VAUGIRARD, 52

1904

SAINT-CLOUD. — IMPRIMERIE BELIN FRÈRES.

AVERTISSEMENT

Qu'il nous soit permis, en présentant ces *Compléments de chimie* à nos collègues et aux élèves, d'indiquer l'esprit dans lequel nous les avons rédigés.

L'ordre du programme a été exactement suivi.

Les principes de la notation atomique ont reçu un développement suffisant pour que les élèves puissent en bien saisir la signification.

Nous avons pensé que des jeunes gens déjà pourvus d'un fonds sérieux de connaissances doivent être, dans une année de fin d'études, mis en mesure de coordonner les faits qui peuvent être logiquement groupés. C'est pourquoi nous avons indiqué à propos du chapitre *Acides, bases, sels,* les points fondamentaux de l'hypothèse de la dissociation électrolytique, pour y rattacher les résultats des mesures cryoscopiques.

Nous avons insisté sur les principes généraux qui régissent les phénomènes d'équilibre, mais sans quitter le domaine de l'expérience, et aborder une théorie qui serait déplacée dans un ouvrage comme celui-ci.

Les quelques questions de chimie organique indiquées au programme ont été traitées surtout au point de vue de la détermination et de la synthèse des fonctions, et en restant autant que possible dans les généralités.

Nous avons enfin ajouté quelques courtes notices

historiques relatives à la notion de corps simple, aux lois de la chimie, à la nomenclature, et à la chimie organique. Nous nous sommes borné à ces quelques questions fondamentales, ne pouvant prétendre à donner un tableau, même abrégé, du développement de la science.

P. Lugol.

Paris, octobre 1904.

PROGRAMME OFFICIEL

DU 31 MAI 1902

Classe de Mathématiques A et B.

(Les numéros renvoient aux paragraphes.)

CHIMIE

Généralités sur les combinaisons chimiques, 1-2; 19-22.

Analyse immédiate, 3-18.

Revision des caractères des corps simples et composés permettant de constater leur existence dans les combinaisons chimiques, 23.

Principes de l'analyse pondérale et de l'analyse volumétrique, 24-36.

Lois pondérales de la chimie, 37-38.

Nombres proportionnels, 44; symboles, 39; formules, 42.

Lois des volumes, 48. — Hypothèse d'Avogadro et d'Ampère, 49.

Molécules, 40. — Définition et détermination des poids moléculaires, 45-51; 56-59.

Atomes, 40. — Quelques exemples de déterminations de poids atomiques, 53-55; 60-63.

Notation atomique; valence, 64-66.

Classification des métalloïdes, 68-95.

Acides, bases et sels, 96-113.

Métaux alcalins et alcalino-terreux; composés usuels, 114-131.

Fer, sulfate ferreux, 166-174. — Zinc, sulfate de zinc, 135-142. — Plomb, minium, céruse, 155-165. — Cuivre, sulfate de cuivre, 132-134. — Mercure, chlorure de mercure, 143-153.

Caractères distinctifs des oxydes, sulfures et des principaux genres de sels (chlorures, carbonates, sulfates et azotates), 182-196.

Equilibres chimiques (au point de vue expérimental), 207-225. — Dissociation, 210-217. — Lois de Berthollet, 222.

Phénomènes thermiques qui accompagnent les réactions : thermochimie, 231-239.

CHIMIE ORGANIQUE

Principes de l'analyse organique, 240-242.

Synthèse, 245-247.

Formules développées, 249-255.
Fonctions en chimie organique, 248; 260-266.
Carbures d'hydrogène; dérivés halogénés, 256-271.
Alcool éthylique; 272-273, 277; éther ordinaire, 274-275; aldéhyde, 280-282; acétone, 284-286; méthylamines, 288-289.
Acide acétique, anhydride acétique, 291-294; éthers-sels, 295-298 acétamide, 299; urée, 301.
Cyanogène, 303-308; acide cyanhydrique, 310-316; cyanures, 309; 317-318.
Glycérine, 319-321; acide oxalique, 322-327; acide lactique, 328-332.
Carbures benzéniques, 333-336; 342-346.
Phénol, 338; aniline, 340.
Substances organiques azotées, 347. — Albumine, 348.

COMPLÉMENTS DE CHIMIE

CLASSE DE MATHÉMATIQUES

CHAPITRE I

GÉNÉRALITÉS SUR LES COMBINAISONS CHIMIQUES
ANALYSE IMMÉDIATE
PRINCIPES D'ANALYSE QUALITATIVE

Caractères distinctifs des corps. 1. — Les corps simples et les combinaisons qu'ils forment entre eux ont reçu le nom d'*individus chimiques;* chacun d'eux est défini par un ensemble de caractères que l'on doit retrouver intégralement dans un échantillon de masse et de provenance quelconques; en fait, il suffit toujours d'en constater un petit nombre pour reconnaître une substance sans hésitation.

Certains de ces caractères n'impliquent que l'examen du corps lui-même. En dehors de ceux qui frappent immédiatement nos sens (1), comme la couleur, la structure amorphe ou cristalline, il en est qui se traduisent par des *nombres* et exigent, pour être constatés, l'emploi d'instruments de mesure; tels sont la *densité*, les divers coefficients relatifs à la dilatation, aux propriétés optiques..., la forme cristalline, etc... De même, un individu chimique a un point de fusion et un point d'ébullition invariables sous pression constante (sauf le cas où il serait détruit par la chaleur avant de fondre ou de bouillir).

D'autres caractères se rapportent à l'action des divers modes d'énergie que l'on appelle *agents physiques :* chaleur, lumière, électricité : soumis à ces actions, les corps simples

(1) Aidés au besoin d'instruments d'observation, comme la loupe ou le microscope.

n'éprouvent que des modifications *allotropiques*, qui n'en altèrent pas la substance ; telle la transformation du phosphore ordinaire en phosphore rouge (*L.*, 81, 155) (1). Les corps composés, au contraire, subissent des transformations profondes ; nous nous bornerons à rappeler la polymérisation de l'acétylène (*L.*, 290), la destruction de l'oxyde de mercure en mercure et oxygène (*L.*, 1), l'électrolyse du chlorure de sodium (*L.*, 72), la destruction de l'acide acétique par la chaleur (*L.*, 326), l'action de la lumière sur le chlorure d'argent.

Enfin, les corps agissent les uns sur les autres quand on les met en présence dans des conditions convenables, et certaines de ces actions sont assez caractéristiques pour faire reconnaître les corps non seulement quand ils sont isolés, mais encore lorsqu'ils sont mélangés à d'autres. Supposons, par exemple, qu'en versant de l'azotate d'argent dans un liquide nous obtenions un précipité *blanc* devenant violet à la lumière, et se dissolvant rapidement dans l'ammoniaque ; ce sont les caractères du *chlorure d'argent*, nous pourrons conclure de suite à la présence dans le liquide de l'acide chlorhydrique ou d'un chlorure. Si nous savons avoir affaire à un *corps pur*, et non pas à un mélange, l'évaporation lente d'une goutte de liquide sur un fragment de ballon de verre tranchera la question ; l'acide ne laissera pas de résidu solide, le chlorure en laissera un.

Préparation des corps. 2. — Les procédés que l'on peut employer sont très variés, et l'on en connaît souvent un grand nombre pour une même substance. S'il s'agit d'obtenir un corps composé, on pourra essayer de combiner directement ses éléments. Il suffit quelquefois de mettre les deux corps en contact à la température du laboratoire (chlore et phosphore ; *L.*, 65) ; mais le plus souvent les corps ne réagissent qu'à une température plus élevée, ou

(1) *L.*, suivi d'un nombre, *L.*, 272, par exemple, renvoie aux *Leçons de chimie;* les renvois en *caractères gras* s'appliquent à ce volume.

lorsqu'on les soumet à des actions particulières : nous rappellerons entre autres la préparation du sulfure de carbone (*L.*, 189) ; la combinaison de l'hydrogène et du chlore sous l'action de la lumière (*L.*, 67, *a*); la synthèse de l'eau (*L.*, 27), celle de l'azotate de sodium par l'action de l'étincelle sur l'azote et l'oxygène en présence de la soude (*L.*, 134). Inversement, on peut tirer d'un corps composé ses divers éléments ou l'un d'eux. Exemples : électrolyse du chlorure de sodium, décomposition de l'oxyde de mercure par la chaleur.

Mais ces sortes de réactions, les plus simples en principe, sont souvent très pénibles à réaliser pratiquement, ou même tout à fait impossibles, comme par exemple la formation du protoxyde d'azote à partir de l'azote et de l'oxygène. Il y a presque toujours avantage à utiliser des réactions *indirectes* plus ou moins complexes. On ne peut d'ailleurs agir autrement quand il s'agit d'obtenir des composés contenant plus de deux éléments (acides oxygénés, alcools, carbonate de sodium...) ou de retirer les métaux de leurs minerais. On utilise fréquemment la chaleur pour opérer ces réactions ; on a également vu des exemples d'emploi de l'énergie électrique (aluminium), et d'intervention des êtres vivants (fermentations alcoolique et acétique).

Produits secondaires et impuretés. Analyse immédiate. 3. — Il arrive souvent que le corps à préparer se sépare de lui-même des autres produits de la réaction, grâce à une différence d'état physique, comme dans la préparation des gaz. Mais même alors, il peut être mélangé à des quantités plus ou moins grandes de corps étrangers, soit entraînés mécaniquement, soit provenant d'impuretés contenues dans les matières premières. C'est ainsi qu'au début de leur dégagement, les gaz entraînent avec eux l'air des appareils. L'hydrogène préparé avec le zinc et l'acide sulfurique ordinaires du commerce n'est jamais pur parce que le métal est chargé d'impuretés diverses, parmi lesquelles du soufre et de l'arsenic qui passent à l'état d'*acide sulfhydrique* H^2S et d'*arséniure d'hydrogène* AsH^3, gazeux tous les deux.

Enfin, il se produit souvent des *réactions secondaires* dont les produits, variables en nature et en proportion avec les conditions de l'expérience, accompagnent le corps principal, qu'il faut en débarrasser. Exemples : Si dans la réaction précédente, qui dégage de la chaleur, la température s'élève trop, une partie de l'hydrogène réduit l'acide sulfurique en donnant de l'acide sulfhydrique. Quand on prépare l'éthylène par l'alcool et l'acide sulfurique (*L.*, 284), on ne peut jamais éviter complètement la formation d'éther et d'anhydride sulfureux, que l'on retient en faisant barboter le gaz dans des flacons laveurs à acide sulfurique et à potasse.

Il y a donc lieu d'étudier les produits et les résidus des réactions en vue de savoir si l'on a affaire à des corps purs ou à des mélanges. Le but de l'*analyse immédiate* est la séparation des corps associés dans les mélanges complexes que fournissent la plupart des réactions ou qui constituent les corps naturels, en particulier les minéraux et les substances que l'on peut extraire des êtres vivants (*L.*, 268). C'est une opération souvent longue et compliquée. Mais si l'on veut seulement constater la présence d'un corps déterminé, ou en fixer la quantité, on peut atteindre le but au moyen d'un petit nombre d'opérations simples ; on a vu en étudiant les eaux potables (*L.*, 38) un bon exemple de recherche de ce genre.

Nous allons indiquer brièvement les méthodes qui conduisent à la séparation des corps.

Corps solides. 4. — Il peut arriver que les solides mélangés puissent être distingués à l'œil nu ou à la loupe ; on pourra alors les trier à la main, si l'on veut les conserver tels quels ; c'est un cas exceptionnel. Le plus souvent on utilise une différence de propriétés physiques, densité, fusibilité, volatilité, etc.

Différence de densité. **5.** — On séparera deux solides de densités différentes en projetant le mélange dans un liquide de densité intermédiaire, et qui n'attaque aucun d'eux. On peut se procurer facilement des liquides de densités très différentes. Ainsi, une solution saturée de carbonate de potassium a pour densité 1,57 à 15°. En dissolvant de l'iodure de mercure dans une solution saturée d'iodure de potassium, on peut réaliser des densités comprises entre 1,73 et 3. Il est commode d'employer de suite un liquide plus dense que les deux corps et de diminuer peu à peu sa densité par addition d'eau jusqu'à ce que la séparation se produise.

Différence de solubilité. **6**. — On peut séparer le soufre de sa gangue terreuse, le phosphore blanc du phosphore rouge (*L.*, 155) au moyen du sulfure de carbone.

Si les corps mélangés sont inégalement solubles dans un même dissolvant, on opérera par *cristallisation fractionnée.* Dans le cas d'un mélange de sels, par exemple, on traitera par la plus petite quantité d'eau bouillante capable de tout dissoudre, et on laissera refroidir ; on pourra ensuite traiter de la même manière les cristaux qui se seront déposés, et le résidu de l'évaporation de l'*eau mère* dans laquelle ils ont pris naissance. Après un nombre suffisant de cristallisations, on pourra arriver à une séparation complète (1).

Différence de fusibilité. **7**. — Si l'un des corps mélangés est plus fusible que l'autre et ne peut pas le dissoudre, la séparation est extrêmement facile ; c'est le cas du soufre et de sa gangue.

(1) Expérience : Dissoudre dans 15^{cm^3} d'eau bouillante (chauffer jusqu'à dissolution complète) un mélange de 5 grammes de chlorure de sodium et 10 grammes d'azotate de potassium ; laisser cristalliser ; recueillir l'eau mère et bien égoutter les cristaux ; étendre l'eau mère à 500^{cm^3}, dissoudre les cristaux dans 500^{cm^3} d'eau, comparer la teneur en chlorure de sodium des deux liquides par le procédé volumétrique de dosage du chlore (**30**). — Autre essai : faire cristalliser l'eau mère (sans l'étendre), comparer la forme des cristaux à ceux que l'on a déjà séparés ; chauffer les deux sortes de cristaux avec de l'acide sulfurique.

Quand on fond un mélange de corps capables de se dissoudre réciproquement, et qu'on l'abandonne au refroidissement, *la solidification ne se fait pas à température constante;* elle débute à une température t, et ne devient complète qu'à une température inférieure t'; d'ailleurs, dans l'intervalle, la marche descendante du thermomètre a pu subir des arrêts plus ou moins prolongés. Les phénomènes sont souvent très complexes, en particulier lorsque les corps peuvent former entre eux une ou plusieurs combinaisons définies. Nous nous bornerons à examiner le cas de deux corps qui ne forment pas de composés définis, comme par exemple l'étain et le plomb. La température à laquelle la solidification commence varie avec la composition du mélange; soit x la proportion d'étain en centièmes; la température au début de la solidification, qui est $T_1 = 335°$ pour $x = 0$ (point de fusion du plomb pur), baisse graduellement quand x croît, atteint 183° pour $x = 62$, puis se relève graduellement jusqu'à $T_2 = 232°$ (point de fusion de l'étain pur). C'est ce que représente la courbe ci-contre (*fig.* 1). Le mélange contenant 62 p. 100 d'étain se solidifie sans variation de composition, *et à température constante.* Ce caractère pourrait le faire prendre pour un composé défini: il n'en est rien cependant, et on a pu prouver que c'est un simple mélange dans lequel les deux corps sont simplement juxtaposés. Un tel mélange est désigné sous le nom d'*eutectique.* Un mélange de composition $x_1 < 62$ laisse déposer du plomb pur dès que sa température atteint la valeur correspondant à l'ordonnée de M_1; un mélange de composition $x_2 > 62$ laisse dépo-

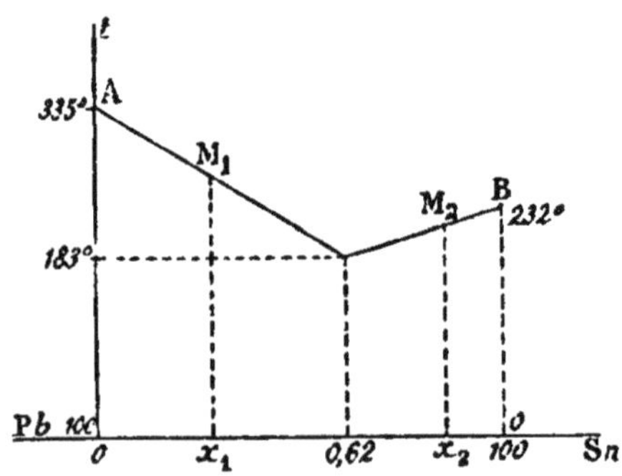

Fig. 1. — Solidification d'un alliage de plomb et d'étain. — Abscisses : x, poids d'étain dans 100 grammes d'alliage. Ordonnées : t, température du début de la solidification pour la composition x.

ser de l'étain pur; dans les deux cas, la composition de la partie liquide se rapproche de celle du mélange eutectique, la température baisse pendant la solidification; lorsque la composition eutectique est atteinte, la solidification se poursuit sans variation de température. On a pu constater la formation d'eutectiques dans un grand nombre de cas, mélanges de sels amenés à l'état liquide par fusion, mélanges de sels et de glace; quand les corps cristallisent en se solidifiant, l'examen au microscope montre très nettement les cristaux juxtaposés dans l'eutectique.

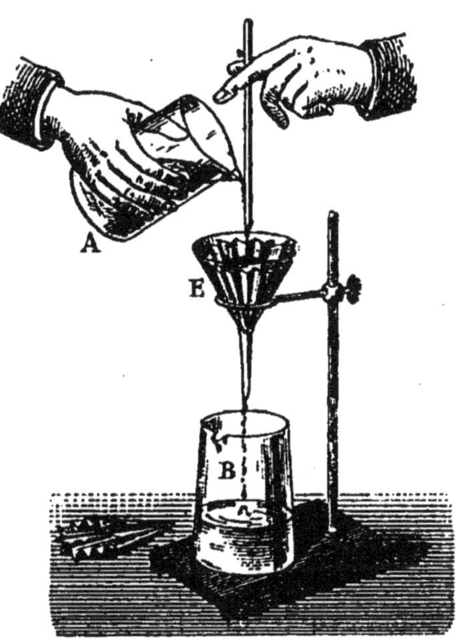

Fig. 2. — Filtration. — E, entonnoir; A, B, vases à précipités.

Solides et liquides.

8. — La séparation peut se faire par *filtration* ou *décantation*. Considérons par exemple le cas d'un précipité formé au sein d'un liquide.

a) Le liquide trouble est versé avec précaution sur un filtre (*fig.* 2), qui arrête le précipité; la liqueur dans laquelle il s'est formé imprègne le filtre et le précipité lui-même. Pour éliminer le corps qu'elle tient en dissolution, on *lave* le précipité sur le filtre, en y jetant une *petite quantité* d'eau pure (1). On constate facilement que liquide filtré mani-

(1) Il faut proportionner les dimensions du filtre à la masse du précipité qu'il doit retenir, afin de n'en pas avoir une trop grande épaisseur sur les parois ou dans le fond du filtre; il est bon de ne pas mouiller le filtre au delà de la moitié ou des deux tiers de sa hauteur, lorsqu'on veut recueillir le précipité en vue d'un dosage, à cause de l'adhérence de la substance dissoute pour les fibres du papier, qui ne l'abandonnent jamais intégralement aux eaux de lavage.

feste les réactions de ce corps. On recommencera l'opération jusqu'à ce qu'il n'en soit plus ainsi.

Un certain nombre de précipités sont assez fins pour traverser les filtres; c'est le cas du *sulfate de baryum*, par exemple. On fera alors bouillir le précipité dans la liqueur avant de filtrer, toutes les fois qu'on ne risquera pas ainsi d'altérer le précipité; les grains grossissent pendant cette opération, et sont plus facilement arrêtés; de plus, la filtration du liquide chaud est plus rapide (1).

Fig. 3. — Fiole à jet pour le lavage d'un précipité.

b) Les précipités très lourds, se déposant rapidement, sont aisément séparés par *décantation;* on verse avec précaution le liquide clair, puis on lave le précipité dans le vase même, et on recommence plusieurs fois. On peut également siphonner le liquide.

Un autre moyen de débarrasser le solide, après décantation, du liquide qu'il retient, est de l'*essorer* en le plaçant dans une sorte de cage en toile métallique fine, animée d'un mouvement de rotation très rapide; l'eau passe à travers les mailles, le solide reste à l'intérieur.

Corps gazeux. 9. — Quand les points critiques des gaz mélangés sont assez différents, on peut arriver à une

(1) Expériences : 1° On traite des volumes égaux A et B (20^{cm^3}, par exemple) d'une solution de carbonate de potassium par des quantités égales de chlorure de baryum (ne pas prendre de liqueurs trop concentrées); on filtre, on constate que les liquides filtrés précipitent par l'azotate d'argent. On jette sur le filtre A une vingtaine de centimètres cubes d'eau distillée, et on répète l'opération jusqu'à ce que le liquide filtré ne précipite plus; on jette alors *en une fois*, sur le filtre B, une quantité d'eau égale à celle qu'on a versée *en plusieurs fois* sur A et on essaie à l'azotate d'argent.

2° On traite des volumes égaux A et B (20^{cm^3}, par exemple) de sulfate de sodium par des quantités égales de chlorure de baryum; on filtre de suite A dans une éprouvette graduée en centimètres cubes, et on note le temps nécessaire pour recueillir, par exemple 10 ou 15^{cm^3} de liquide. On répète la même opération sur B après l'avoir fait bouillir quelques minutes.

bonne séparation en liquéfiant le mélange et le laissant s'évaporer lentement. Si l'on a opéré sur l'air par exemple, l'azote se dégage d'abord, de sorte qu'au bout de quelque temps le liquide qui reste est de l'oxygène presque pur. On a appliqué ce procédé à l'extraction de l'oxygène de l'air.

C'est le seul qui permette d'isoler quelques gaz existant en très petite quantité dans l'atmosphère.

10. — Les gaz traversent les parois poreuses d'autant plus rapidement qu'ils sont moins denses (voir *L.*, 39). On peut profiter de cette propriété pour les séparer par une véritable filtration; la séparation est d'autant plus facile que les densités sont plus différentes; on dispose l'expérience comme l'indique la figure 4. Il est avantageux d'associer plusieurs tubes poreux de manière à augmenter autant que possible la surface filtrante.

Fig. 4. — A, tube de verre; B, tuyau de pipe en terre; T, tube amenant le mélange gazeux; T', tube relié à un aspirateur; T'', relié à la trompe.

Corps liquides. 11. — Si les liquides ne sont pas miscibles, comme l'eau et l'éther par exemple, on opère par décantation; l'emploi d'un entonnoir à robinet est très commode.

Congélation. **12.** — Un mélange homogène de liquides ayant des points de congélation différents peut être séparé par *congélation fractionnée*. En se bornant au cas de deux liquides, on peut répéter ce qui a été dit au paragraphe **7**.

Distillation fractionnée. **13.** — Nous nous bornerons à examiner le cas simple de deux liquides dont les points d'ébullition diffèrent. La vapeur émise par un tel mélange est toujours mixte; sa composition dépend de celle du mélange, dont elle diffère d'ailleurs en général; enfin, la température d'ébullition dépend également de la composition du mélange. Si donc on le fait bouillir, sa composition change constamment, et la température d'ébullition ne peut se maintenir invariable, comme celle d'un corps pur. Pour représenter commodément l'allure des phénomènes, on porte en abscisse la masse du liquide le moins volatil contenue dans 100 grammes du mélange, et en ordonnée la température d'ébullition correspondante.

14. — Trois cas peuvent se présenter :

Premier cas. — *Le point d'ébullition varie toujours dans le même sens que la proportion du liquide le moins volatil.*

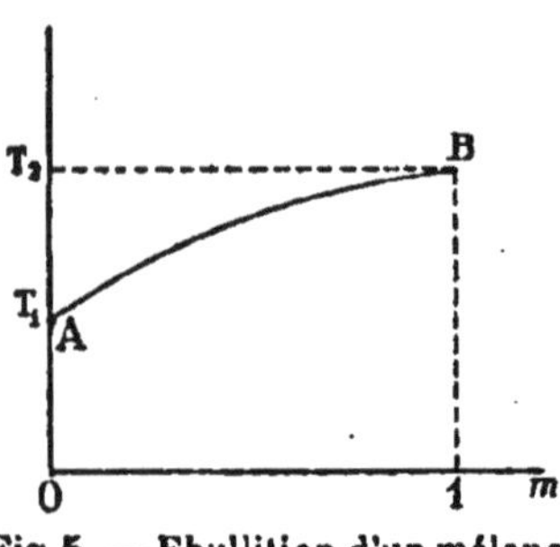

Fig. 5. — Ebullition d'un mélange d'eau et d'alcool.

La courbe s'élève alors constamment (*fig.* 5) de A (abscisse 0, ordonnée T_1 correspondant au liquide le plus volatil L_1) à B (abscisse 100, ordonnée T_2 correspondant au liquide le moins volatil L_2). Si l'on porte à l'ébullition un mélange en proportions quelconques, L_1 est d'abord en excès dans la vapeur; l'évaporation augmente donc la masse relative de L_2 dans le liquide, la température d'ébullition s'élèvera peu à peu; au début, la vapeur est presque exclusivement formée de L_1 ; à mesure que la distillation se poursuit, la proportion de L_2 augmente à la fois dans la vapeur et dans le liquide, si bien que l'alambic finit par ne plus contenir que L_2. C'est ainsi que se comporte un mélange d'eau et d'alcool ordinaire. La rectification des flegmes (*L.*, 322) ne peut pas donner d'alcool pur, car les vapeurs qui se condensent au début contiennent déjà une petite quantité d'eau; leur richesse en alcool diminuerait assez vite, si la disposition spéciale des appareils ne la maintenait pas à peu près constante pendant quelque temps (1). Quand on distille du vin,

(1) Expériences : 1° Distiller, par exemple, 200cm3 d'alcool à 50° dans un ballon muni d'un bouchon à deux trous dont l'un laissera passer un thermomètre; avoir quatre tubes d'essai, sur lesquels on aura marqué un trait

tout l'alcool a passé quand on a recueilli un volume de liquide égal à la moitié du volume initial.

15. — Deuxième cas. — *Il existe un mélange dont le point d'ébullition* θ *est plus élevé que tous les autres* (*fig.* 6); la composition M de la vapeur émise par ce mélange est alors identique à celle du liquide; l'ébullition ne peut donc pas la modifier, et la température d'ébullition reste constante, *tout comme si le corps était pur;* mais, si l'on fait varier la pression extérieure, la composition des vapeurs change, et c'est ce qui distingue un pareil mélange d'un corps pur.

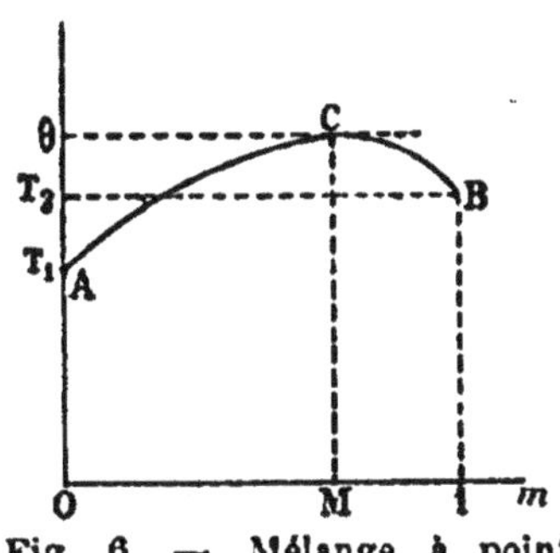

Fig. 6. — Mélange à point d'ébullition maximum.

Lorsqu'on chauffe un mélange de composition quelconque, la température d'ébullition s'élève peu à peu jusqu'à θ, en même temps que la composition tend vers celle qui correspond à M; le liquide distillera alors sans altération à la température θ; la séparation complète n'est pas possible. C'est ce qui arrive quand on fait bouillir une solution d'acide chlorhydrique de titre quelconque; le point d'ébullition s'élève peu à peu jusque vers 110°, et la composition devient voisine de 20 p. 100 d'acide; elle varie de 20,7 à 19,9 quand la pression passe de 60^{cm} à 90^{cm} de mercure.

16. — *Il y a un mélange dont le point d'ébullition* θ *est minimum* (*fig.* 7). Ce cas est analogue au précédent. Si l'on fait bouillir un mélange de composition quelconque, la température d'ébullition s'abaisse jusqu'à θ, en même temps

correspondant à 25^{cm3}; recueillir jusqu'au trait dans ces tubes, que l'on substituera rapidement l'un à l'autre, le liquide distillé; suivre en même temps la marche de la température. A la fin de l'opération, essayer à l'alcoomètre les liquides recueillis.

2° Recueillir dans un récipient unique 100^{cm3}, prendre le degré alcoométrique, et prendre aussi le degré du liquide resté dans le ballon. Repasser à la distillation le liquide recueilli.

que la masse relative du liquide le moins volatil tend vers M, puis le liquide distille sans altération. L'eau et l'acide formique en donnent un exemple.

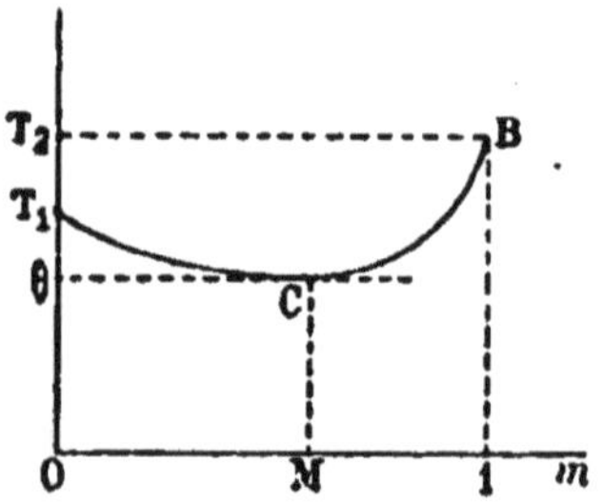

Fig. 7. — Mélange à point d'ébullition minimum.

17. — La distillation fractionnée s'effectue commodément au moyen de la disposition suivante, qui rappelle les appareils industriels (*fig.* 8). On munit le vase distillatoire d'un *tube à boules* B; les premières vapeurs formées se condensent au contact des boules, mais celles de la substance la moins volatile en plus grande proportion;

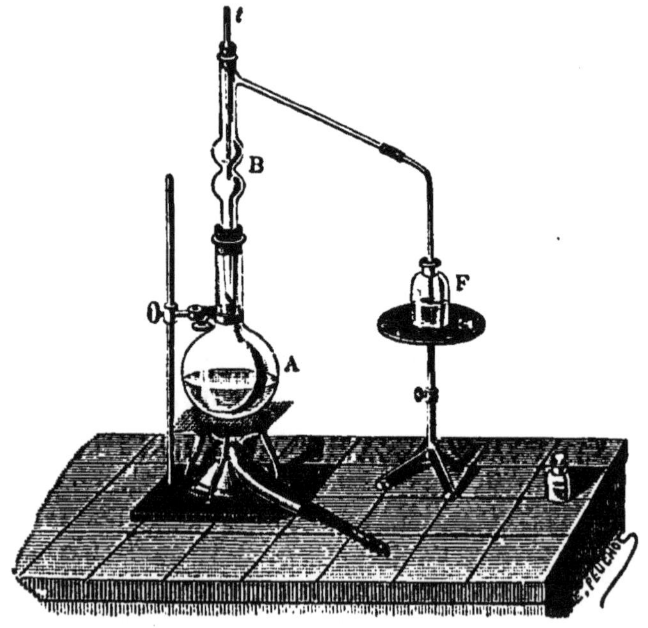

Fig. 8. — Distillation fractionnée. — *t*, thermomètre; F, flacon où se condensent les vapeurs formées en A et triées en quelque sorte par les boules B.

le liquide qui en résulte, appauvri en substance volatile, retombe dans l'alambic, tandis que le récipient T reçoit au contraire un liquide plus riche que celui qu'on distille.

La condensation des vapeurs élève peu à peu la température, de sorte que la composition du mélange gazeux varie à chaque instant; mais les parties les plus volatiles passent seules, les autres se condensant sur les boules et retombant dans le ballon. Si on met à part les liquides qui ont passé entre 50° et 60°, 60° et 70°, 70° et 80°, par exemple, on aura une série de mélanges dont la richesse en liquide volatil ira en diminuant. On répétera l'opération sur ces mélanges, et on réunira entre eux les liquides qui auront passé dans le même intervalle de température, et présentent par conséquent la même composition; on redistillera encore de la même manière. On peut arriver ainsi à séparer presque complètement deux liquides dont les points d'ébullition sont notablement différents. S'ils sont voisins, la séparation est beaucoup plus difficile.

La différence entre les points d'ébullition de deux liquides augmente souvent beaucoup quand la pression s'abaisse; en distillant dans un appareil clos en relation avec la trompe, on effectuera alors la séparation plus rapidement et plus complètement.

Caractères d'un composé défini. 18. — En résumé, un mélange soumis à l'un des traitements qui viennent d'être indiqués donne toujours un produit différent du corps initial, tandis qu'un corps pur ne subit pas d'altération. Par exemple :

Gaz : Le corps recueilli quand on évapore partiellement le gaz liquéfié se montre identique au produit de l'évaporation de la partie restée liquide; les gaz extraits des deux côtés de la paroi filtrante sont identiques.

Solides : L'eau mère résultant d'une première cristallisation a la même composition qualitative que la solution obtenue en redissolvant les cristaux; le corps étant fondu, puis abandonné au refroidissement, le solide qui se forme d'abord est identique à la partie restée liquide.

Liquides : Le point d'ébullition est invariable, et le liquide recueilli est identique à celui qu'on distille.

S'il arrivait que l'on eût affaire à un eutectique ou à un mélange à point d'ébullition maximum ou minimum, les caractères tirés de la fusion ou de l'ébullition seraient les mêmes qu'avec un composé défini ; lorsqu'on les constate, il faut donc soumettre la substance à de nouveaux essais ; on s'adressera par exemple à la dissolution fractionnée dans le cas d'un solide ; pour un liquide, il suffira de le faire bouillir sous une pression notablement différente ; si c'est un mélange, on verra apparaître une différence de composition entre le liquide distillé et le liquide recueilli.

Existence d'un corps simple dans une combinaison. 10. — On peut quelquefois constater l'existence d'un corps simple dans une combinaison en l'en faisant sortir et le caractérisant après l'avoir isolé ; c'est ainsi, par exemple, que du soufre pulvérulent se dépose sur les parois d'un tube chauffé vers 500° et parcouru par un courant d'acide sulfhydrique.

Le chlore d'un chlorure solide peut être dégagé et reconnu à sa couleur verte quand on chauffe le chlorure avec du bioxyde de manganèse et de l'acide sulfurique.

La calcination du bioxyde de manganèse, ou de l'oxyde de mercure, en dégage l'oxygène, caractérisé par ses propriétés oxydantes (allumette rallumée, vapeurs rouges au contact du bioxyde d'azote).

Les éléments du gaz ammoniac sont séparés par l'action de la chaleur ; l'hydrogène sera caractérisé par la formation d'eau dans sa combustion par l'oxygène ; l'azote, par la formation de peroxyde avec l'oxygène sous l'action de l'étincelle, par exemple.

Mais il est généralement plus commode d'engager les corps dans de nouvelles combinaisons faciles à caractériser. C'est ainsi que, la combustion d'une matière organique au moyen de l'oxyde de cuivre (*L.*, 269) donnant du gaz carbonique et de l'eau, on conclut à l'existence du charbon et de l'hydrogène dans la matière examinée.

L'existence du soufre dans l'acide sulfhydrique ou les sulfures métalliques est démontrée par le dégagement, pendant leur combustion, de gaz sulfureux que l'on peut caractériser par son odeur, ou la décoloration du permanganate de potassium.

L'azote de certaines matières organiques est caractérisé par le dégagement de gaz ammoniac qui se produit quand on les chauffe avec de la potasse (*L.*, 269).

L'oxydation d'un corps contenant du phosphore donne de l'acide phosphorique, facile à caractériser sous la forme de phosphate triargentique (*L.*, 149).

Le procédé général de recherche des métaux consiste à les faire passer à l'état de sels solubles, faciles à caractériser. Ainsi, le *baryum* peut être caractérisé par l'*insolubilité de son sulfate*, l'*aluminium* par la formation de l'*alumine gélatineuse* (*L.*, 236); le cuivre, dont les sels sont d'ailleurs bleus ou verts, sera reconnu au moyen de son *hydrate, bleu clair*, gélatineux, ou de la coloration bleue très intense que donne l'ammoniaque (*L.*, 255). Les sels d'argent, traités par l'acide chlorhydrique ou un chlorure dissous, donnent le *chlorure d'argent*. L'or peut être caractérisé par le précipité noirâtre de métal finement divisé que donnent ses sels avec le sulfate ferreux.

Caractères des combinaisons. 20. — Mais la connaissance des éléments d'un composé ne suffit pas à le définir entièrement, car un même élément peut jouer dans ses diverses combinaisons des rôles très différents.

Ainsi, l'azotate d'argent donne un précipité avec l'acide chlorhydrique ou un chlorure, et n'en donne pas avec un chlorate ni avec le chlorure de méthyle. La formation du chlorure d'argent ne *peut donc caractériser le chlore que s'il est engagé dans des combinaisons de nature déterminée, qui sont l'acide chlorhydrique et ses sels;* elle indique quelque chose de plus que l'existence du chlore, elle fait connaître en quelque sorte le rôle du chlore dans le composé ou la *fonction* de ce composé. De l'indifférence de l'azotate d'argent vis-à-vis des chlorates ou du chlorure de méthyle on ne peut pas conclure à l'absence du chlore; il y est simplement sous une autre forme; en effet, que l'on fasse cristalliser le chlorate, puis qu'on le calcine, ce qui le transforme en chlorure (*L.*, 20) : que l'on brûle le chlorure de méthyle, ce qui fait apparaître de l'acide chlorhydrique, l'azotate d'argent réagira sur le corps transformé.

De même, le chlorure ou l'azotate de baryum dissous permettent de reconnaître le soufre *à l'état d'acide sulfurique*. Il en est ainsi d'un grand nombre des réactions de l'analyse.

21. — Les exemples qui précèdent montrent comment il est possible de caractériser un corps simple ou composé ou de faire *l'analyse qualitative* d'un système complexe, c'est-à-dire de reconnaître les divers corps mélangés sans procéder à leur séparation. C'est ainsi que l'on étudie les eaux de source (*L.*, 38), que l'on se rend compte de l'existence de certaines impuretés dans un produit. Par exemple, l'acide azotique peut contenir de l'acide sulfurique, entraîné par les vapeurs qui se sont condensées; on s'en assurera au moyen de l'azotate de baryum. Si l'hydrogène préparé par le zinc et l'acide chlorhydrique contient de l'acide sulfhydrique, il donnera avec une solution d'azotate de plomb une couleur brune ou un précipité noir, suivant son degré d'impureté (*L.*, 110).

22. — Les réactions chimiques sont souvent des auxiliaires précieux dans l'analyse immédiate, en ce qu'elles facilitent la séparation des corps. C'est ainsi qu'en ajoutant de la chaux au liquide qui se condense dans la distillation du bois (*L.*, 312) on fixe l'acide acétique, dont aucune trace n'accompagnera l'esprit de bois quand on passera le liquide à l'alambic.

23. — Le tableau suivant rappelle les caractères analytiques des corps qui ont été précédemment étudiés.

Hydrogène. — Sa combustion donne de l'eau.

Oxygène. — Le gaz libre entretient les combustions vives (allumette rallumée) et transforme AzO en AzO^2 (vapeurs rutilantes). Réduction d'un grand nombre de ses composés par l'hydrogène (formation d'eau) ou de charbon (formation de CO^2 ou de CO).

Azote. — Le gaz libre donne avec l'oxygène AzO^2 sous l'action de l'étincelle.

Carbone. — Libre ou combiné, donne CO^2 par combustion. Ses composés calcinés à l'abri de l'air donnent du charbon comme résidu.

Chlore. — Caractérisé par sa couleur et ses propriétés décolorantes.

Soufre. — Libre ou en combinaison avec les métaux, est transformé en SO^2 par combustion.

Acide chlorhydrique et ses sels. — Précipité d'AgCl avec $AgAzO^3$.

Anhydride sulfureux. — Odeur; réducteur (décoloration du permanganate de potassium).

Acide sulfurique. — Insolubilité de $BaSO^4$ dans l'eau et les acides.

Acide sulfhydrique. — Précipité noir de PbS avec les sels de plomb.

Oxydes de l'azote. — Détruits par le cuivre à chaud (CuO et Azote).

Acide azotique. — Vapeurs rouges avec le cuivre; le liquide bleuit.

Ammoniac. — Le gaz donne des fumées blanches au contact des vapeurs acides; la solution bleuit le tournesol rougi; les sels ammoniacaux chauffés avec de la potasse ou de la chaux dégagent AzH^3.

Acide orthophosphorique. — Ses sels donnent avec $AgAzO^3$ le phosphate triargentique jaune.

Anhydride carbonique. — Trouble l'eau de chaux; un excès de gaz redissout le précipité de $CaCO^3$.

Oxyde de carbone. — Flamme bleue; sa combustion donne uniquement CO^2.

Sulfure de carbone. — Sa combustion donne SO^2 et CO^2.

Silice. — Les sels, calcinés avec du carbonate de sodium, donnent un silicate soluble, qui avec HCl laisse précipiter la *silice gélatineuse.*

Acide borique. — Donne avec l'alcool un composé qui brûle avec une flamme verte.

CHAPITRE II

PRINCIPES DE L'ANALYSE QUANTITATIVE

Méthodes pondérales et méthodes volumétriques. 24. — L'analyse quantitative répond à deux ordres de questions : 1° détermination de la composition d'un composé défini ; 2° dosage des divers éléments d'un mélange dont on connaît la nature.

Considérons par exemple un mélange d'acide sulfurique et d'eau ; on pourrait songer à séparer par congélation, par exemple, l'eau et l'acide contenus dans une masse connue du mélange, puis à les peser isolément. Mais cette méthode *directe* serait ici beaucoup trop pénible ; il est plus commode de transformer l'acide en un composé insoluble qui se séparera de lui-même. On traite par un excès de chlorure de baryum un poids connu du mélange ; on recueille avec soin le précipité, on le sèche et on le pèse. On sait que 233 grammes de sulfate de baryum correspondent à 98 grammes d'acide sulfurique. Si l'on a opéré sur 9,8 grammes du mélange, par exemple, et si l'on a recueilli 14,5 grammes de précipité, le poids d'acide contenu dans l'essai est $14{,}5 \times 98 : 233$, et la proportion en centièmes d'acide dans le mélange est

$$a = 100 \times \frac{14{,}5 \times 98}{233} = 64{,}8 \text{ (1)}.$$

Les méthodes de cette espèce, qui aboutissent à une pesée, sont appelées *méthodes pondérales* ou *gravimétriques*.

(1) Cette méthode permet de déterminer le rapport des poids *équivalents* d'acide et de sulfate, c'est-à-dire des poids qui se correspondent : il suffit de l'appliquer à une solution contenant, par litre, un *poids connu d'acide pur*.

25. — On peut opérer autrement. On sait que l'acide sulfurique dissous agit sur la soude en donnant du sulfate de sodium, neutre au tournesol et à l'hélianthine, d'après la réaction

$$H^2SO^4 + 2NaOH = Na^2SO^4 + H^2O.$$

98 grammes d'acide saturent exactement 80 grammes de soude. Si l'on possède une solution de soude de *titre connu*, contenant par exemple 80 grammes par litre, 10^{cm^3} de cette solution contiennent $0^g,8$; on ajoute à 10 grammes du mélange à doser assez d'eau pour avoir 100^{cm^3}, par exemple, et au moyen d'un vase gradué on verse *goutte à goutte* ce liquide dans 10^{cm^3} de la solution de soude additionnée de quelques gouttes de tournesol ou d'hélianthine, jusqu'à ce que l'addition d'une seule goutte fasse *virer* au rouge la couleur bleue ou orangée primitive. Si l'on a dû employer, par exemple, $12,3^{cm^3}$ de liqueur acide, c'est que ce volume contient 0,98 grammes d'acide, équivalant à 0,8 grammes de soude; 10 grammes du liquide initial contiennent donc

$$\frac{100}{12,3} \times 0,98 = 7,96 \text{ grammes (1).}$$

Les méthodes de cette espèce sont dites *volumétriques*, ou *par liqueurs titrées*.

Comme les précédentes, elles exigent la connaissance de la composition des corps.

Composition des corps. 26. — Le problème est relativement simple quand on a affaire à un composé binaire; on peut opérer par analyse ou par synthèse.

Exemple : anhydride carbonique (*L.*, 179).

Il se complique lorsque le composé contient plus de deux corps simples. Nous n'en donnerons qu'un exemple, relatif à l'acide sulfurique. L'acide est considéré comme dû à la

(1) Cette méthode se prêterait très bien à la détermination du rapport des poids équivalents d'acide et de base; il suffirait de posséder de l'acide sulfurique *pur* et de la soude *pure*.

ombinaison de l'anhydride avec l'eau; la composition de 'anhydride se déduit de celle du sulfate de plomb, considéré comme résultant de la combinaison de l'anhydride ulfurique et de l'oxyde de plomb.

1° *On transforme un poids connu de plomb en oxyde*, en e dissolvant dans l'acide azotique et calcinant le sel après ·ristallisation, ce qui ne laisse comme résidu que l'oxyde.

2° *Le même poids de plomb est transformé en sulfate*, n deux étapes :

a) *On le chauffe avec un excès de soufre, ce qui donne du ulfure.*

b) *On fait bouillir le sulfure avec de l'eau régale*, mélange l'acides azotique et chlorhydrique, qui le transforme en sulate.

On trouve ainsi que 207 grammes de plomb fixent 6 grammes d'oxygène pour donner 223 grammes d'oxyde, t 32 grammes de soufre pour donner 239 grammes de sulure qui, à leur tour, fournissent 303 grammes de sulfate; i de ces 303 grammes on retranche 223 grammes d'oxyde, l reste 80 grammes d'anhydride, contenant 32 grammes de oufre et 48 grammes d'oxygène.

Or, en précipitant une solution d'azotate de plomb par ne solution de titre connu d'acide sulfurique, on trouve que 8 grammes de cet acide donnent 303 grammes de sulfate; ls contiennent donc 18 grammes d'eau, ce qui donne en n de compte, pour la composition de l'acide, 32 grammes e soufre, 64 grammes d'oxygène, et 2 grammes d'hylrogène.

Description de quelques méthodes pondéales. 27. — Nous nous bornerons à indiquer rapidement es précautions à prendre pour avoir des précipitations omplètes et des précipités purs.

Il ne faut pas opérer sur des liqueurs trop concentrées, ui donnent des précipités très abondants, difficiles à laver t à sécher. De plus, les précipités ne sont jamais rigoureuement insolubles; on a reconnu que leur solubilité est réduite au minimum lorsqu'on ajoute un excès du précipitant. Pour la filtration et les lavages, on opérera comme il a été indiqué plus haut (**8**).

Reste la pesée; à cause de la forte adhérence des précipités pour la fibre du papier, il est à peu près impossible de les séparer entièrement du filtre, même quand ils sont bien secs; on pourra opérer comme il suit (1). Après avoir taré le filtre, coupé au besoin de manière à ramener son diamètre à 10 centimètres environ, on le place dans l'entonnoir et on y verse quelques centimètres cubes d'eau distillée, ce qui l'applique exactement contre les parois; quand il est égoutté, on procède à la filtration et aux lavages; on sèche ensuite le filtre, sans le séparer de l'entonnoir, dont il se détachera facilement de lui-même quand il sera suffisamment sec; on reporte alors sur la balance; l'augmentation de poids constatée correspond au précipité (2).

Dosage de l'acide sulfurique, d'un sulfate ou d'un sel de baryum. 28. — On opère sur 2 à 3 grammes de matière. On commence par former un précipité de sulfate de baryum; quand la précipitation est terminée, on porte à l'ébullition pendant quelques minutes, puis on laisse déposer et on ajoute quelques gouttes du précipitant pour s'assurer que la précipitation était complète. On décante le liquide clair, on verse de l'eau bouillante sur le précipité, on agite et on verse sur le filtre.

(1) Il ne s'agit que d'essais pouvant servir d'exercices et dans lesquels on se borne à peser *au plus* au centigramme; dans les analyses exactes il faut prendre des précautions minutieuses qui ne sauraient être indiquées ici.

(2) Pour la dessiccation on peut placer l'entonnoir dans un vase en verre mince recouvert d'un entonnoir renversé que l'on soutiendra par trois bouts de bouchon entaillés posés à cheval sur les bords du vase, et chauffé au bain de sable; quand le filtre se détache de lui-même, on le retire, on le place dans un petit bocal sec simplement fermé par une plaque de verre, où on le laisse à peu près une demi-heure; il absorbe en effet très rapidement un poids d'eau qui peut atteindre et dépasser 1cgr; mais, dans la suite, les variations de poids dues aux propriétés hygroscopiques du papier ne dépassent pas 2 ou 3mgr dans les conditions indiquées. On pourra alors procéder à la pesée.

Les facteurs de transformation sont :

Poids d'acide sulfurique = poids de $BaSO^4 \times 0,420$.
— de baryum = — 0,587.

Dosage du chlore et de l'argent. 29. — *Chlore.* — 'ous supposerons le chlore à l'état de chlorure. On en pèse nviron 1 gramme que l'on dissout dans dix fois son poids d'eau à peu près, et on verse dans le liquide une solution 'azotate d'argent ; on chauffe légèrement en agitant (à l'abri de la lumière solaire directe), on laisse reposer, puis on filtre, on lave et on sèche.

Argent. — L'argent est transformé en azotate au moyen d'un excès d'acide, et on étend la solution ; on la précipite alors en chauffant vers 60-70°, pour éviter qu'il ne reste dans .e liquide un excès d'acide qui dissout légèrement le chlo- ure ; on filtre, on lave, on sèche et on pèse.

Les facteurs de transformation sont :

Poids de chlore = poids de $AgCl \times 0,247$.
— d'acide chlorhydrique = — 0,2545.
— d'argent = — 0,752.

Dosages électrolytiques. 30. — On sait que l'électrolyse d'un sel précipite le métal sur la cathode ; elle n'est d'ailleurs possible que si la force électromotrice aux bornes du voltamètre dépasse une certaine limite, variable d'un sel à un autre ; pour les sulfates de zinc, de fer et de cuivre, à la concentration de 1 molécule-gramme par litre, les forces électromotrices minimum sont respectivement $2^v,42$; $1^v,99$; $1^v,38$. Pendant l'électrolyse, la disparition graduelle du sel et son remplacement par de l'acide libre font varier la force électromotrice de décomposition ; mais ces variations, d'autant plus faibles que la concentration est elle-même plus faible, restent souvent inférieures aux différences qui correspondent aux divers métaux pouvant coexister dans un même bain, ce qui est le cas en particulier pour les métaux précédents ; on pourra donc les séparer par électrolyse ; si on ne dépasse pas $1^v,7$, le cuivre sera seul précipité ; il faudra se maintenir entre 2^v et $2^v,3$ pour avoir ensuite le fer. La méthode est très simple en principe, et d'ailleurs très exacte. On tare avant l'expérience la cathode sur laquelle on veut produire le dépôt, puis on procède à la précipitation ; après s'être assuré qu'elle est complète (en essayant qualitativement le liquide qui reste), on retire l'électrode, on la lave, on la sèche à 100°, et on la pèse. Il est indispensable d'employer des électrodes inattaquables par l'électrolyte, afin d'éviter l'introduction dans le bain de métaux étrangers, ce qui fausserait les résultats. Dans la pratique, il y a des précautions à prendre ; le dépôt doit être assez adhérent, pour que le lavage n'en entraîne rien ; pour obtenir ce résultat, il faut réaliser certaines conditions de concentration de liqueur et d'intensité de courant qui varient d'une analyse à une autre. Ce qui importe, ce n'est pas d'ailleurs l'intensité elle-même, mais son quotient par la surface qui reçoit le dépôt, quotient que l'on appelle *densité* du courant au voisinage de la cathode, et qui doit rester faible.

31. — *Cuivre.* — On pourra facilement effectuer un dosage au moyen d'une solution de sulfate de cuivre légèrement acidulée par l'acide sulfurique ; on prend comme anode un fil de platine rectiligne ou une spirale de platine, comme cathode une plaque de cuivre tournée en cylindre sur un mandrin, et qui reposera sur le fond d'un vase cylindrique contenant la solution ; les électrodes seront supportées par un bouchon. La cathode sera polie à la toile d'émeri fine, puis tarée; on procédera à l'électrolyse, puis on séchera la cathode après l'avoir lavée à l'eau pure. On peut sécher la cathode en la suspendant dans un vase cylindrique maintenu par trois bouchons à l'intérieur d'un autre vase plus profond et contenant de l'eau que l'on fera bouillir un quart d'heure ou vingt minutes. Il faut se rappeler qu'un courant de 1 ampère ne dépose dans une heure que 1,17 grammes de cuivre, et qu'on ne doit pas dépasser 0,3 ou 0,4 ampères si l'on veut avoir un dépôt suffisamment adhérent ; il est essentiel de surveiller la marche de l'électrolyse, car la substitution graduelle de l'acide sulfurique au sulfate de cuivre diminue beaucoup la résistance, et tend par conséquent à ugmenter l'intensité du courant. On abrège l'opération en hauffant vers 50-60°.

Méthodes volumétriques. 32. — Ces méthodes ermettent de doser très rapidement, dans un mélange, n corps dont on a reconnu la présence. Elles comportent 'emploi d'une *liqueur d'épreuve*, que l'on prépare en faisant dissoudre un poids connu de a substance à essayer dans un olume déterminé d'un dissolvant onvenable, et d'une *liqueur titrée*, olution de composition connue 'un réactif capable d'agir uniqueent sur le corps que l'on veut loser; on note le volume de liqueur itrée qu'il a fallu dépenser pour ransformer intégralement ce dernier, et on en déduit, en utilisant 'équation de la réaction, le poids ontenu dans la matière essayée. a fin de l'opération doit être maruée par un phénomène nettement erceptible, formation d'un précité, changement de coloration de une des liqueurs ou d'un *indicaeur* coloré ajouté en petite quanité. On verse goutte à goutte, suiant le cas, soit le réactif dans la liqueur à essayer, soit ette dernière dans le réactif. Par exemple, on versera dans n vase à précipités (*fig.* 9), 10cm³ de liqueur d'épreuve esurés au moyen d'une *pipette jaugée* P ; le réactif sera acé dans une *burette* graduée en dixièmes de centimètre be, dont on manœuvrera, de la main droite, le robinet ou pince de manière à rester constamment maître de l'écou-

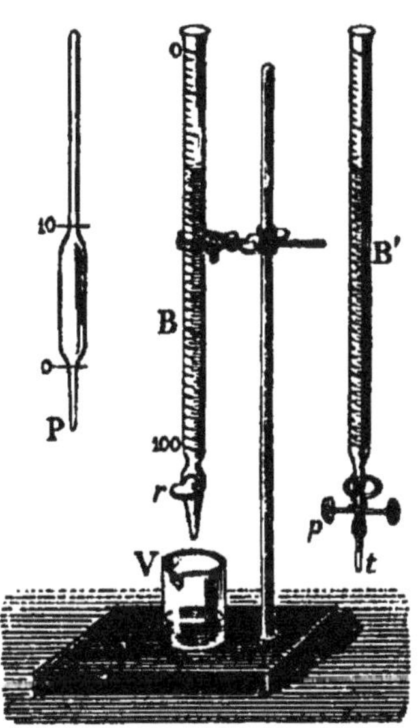

Fig. 9. — P, pipette jaugée; F, vase à précipiter; B, burette de Mohr, à robinet; B', modèle plus simple, à pince.

lement du liquide, tandis qu'on imprimera, de la main gauche, un mouvement de giration au vase V ; on arrête l'écoulement quand le terme de l'opération est atteint.

En général, les liqueurs titrées contiennent par litre une molécule-gramme du réactif, et les liqueurs d'épreuve, un poids de *la substance à essayer* égal à *celui du corps à doser qui réagirait exactement sur un molécule-gramme du réactif;* il y aurait donc, sous le même volume, équivalence entre les deux liqueurs, si la première contenait uniquement ce corps à l'état de pureté ; les calculs sont ainsi beaucoup simplifiés.

Alcalimétrie. 33. — Il s'agit de doser les bases solubles (potasse, soude, ammoniaque) existant dans une liqueur alcaline (solution de la base pure ou de son carbonate). On détermine le poids d'acide sulfurique ou d'acide chlorhydrique capable de saturer la base. Avec les bases pures, on peut employer comme indicateur le tournesol ; avec les carbonates, la présence de l'acide carbonique fait apparaître, avant la saturation totale, une coloration rouge vineux qui rend le *virage* peu net ; il vaut mieux employer l'hélianthine.

La liqueur normale acide contient par litre la quantité capable de saturer une molécule-gramme ou 56 grammes de potasse, soit 49 grammes d'acide sulfurique ou 36,5 grammes d'acide chlorhydrique. On réalise aussi exactement que possible cette composition au moyen des acides commerciaux (1), sauf à la vérifier après coup par une pesée de sulfate de baryum (**28**) ou de chlorure d'argent (**29**). On se sert en général, pour l'analyse, d'une *liqueur décime* obtenue en étendant à 1000cm³ 100cm³ de liqueur normale.

(1) A la température de 15° :

1	litre d'acide sulfurique à	32° Baumé	contient	481 gr.	d'H^2SO^4.
1	—	33	—	503	—
1	—	4	—	49	—
1	litre d'acide chlorhydrique à	19,6	—	366	d'HCl.
1	—	2,1	—	32	—
1	—	2,7	—	42	—

Soit à essayer une potasse ou une soude commerciale; pour faire la liqueur d'épreuve, on dissout 5g,6 ou 4gr du corps à essayer (suivant que c'est une potasse ou une soude) dans un litre d'eau.

La liqueur acide est versée dans la burette; on verse dans le vase à précipiter 10^{cm^3} de la liqueur d'épreuve, et l'on ajoute quelques gouttes d'hélianthine. Supposons qu'il ait fallu verser 58 divisions de la burette, soit $5{,}8^{cm^3}$ pour faire virer au rouge; le produit essayé contient 58 p. 100 d'alcali.

Si l'on a affaire directement à une solution, on fera un premier essai, pour déterminer approximativement la teneur en alcali, et on étendra si c'est nécessaire, de manière à se rapprocher de l'équivalence vis-à-vis de la liqueur normale ou de la liqueur décime, suivant le cas.

Acidimétrie. 34. — L'opération est semblable à la précédente. On prend comme liqueur normale une solution de soude caustique NaOH, dont un litre contienne 40 grammes de soude; on peut aussi faire usage d'une liqueur décime.

La liqueur normale se conserve très difficilement. Quand on emploie comme indicateur l'hélianthine, on peut substituer sans inconvénient à cette liqueur une solution de carbonate de sodium contenant, par litre, 106 grammes de carbonate disodique *pur et sec;* 10^{cm^3} de cette solution, étendus à 100^{cm^3}, donnent la liqueur décime qui sert pour doser les acides, amenés à un état de dilution convenable par addition d'eau si c'est nécessaire.

Le virage de l'hélianthine n'est pas net quand l'acide à doser est l'acide acétique; dans ce cas le meilleur indicateur est la phtaléine.

Chlorométrie. 35. — Cette opération a pour objet la détermination de la quantité de chlore équivalente à un poids connu d'un chlorure décolorant (*L.*, 69). La méthode repose sur l'oxydation de l'anhydride arsénieux As^4O^6 par le chlore

$$4Cl^2 + 10H^2O + As^4O^6 = 4AsO^4H^3 + 8HCl.$$

Si l'on verse de l'eau de chlore dans une solution d'anhydride arsénieux additionnée d'une solution sulfurique d'indigo(1), l'anhydride arsénieux est oxydé le premier, et c'est seulement après sa transformation totale en acide arsénique que l'indigo est décoloré; cette décoloration marquera donc la fin de l'oxydation. L'équation ci-dessus montre que 1 litre de chlore (à 0°,760) oxyde $4^{gr},44$ d'anhydride arsénieux. Pour préparer la liqueur titrée servant au dosage, on dissout $4^{gr},44$ d'anhydride arsénieux pur dans 30 grammes d'acide chlorhydrique concentré; quand la dissolution est terminée, on étend à 1 litre.

Supposons qu'on veuille essayer un chlorure de chaux commercial. On en pèsera 10 grammes, qu'on dissoudra dans l'eau; puis on étendra à 1 litre, et on laissera reposer pour que la chaux en excès se précipite. La liqueur limpide sera placée dans la burette, d'où on la laissera tomber goutte à goutte dans 10^{cm^3} de solution arsénieuse additionnée d'indigo. Si l'on a dû verser 95 divisions pour amener la décoloration de l'indigo, $9,5^{cm^3}$ de chlorure oxydent 10^{cm^3} de liqueur arsénicale; ces $9,5^{cm^3}$ équivalent donc à 10^{cm^3} de chlore; 1 litre équivaudrait à $\frac{10}{9,5} = 1^l,05$ de chlore; or, 1 litre de solution contient 10 grammes de chlorure solide; 1 kilogr. de ce chlorure équivaut donc à $\frac{1000}{9,5} = 105$ litres de chlore; 105 est le *titre chlorométrique* ou *degré chlorométrique* du produit essayé. On voit que ce degré représente, en litres, le volume de chlore équivalent à 1 kilogramme de chlorure. Le chlorure de chaux du commerce titre 110° environ.

Dosage du chlore des chlorures, et de l'argent. 30. — Solutions normales : azotate d'argent à

(1) On l'obtient en dissolvant dans de l'acide sulfurique fumant l'indigo du commerce préalablement pulvérisé, et étendant d'eau la solution. Cette dernière partie de la préparation doit être faite avec précaution, à cause de la violence de l'action de l'eau sur l'acide fumant.

170 grammes par litre dans le premier cas (1) ; chlorure de sodium à 58,5 grammes par litre dans le second ; n emploie également des liqueurs décimes. On verse goutte à goutte l'azotate d'argent dans le chlorure additionné de quelques gouttes de *chromate de potassium*, qui colore le liquide en jaune ; quand la précipitation du chlorure d'argent est terminée, la moindre trace d'azotate en excès donne avec le chromate un précipité rouge de chromate d'argent (2) ; le liquide trouble, dont la coloration était jaunâtre, vire instantanément et nettement au rouge. Il est bon d'opérer sur des liqueurs très étendues, à cause de la présence du chlorure d'argent précipité, qui, s'il était en trop grande abondance, rendrait peu nette la fin de la réaction. Par exemple, pour essayer un échantillon de chlorure de sodium, on en pèsera 4 grammes que l'on dissoudra dans l'eau distillée, puis on étendra à 100^{cm^3} ; on prendra 10^{cm^3} de la liqueur, et l'on y ajoutera à peu près 50^{cm^3} d'eau et quelques gouttes de chromate de potassium. Supposons qu'il ait fallu, pour amener le virage, $6,1^{cm^3}$ de solution normale d'argent (61 divisions de la burette) ; $6,1^{cm^3}$ de la solution de chlorure de sodium équivalente contiennent $6,1 \times 0,0585 = 0,3568$ de sel ; comme la liqueur essayée contient la dixième partie du corps pesé, 4 grammes de ce dernier contiennent 3,568 grammes de chlorure, soit 89,2 p. 100.

On calculerait d'une manière analogue un dosage d'argent.

(1) Il faut prendre de l'azotate d'argent *fondu* pur.

(2) Il faut s'assurer que la liqueur d'épreuve n'est pas acide, car le chromate d'argent est soluble dans les acides ; s'il en était ainsi, on neutraliserait avec du carbonate de baryum pur, puis on ajouterait un peu de sulfate de sodium pour précipiter le baryum introduit, dont la présence détruirait l'indicateur, car le chromate de baryum est insoluble.

CHAPITRE III

LOIS FONDAMENTALES DE LA CHIMIE
POIDS MOLÉCULAIRES ET POIDS ATOMIQUES
NOTATION ATOMIQUE

Loi de la conservation de la masse. 37. — Le fait capital sur lequel reposent tous les raisonnements et tous les calculs de la chimie a été énoncé pour la première fois par Lavoisier, et porte le nom de *loi de la conservation de la masse* :

Quelles que soient les modifications qui surviennent dans un système de corps, la masse totale reste la même.

La vérification de cette loi consisterait à effectuer en vase clos les réactions les plus diverses, et à constater que le poids du vase et de son contenu est le même avant et après chaque réaction (1). C'est cette loi que l'on exprime par les équations chimiques. Il en résulte en particulier que *le poids d'un composé est égal à la somme des poids de ses composants.*

L'application de cette règle est la base même de l'analyse quantitative. On ne connaît aucun fait qui la contredise ; bien plus, lorsqu'elle semble n'être pas vérifiée, on doit soupçonner qu'une erreur d'expérience a été commise.

Loi des proportions définies. 38. — *Pour deux corps simples déterminés, il existe un nombre fini de rapports*

(1) On sait que le *poids* d'un corps, ou intensité de l'attraction exercée par la terre sur ce corps, varie d'un point à un autre, tandis que la *masse* reste constante. *En un même lieu, les poids de différents corps sont proportionnels à leurs masses;* il n'y a donc aucun inconvénient à parler de poids, bien qu'en réalité la *masse* soit seule à considérer ici.

dont les termes représentent les poids de ces corps entrant dans des composés appelés **composés définis** *ou* **individus chimiques** *et caractérisés : 1° par des propriétés bien déterminées et distinctives (point de fusion, point d'ébullition, forme cristalline, etc...) ; 2° par ce fait qu'on peut les obtenir toujours identiques à eux-mêmes par des voies souvent très différentes.*

C'est ainsi qu'en chauffant du cuivre à l'air ou en calcinant l'azotate de cuivre, on obtient l'*oxyde cuivrique* contenant 16 grammes d'oxygène pour 63gr,4 de cuivre ; en réduisant l'acétate de cuivre par le glucose, ou en chauffant vers 900° l'oxyde précédent, on en obtient un autre, l'*oxyde cuivreux*, contenant, pour 16 grammes d'oxygène, $2 \times 63^{gr},4$ de cuivre. Toutes les fois que l'on s'est trouvé en présence de corps contenant de l'oxygène et du cuivre en proportions différentes, on a pu prouver que l'on avait affaire à un mélange de ces deux substances.

Il arrive souvent que deux éléments ne forment qu'un petit nombre de composés définis. Dans ce cas, les poids de l'un d'eux qui peuvent s'unir à un même poids de l'autre ont entre eux des rapports simples (c'est-à-dire dont les termes sont des nombres entiers ne dépassant pas 7 ou 8).

Les composés de l'azote et de l'oxygène, qui pour 2×14 grammes d'azote contiennent respectivement 16 ; 2×16 ; 3×16 ; 4×16 ; 5×16 grammes d'oxygène, en fournissent un remarquable exemple.

Quand le nombre de composés formés par deux éléments est très grand comme dans le cas du carbone et de l'hydrogène par exemple, les rapports ne sont plus simples, *mais ils peuvent toujours être exprimés par des fractions ordinaires.*

La découverte de l'existence de rapports déterminés entre les poids d'un corps pouvant s'unir à un même poids d'un autre est le fait capital qui a conduit à la notion de nombres proportionnels et de poids atomiques.

Nombres proportionnels. 39. — Si l'on dresse un

tableau de la composition de tous les corps qui contiennent un même élément, en la rapportant à un même poids de cet élément, on s'aperçoit que les nombres obtenus peuvent servir à représenter très simplement les combinaisons formées par les autres éléments pris deux à deux et aussi celle des composés, quelque complexes qu'ils soient, qui renferment plusieurs éléments.

Nous choisirons l'*oxygène* comme terme de comparaisons parce qu'il peut être combiné à tous les autres corps simples sauf un, le *fluor* (1), et nous prendrons arbitrairement (on verra bientôt pourquoi) 16 grammes pour le poids fixe considéré plus haut. Il suffit de jeter les yeux sur le tableau suivant, que nous bornerons à quelques composés, pour y voir la confirmation du fait énoncé.

16 d'*oxygène*	et	2×1	d'*hydrogène*.					
16	—	2×35,5	de *chlore*.	1 d'*hydrogène*	et	35,5	de *chlore*.
{ 2×16	—	32	de *soufre*.	32 de *soufre*	et	2×35,5	de *chlore*.
{ 3×16	—	32	—				
				3×1 d'*hydrogène*	et	14	d'*azote*.
{ 16	—	2×14	d'*azote*.				
{ 16	—	14	—	2×35,5 de *chlore*	et	56	de *fer*.
{ 3×16	—	2×14	—				
{ 2×16	—	14	—	32 de *soufre*	et	56	de *fer*.
{ 5×16	—	2×14	—	2×32 —	et	56	—
				4×32 —	et	3×56	—
16	—	56	de *fer*.				
4×16	—	3×56	—	2×56 de *fer*, 3×32 de *soufre*	et		
3×16	—	2×56	—	12×16 d'*oxygène*. (*Sulfate ferrique*.)			

Ces nombres : 32 pour le soufre, 35,5 pour le chlore, etc., présentent une part d'arbitraire, car le tableau n'éprouverait pas de modification essentielle si on multipliait l'un quelconque d'entre eux par un facteur très simple, tel que 2, 3, $\frac{1}{2}$...; de plus, on pourrait très bien prendre comme point de

(1) En laissant de côté les gaz découverts dans l'atmosphère depuis 1895, et que l'on n'a pu réussir à combiner soit entre eux, soit avec les autres éléments.

départ un nombre différent de 16 pour l'oxygène. Ils ont été appelés *nombres proportionnels* par Davy, auquel on doit leur définition.

Atomes et molécules. 40. — La loi fondamentale (**36**) a reçu de Dalton une interprétation qui permet d'assigner à ces nombres une signification concrète, et n'en laisse qu'un arbitraire ; c'est l'*hypothèse atomique*, à laquelle des modifications qui en ont précisé le sens sans en changer l'idée maîtresse ont donné la forme suivante :

Les corps, tels que nous les voyons, résultent de l'agglomération de particules extrêmement petites, appelées *molécules* (1), séparées par des intervalles de dimensions notablement plus grandes. Ces molécules sont formées elles-mêmes par la réunion de particules plus petites nommées *atomes*. Lorsque tous les atomes d'une molécule sont de même nature, cette molécule est celle d'un corps simple. Dans le cas contraire, c'est la molécule d'un corps composé. Il y a autant d'espèces différentes d'atomes qu'il y a d'éléments distincts. L'atome paraît être, dans l'état actuel de nos connaissances, le terme extrême de la division de la matière, considérée comme formant les corps tels qu'ils tombent sous nos sens. Quant à la molécule, elle constitue pour un corps une masse limite, en quelque sorte, que l'on ne peut réduire sans altérer les propriétés de la substance. De là les définitions souvent données :

L'atome est la plus petite masse d'un corps simple qui puisse entrer en combinaison avec d'autres corps.

La molécule est la plus petite masse d'un corps, simple ou composé, qui puisse exister à l'état de liberté.

(1) Les microscopes les plus puissants ne permettent pas d'apercevoir les molécules séparées les unes des autres. On a pu cependant, en s'appuyant sur des considérations de nature très diverse que nous ne pouvons indiquer ici mais qui conduisent toutes à des résultats concordants, se faire une idée de l'ordre de grandeur de leurs dimensions ; pour l'eau, par exemple, on arrive à un dix-millionième de millimètre environ.

Poids atomiques. 41. — On complète ces définitions en admettant que chaque atome a un poids déterminé que l'on appelle *poids atomique*, et que les combinaisons ont lieu *entre des nombres entiers d'atomes* (ce qui est d'ailleurs une conséquence de la définition). La loi des poids (**38**) se déduit immédiatement de là; supposons, en effet, que la molécule d'un corps contienne m atomes d'un élément A et n atomes d'un élément B; toutes les molécules étant identiques dans les corps homogènes, les seuls que nous considérions ici, le rapport des poids des éléments dans un échantillon quelconque du corps sera $\frac{m \times \text{poids atomique de A}}{n \times \text{poids atomique de B}}$.

Ceci admis, les nombres proportionnels se trouvent tout naturellement fixés : ce sont les poids atomiques. Mais ces poids ne sont pas accessibles à l'expérience directe, et l'analyse chimique n'en peut donner que les rapports ; encore faut-il connaître la loi d'association des atomes; par exemple, pour déduire de l'analyse de l'oxyde ferrique, où les poids de fer et d'oxygène sont entre eux comme 7 et 3, le rapport des poids atomiques du fer et de l'oxygène, il faut savoir que 2 atomes de fer y sont unis à 3 atomes d'oxygène. On a alors :

$$\frac{7}{3} = \frac{2 \times \text{poids atom. du fer}}{3 \times \text{poids atom. de l'oxygène}} = \frac{2}{3} \times \frac{7}{2}.$$

Symboles. 42. — Pour exprimer en nombres les poids atomiques, quand on connaîtra leurs rapports, il suffit de choisir arbitrairement l'un d'eux. *On a pris égal à 16 celui de l'oxygène* (1). *Les nombres formant ce que l'on appelle*

(1) On l'avait d'abord pris égal à 100. Les nombres ainsi obtenus étant à peu près exactement divisibles par 12,5 qui correspondait à l'hydrogène, on a pris ensuite égal à 1 ce dernier, ce qui donnait 8 pour l'oxygène. On est revenu à l'oxygène comme étalon de poids atomique, parce qu'on peut déterminer tous les autres par comparaison *directe* avec lui, ce qui n'est pas possible pour l'hydrogène. De plus, il se trouve que les valeurs approchées des poids atomiques que l'on emploie dans les calculs de l'analyse courante sont ainsi beaucoup plus voisines des valeurs exactes que lorsqu'on prend pour corps étalon l'hydrogène. Nous verrons pourquoi l'on a pris 16 et non 8.

e système des poids atomiques, divisés par 16, représentent onc les rapports des poids des différents atomes au poids e l'atome d'oxygène. Sous ce point de vue, ce seraient des nombres abstraits. On leur donne facilement un sens concret en *convenant qu'ils désignent des grammes*, et on leur donne alors le nom d'*atomes-grammes*. Les symboles par lesquels on représente les éléments correspondent à l'atome-gramme. Ainsi, O représente 16 grammes d'oxygène ; S, 32 grammes de soufre ; H, 1 gramme d'hydrogène, etc.

Poids moléculaires. 43. — Le poids moléculaire d'un corps est par définition le poids de la molécule ; pour un corps simple, il est égal à autant de fois le poids atomique qu'il y a d'atomes dans la molécule ; pour un corps composé, il s'obtiendra en faisant la somme des poids des atomes constituants. Le sens des nombres ainsi obtenus est clair ; leurs quotients par 16 représentent les rapports des poids des molécules au poids de l'atome d'oxygène. Eux-mêmes définissent ce que l'on appelle les *molécules-grammes* (par abréviation, molécules).

Formules. 44. — Les formules que l'on construit avec les symboles des corps simples ont pour objet de donner une représentation schématique de la composition des corps. *Par convention, elles représentent les poids moléculaires, ou les molécules-grammes.*

Par exemple, il y a dans l'eau, en poids, pour 16 grammes d'oxygène, 2 grammes d'hydrogène. D'après ce qui précède, la formule de l'eau sera représentée par H^2O, et la molécule-gramme sera $2 \times 1 + 16 = 18$.

Détermination des poids atomiques et des poids moléculaires

45. — C'est une des opérations les plus délicates de la chimie. On déduit les poids atomiques de la connaissance des rapports pondéraux suivant lesquels les corps se combinent.

Ces rapports sont déterminés avec toute l'exactitude possible pour des composés convenablement choisis, et contenant le corps étalon ou un autre dont le poids atomique soit parfaitement connu. Par exemple, on déduit les poids atomiques de l'hydrogène et du carbone de la composition de l'eau et du gaz carbonique; ce sont là des déterminations *directes*. Nous donnerons plus loin des exemples de détermination indirecte.

Pour fixer les valeurs des poids atomiques, il faut interpréter les résultats de l'analyse et établir les formules des composés. On essaiera d'abord la formule la plus simple (en admettant, par exemple, pour un composé binaire, que la molécule contient un atome de chacun de ses éléments), sauf à vérifier qu'elle est acceptable; la formule d'un composé doit, en effet, se prêter non seulement à la représentation de la composition du corps, mais à l'interprétation de toutes ses réactions. Il faudra donc examiner si cette condition est satisfaite.

Prenons *provisoirement* égal à 1 le poids atomique de l'hydrogène, qui est le plus petit de tous et cherchons la formule de l'eau; l'hypothèse la plus simple consiste à la supposer formée d'un atome H et d'un atome O, ce qui conduirait à la formule HO, et à $O=8$; le tableau du paragraphe 3 ne serait pas modifié dans ses traits essentiels; mais l'eau, traitée par le sodium, dégage la moitié de son hydrogène, l'autre moitié restant unie au sodium et à la totalité de l'oxygène; comme il ne peut y avoir moins de 1 d'hydrogène dans la molécule-gramme d'un composé (définition, **10**), on doit introduire H^2 dans la formule de l'eau, qui deviendrait, avec $O=8$, H^2O^2; *a priori* rien ne s'y oppose, mais on verrait alors que O *entrerait avec un exposant pair dans la formule de tous les composés oxygénés;* il est plus simple de prendre $O=16$ et d'écrire l'eau H^2O.

Autre exemple : On connaît trois composés oxygénés du fer, qui pour la même quantité, 16 d'oxygène, contiennent 56, $\frac{2\times 56}{3}$ et $\frac{3\times 56}{4}$ de fer; l'hypothèse la plus simple est d'admettre que le premier est dû à la combinaison des deux éléments atome pour atome ; on posera Fe = 56, et on écrira les formules FeO, Fe^2O^3, Fe^3O^4 ; on a reconnu qu'elles satisfont à la condition essentielle indiquée plus haut. Par contre, l'aluminium ne forme avec l'oxygène qu'un seul composé contenant, pour 16 d'oxygène, 18 d'aluminium ; mais les réactions de ce composé le rapprochent de l'oxyde Fe^2O^3, et non de FeO ; on est donc conduit à lui attribuer la formule Al^2O^3, ce qui donne Al = 27.

Méthodes de contrôle. — Les considérations d'ordre chimique interviennent en première ligne dans la fixation des poids atomiques. Cependant on peut s'aider dans la pratique d'un certain nombre de règles d'une application facile, *fondées sur d'étroites relations entre les propriétés physiques des corps et leur constitution.*

Isomorphisme. 46. — L'une d'elles résulte de la remarque suivante, due à Mitscherlisch : *Les composés isomorphes sont en général composés d'éléments analogues groupés de la même manière, c'est-à-dire ont des formules semblables.*

Dans le cas de l'aluminium, son application conduit au résultat déjà indiqué, car l'alumine est isomorphe du sesquioxyde de fer.

47. — Les autres méthodes ont pour caractère commun de s'appuyer sur des *lois limites*, c'est-à-dire des lois s'appliquant à des conditions idéales, irréalisables en toute rigueur, mais dont on peut toujours approcher suffisamment. Ces méthodes sont précieuses en ce qu'elles fournissent, au moyen de déterminations rapides, une valeur approximative des poids moléculaires ou des poids atomiques. On peut alors déduire sans hésitation leurs valeurs exactes des résultats de l'analyse.

Loi des volumes (Gay-Lussac). **48.** — *Lorsque deux gaz s'unissent pour former un composé également gazeux : 1° il y a un rapport simple entre les volumes des compo-*

sants; 2° il y a des rapports simples entre le volume du composé et les volumes de chacun des composants (1).

2	vol. d'hydrogène	et	1	vol. d'oxygène	donnent	2	vol.	de vapeur d'eau.
2	— azote	et	1	— oxygène	—	2	—	de protoxyde d'azote.
1	— azote		1	— oxygène	—	2	—	bioxyde d'azote.
1	— hydrogène		1	— chlore	—	2	—	d'acide chlorhydrique.
3	— hydrogène		1	— azote	—	2	—	ammoniac.

Les corps auxquels cette loi s'applique sont justement ceux pour lesquels les poids entrant en combinaison sont proportionnels aux poids atomiques ou à *des multiples simples* de ces poids. Si donc on prend pour unité le volume de 16 grammes d'oxygène dans les conditions normales (0° et pression de 1 atmosphère), qui est sensiblement 11^{l},13, on peut dire que les volumes des atomes-grammes des divers éléments gazeux et des molécules-grammes de leurs composés sont exprimés par des nombres simples. Mais on peut aller plus loin.

Loi d'Avogadro-Ampère. 40. — On sait que la loi de compressibilité des gaz et des vapeurs à température constante diffère d'autant moins de la loi idéale de Mariotte, que la température est plus élevée et la pression initiale plus faible. Dans les mêmes conditions, ils ont sensiblement le même coefficient de dilatation (*loi de Charles*). L'azote, l'oxygène, l'hydrogène, à la température et sous la pression ordinaires, sont déjà assez voisins de ces conditions limites.

Dès lors, si deux masses de gaz ont des volumes égaux à une température et une pression déterminées, *elles subiront la même variation de volume en passant à une autre tem-*

(1) Cette loi s'applique bien aux cas où les volumes qui se combinent sont peu différents, les seuls que l'on rencontre dans l'étude des métalloïdes et qui aient été envisagés par Gay-Lussac. Mais il n'en est pas de même des combinaisons organiques, en ce sens que, si les rapports de volumes restent déterminés, ils sont d'autant moins simples que la formule est elle-même plus complexe. On a dû faire une remarque analogue au sujet des rapports pondéraux (**38**).

pérature et à une autre pression, quels que soient les gaz considérés. Les variations de volume étant dues à des variations dans les distances mutuelles des molécules, on déduit de là l'énoncé suivant, connu sous le nom de *loi d'Avogadro et d'Ampère*, et qui a exactement la même valeur que les lois de Mariotte et de Charles.

Dans les mêmes conditions de température et de pression, des volumes égaux de tous les gaz, simples ou composés, contiennent le même nombre de molécules.

Donc, les poids de volumes égaux des différents gaz sont proportionnels à leurs poids moléculaires. Comme ils sont en même temps proportionnels aux densités rapportées à l'un quelconque d'entre eux, il suffira de déterminer ces densités pour avoir le rapport des poids moléculaires des divers gaz au poids moléculaire du gaz de référence. Prenons le plus léger de tous, l'hydrogène (1); on obtient alors, pour les densités :

Hydrogène.	Oxygène.	Chlore.	Azote.	Vap. d'eau.	Ac. chlorhydr.
1	16	35,5	14	9	18,25

Les poids moléculaires de ces gaz sont proportionnels aux nombres indiqués. 16 représentant l'atome-gramme d'oxygène, il est naturel de se demander s'il ne pourrait pas représenter aussi la molécule-gramme. On voit de suite qu'il n'en est rien, car 9, qui serait dans ce cas la molécule-gramme de vapeur d'eau, contient seulement 8 d'oxygène. Il faut donc doubler tous les nombres, pour les rendre acceptables ; et, comme le volume correspondant d'hydrogène pèse 2, les poids moléculaires deviennent :

Hydrogène.	Oxygène.	Azote.	Vapeur d'eau.	Ac. chlorhydrique.
2	32	28	18	36,5

(1) Nous rappellerons que la densité d'un gaz A par rapport à un autre B est le rapport du poids d'un certain volume de A au poids du même volume de B pris dans les mêmes conditions. Les tables donnent les densités par rapport à l'air; il suffira, pour avoir les densités rapportées à l'hydrogène, de multiplier les nombres indiqués par 14,4, densité de l'air par rapport à l'hydrogène.

D'où les règles suivantes :

Le poids moléculaire d'un gaz est numériquement égal au double de sa densité par rapport à l'hydrogène.

Les densités par rapport à l'air étant égales aux densités par rapport à l'hydrogène multipliées par 14,4, *le poids moléculaire d'un gaz simple ou composé est numériquement égal au produit par* 28,8 *de sa densité par rapport à l'air.*

On déduira donc le poids moléculaire d'un gaz d'une simple mesure de densité de vapeur.

Volume moléculaire. 50. — Les nombres trouvés représentent les poids de $22^l,26$ des corps auxquels ils correspondent. On dira donc que la molécule-gramme d'un gaz quelconque occupe $22^l,26$ ou, *si on prend pour unité le volume de* 16 *grammes d'oxygène*, occupe 2 *volumes.*

On dit que les formules des composés gazeux sont rapportées à 2 volumes. Le nombre $22^l,26$ est appelé *le volume moléculaire des gaz.*

Ici se présente une difficulté. Les densités des gaz par rapport à l'air varient avec la température et la pression de l'expérience, parce que les lois réelles de compressibilité et de dilatation s'écartent des lois limites. Si donc on introduisait dans la formule

$$M = D \times 28,8$$

les valeurs de M fournies par l'analyse chimique et les valeurs de D données par des mesures directes, les deux nombres séparés par le signe = ne seraient jamais égaux. Pour réaliser l'égalité numérique, il faudrait substituer à D les densités dites *limites*, c'est-à-dire déterminées en amenant l'air et les gaz étudiés à l'état idéal considéré dans les définitions. Mais cela n'a aucune importance dans la pratique, et on peut se contenter de déterminer les densités dans les *conditions les plus commodes pour l'expérience*, puisqu'on ne cherche qu'une valeur approchée du poids moléculaire.

Vapeurs anormales. 51. — Il y a cependant une précaution essentielle à prendre dans l'application de la méthode. *Il faut s'assurer que l'on a bien affaire à un corps défini, et à celui que l'on étudie.*

Les densités de certaines vapeurs, en effet, montrent, quand on les mesure à des températures différentes, des variations d'une telle importance, qu'on ne peut les attribuer à la cause précédemment indiquée.

a) Ainsi, la densité du peroxyde d'azote AzO^2, prise à différentes températures sous la pression normale, présente les valeurs suivantes :

à 27°	2,65	à 154°	1,58
60°	2,08	183°	1,57
90°	1,72		

La variation, très rapide entre 27° et 150°, est accompagnée d'une modification parallèle de la couleur, qui devient de plus en plus foncée ; au-dessus de 150° la variation devient insignifiante. Or, on peut obtenir le peroxyde en combinant 2 volumes de bioxyde, dont le poids moléculaire est 30, avec 1 volume d'oxygène pesant 16, ce qui assigne au poids moléculaire la valeur 46 ; la densité de vapeur correspondante est $46 : 28,8 = 1,59$; le poids moléculaire correspondant à 2,65 serait $2,65 \times 28,8 = 76,3$. On explique cette anomalie en admettant que la vapeur, entre 27° et 150°, est un mélange de molécules *normales* représentées par AzO^2, et de molécules de masse double représentées par Az^2O^4.

On peut calculer facilement le rapport du nombre de molécules normales contenues dans le volume 1 au nombre qui correspondrait à la transformation complète des molécules doubles en molécules simples. Soit x ce rapport ; la densité de la vapeur, supposée entièrement formée de molécules doubles, serait $2 \times 1,59 = 3,18$. A 90°, cette densité est seulement 1,72. L'application de la règle des mélanges donne de suite, en supprimant le facteur 0,00129, poids spécifique de l'air normal,

$$x \times 1,59 + (1 - x) \times 3,18 = 1,72,$$

car x représente évidemment le rapport du volume occupé par les molécules normales au volume total. D'où

$$x = 0,92.$$

b) De même, la densité de vapeur du pentachlorure de phosphore PCl^5 diminue constamment depuis son point de volatilisation, 148°, jusqu'à 290° ; et la valeur qu'elle possède alors assigne au pentachlorure un poids moléculaire moitié de celui qui résulte de sa formation à partir de PCl^3 et Cl^2. La volatilisation du corps est donc accompagnée d'une décomposition progressive (accusée d'ailleurs par la manifestation graduelle de la couleur verte du chlore), décomposition qui est devenue totale à 290°. Les densités mesurées se rapportent à des mélanges en proportions diverses de pentachlorure, de trichlorure PCl^3 et de chlore, la décomposition étant représentée par l'équation :

$$PCl^5 = PCl^3 + Cl^2.$$

On calculerait, comme précédemment, la composition du mélange à une température donnée.

52. — Le chlorure d'ammonium nous offre un cas différent. Sa densité prise à 350° est 1,01 et reste constante au-dessus, ce qui donne 29 pour le poids moléculaire. Or, d'après le mode de formation à partir de l'ammoniac et du gaz chlorhydrique, le poids moléculaire est 53,5, presque le double de 29. La molécule-gramme de sel ammoniac aurait donc un volume double du volume moléculaire. Or on a pu démontrer qu'à 350° il y a dans la vapeur de chlorure d'ammonium de l'ammoniac et de l'acide chlorhydrique libres. L'anomalie présentée par ce corps s'explique donc par une décomposition à peu près complète ; on a affaire non à de la vapeur de sel ammoniac, mais à un mélange à volumes égaux d'ammoniac de densité 0,59 et d'acide chlorhydrique de densité 1,28 ; et, de fait, la moyenne de ces deux nombres, 0,98, est sensiblement égale à la densité mesurée 1,01.

Poids atomiques des éléments volatils ou formant des combinaisons volatiles. 53. — Si l'on a déterminé, au moyen des densités, les poids moléculaires de tous les composés volatils d'un même élément, on pourra les utiliser à la détermination de son poids atomique. On verra que dans la composition, rapportée au poids moléculaire, l'élément considéré figure avec des poids qui sont des multiples d'un même nombre. C'est ce nombre que l'on prendra pour poids atomique. Par exemple, dans la molécule-gramme des composés gazeux contenant de l'azote, on trouvera 14, ou 2×14, ou 3×14 d'azote... jamais moins de 14. *On prendra 14 pour poids atomique de l'azote.* On obtient de cette manière

$$H = 1; \quad Cl = 35,5; \quad C = 12.$$

Atomicité des molécules. 54. — La comparaison de ces nombres avec les poids moléculaires précédemment indiqués montre que la molécule de l'hydrogène, de l'oxygène, de l'azote, du chlore, est formée de 2 atomes. On dit que ces corps sont *diatomiques*. La mesure de la densité de vapeur du phosphore, au-dessous de 1000°, donne (par rapport à l'hydrogène) 124, tandis que son poids atomique, déduit des poids moléculaires de ses composés volatils, tels que le phosphure d'hydrogène PH^3 et le trichlorure de phosphore, est 31. La molécule de phosphore est donc tétratomique; mais, au-dessus de 1000°, la densité de vapeur diminue rapidement; le phosphore tend à devenir diatomique. De même la diminution rapide de la densité du chlore, au-dessus de 1000°, montre qu'aux températures très élevées ce corps est vraisemblablement monatomique. On voit d'une manière analogue que la vapeur de mercure est monoatomique dès sa température normale d'ébullition.

Poids atomiques des éléments solides. 55. — Ils obéissent à une loi remarquable, découverte par Dulong et Petit: *Le produit du poids atomique par la chaleur spécifique est un nombre constant, voisin de* 6,4.

En réalité la loi n'est qu'approchée, car la chaleur spécifique d'un corps n'est pas une constante absolue, et dépend de la température. Mais elle se vérifie très bien pour la plupart des métaux, bien que les poids atomiques aient des valeurs variant de 7 à 239. Seuls, quelques métalloïdes ont un produit notablement inférieur à 6 ; encore y a-t-il parmi eux le carbone, dont la chaleur spécifique éprouve entre 0 et 1000° un accroissement énorme et tout à fait anormal.

	Chal. spéc.	Poids. at.	Produit.
	—	—	—
Lithium	0,941	7	6,58
Aluminium	0,214	27	5,78
Argent	0,057	108	6,15
Carbone (diamant à 985°)	0,459	12	*5,5*
Cuivre	0,095	63	5,98
Fer	0,114	56	6,48
Magnésium	0,250	24	6,0
Or	0,032	196	6,27
Phosphore blanc	0,189	31	*5,86*
Plomb	0,031	203	6,42
Sodium	0,293	23	6,74
Soufre	0,177	32	*5,66*
Zinc	0,095	65	6,17

Les produits considérés sont les *capacités calorifiques* (1) des atomes. La loi peut recevoir cet énoncé très simple : *La capacité calorifique atomique est la même pour tous les éléments pris à l'état solide.*

De nombreuses déterminations ont montré que *la capacité calorifique atomique conserve sa valeur dans les combinaisons*, c'est-à-dire que *la capacité calorifique de la molécule-gramme d'un composé est égale à la somme des capacités calorifiques des atomes qui la constituent* (loi de Wœstyn).

Si donc on représente par a, b, c les poids atomiques de divers corps simples A, B, C, par α, β, γ leurs chaleurs spé-

(1) La *capacité calorifique* d'un corps est la quantité de chaleur qu'il absorbe quand sa température s'élève de 1°. Il y a entre elle et la chaleur spécifique la même relation qu'entre le poids d'un corps et le poids spécifique de sa substance.

cifiques, par P le poids moléculaire du composé $A^m B^n C^p$ et par Γ sa chaleur spécifique, on aura

$$P\Gamma = ma\alpha + nb\beta + pc\gamma.$$

Or, d'après la loi de Dulong et Petit, $a\alpha = b\beta = c\gamma = 6{,}4$; on a donc

$$P\Gamma = (m + n + p)6{,}4.$$

L'expérience montre, en effet, que les capacités calorifiques moléculaires des sulfates M^2SO^4 sont voisines de $7 \times 6{,}4$; celles des azotates $MAzO^3$ et des chlorates $MClO^3$ sont à peu près les mêmes, et voisines de $5 \times 6{,}4$. Une mesure de chaleur spécifique permettra donc de déterminer P, ou l'un des exposants m, n, p, ou l'un des poids atomiques a, b, c.

Méthodes fondées sur les propriétés des solutions. 56. — Cryoscopie. — *Le point de congélation de la solution d'un solide dans un liquide est toujours inférieur au point de congélation du dissolvant pur, et la différence, que l'on appelle* **abaissement du point de congélation**, *est proportionnelle à la concentration, lorsque celle-ci n'est pas trop grande.* (Loi de Blagden.)

Il en résulte que si l'on désigne par c l'abaissement trouvé pour une solution contenant p grammes de substance dissoute dans 100 grammes de dissolvant, et par M la molécule-gramme, l'abaissement correspondant à 1 molécule-gramme dans 100 grammes sera

$$\theta = \frac{cM}{p}.$$

θ est *l'abaissement moléculaire.*

L'expérience a montré que, *pour un même dissolvant, l'abaissement moléculaire est indépendant de la nature du corps dissous.* (Loi de Raoult.)

La détermination du poids moléculaire se réduit alors à

une mesure de point de congélation. On déterminera avec toute l'exactitude possible le point de congélation d'un liquide convenablement choisi, puis celui d'une solution de p grammes du corps à étudier dans P grammes de ce liquide; si on représente par c la différence trouvée, on a :

$$c : \theta = \frac{p}{P} : \frac{M}{100} = \frac{p}{P} \cdot \frac{100}{M},$$

d'où :

$$M = 100 \cdot \theta \cdot \frac{p}{P} \cdot \frac{1}{c}.$$

Pour l'acide acétique, la valeur de θ est 39; pour la benzine, 4,9; pour l'eau, 18,5 avec les substances qui ne sont ni acides, ni bases, ni sels; avec ces derniers corps, la valeur de θ est toujours supérieure à 18,5; avec le chlorure de potassium KCl, elle est 37 ; avec le chlorure de strontium, elle est 51,1. Dans des dissolvants autres que l'eau, θ reprend avec les sels la valeur normale (1).

Dans l'application de la méthode il faut avoir soin de prendre des solutions assez étendues pour que l'abaissement ne dépasse pas 1°; il faut alors suivre la température avec des thermomètres donnant le cinquantième de degré, et agiter constamment pour rendre la température uniforme. C'est de la glace pure (ou le solide correspondant quand le dissolvant n'est pas l'eau) qui se forme au début, ce qui augmente la concentration de la solution qui reste; il faut que cette variation soit assez faible pour n'avoir pas d'influence appréciable sur la température de congélation, d'où la nécessité d'avoir un grand excès de dissolvant. On amène la solution en état de surfusion légère, et on amorce la congélation au moyen d'un petit fragment de glace (2); le thermomètre monte et se fixe; on lit alors son indication. On répète l'expérience avec le dissolvant *pur;* la différence des lectures mesure l'abaissement c.

(1) On reviendra plus loin (§ **107** et suiv.) sur cette anomalie.
(2) Glace signifie ici le *dissolvant congelé*.

TONOMÉTRIE ET ÉBULLIOSCOPIE. **57.** — Les solutions émettent des vapeurs à la température ordinaire; la vapeur est formée par le dissolvant seul, mais la pression de saturation f' est toujours inférieure à la pression de saturation du dissolvant pur dans les mêmes conditions. On appelle *diminution relative de tension*, le rapport $\frac{f-f'}{f}$.

La diminution relative de tension est proportionnelle à la concentration (loi de Wüllner).

Raoult a montré que, pour un même dissolvant, *la diminution relative correspondant à une molécule-gramme dissoute dans* 100 *grammes est indépendante de la nature du corps dissous.* Le nombre obtenu α porte le nom de *diminution relative moléculaire.*

Si donc une solution de concentration $p : \mathrm{P}$ montre une diminution relative d, on pourra écrire, comme plus haut :

$$d : \alpha = \frac{p}{\mathrm{P}} : \frac{\mathrm{M}}{100},$$

d'où

$$\mathrm{M} = 100\alpha \cdot \frac{p}{\mathrm{P}} \cdot \frac{1}{d}.$$

La *tonométrie* a pour objet la détermination des tensions de vapeur des solutions.

58. — Mais un abaissement de tension de vapeur entraîne une élévation du point d'ébullition. La théorie et l'expérience montrent que, dans les cas où les lois de Wüllner et de Raoult sont applicables, on a également, en désignant par e la différence entre le point d'ébullition d'une solution de concentration $p : \mathrm{P}$ et le point d'ébullition du dissolvant pur sous la même pression, et par K un *coefficient caractéristique du dissolvant*, la relation :

$$\mathrm{M} = 100 \cdot \mathrm{K} \cdot \frac{p}{\mathrm{P}} \cdot \frac{1}{e}.$$

La détermination des points d'ébullition (*ébullioscopie*)

étant beaucoup plus facile à réaliser exactement que la mesure des tensions de vapeur, c'est cette méthode que l'on emploie de préférence. Le coefficient K est égal à 25,3 pour l'acide acétique; 26,7 pour la benzine; 5,2 pour l'eau avec les substances qui ne sont ni acides, ni bases, ni sels; avec ces dernières, on constate les mêmes anomalies que pour la cryoscopie.

Le thermomètre devant nécessairement plonger dans le liquide, parce que la température de la vapeur est toujours ici inférieure à celle de la solution, il faut soigneusement éviter toute surchauffe; dans ce but, on place au fond du récipient à ébullition des billes de verre, au-dessus desquelles on peut également placer des bouts de fil de platine; l'appareil est muni d'un réfrigérant ascendant, permettant le reflux des vapeurs, afin d'éviter une augmentation de la concentration. On lit le thermomètre quand il s'est fixé, et on répète l'opération avec le dissolvant pur. La différence des lectures donne c.

59. — Cet ensemble de méthodes permet de déterminer, par une seule expérience, le poids moléculaire d'une substance gazeuse, solide ou liquide. On choisira dans chaque cas la méthode la plus commode; on en trouvera toujours une, car il n'y a pour ainsi dire pas de corps solide ou liquide qui n'ait quelque dissolvant.

En les appliquant successivement à un même corps dans ses différents états physiques, on peut savoir si les changements d'état modifient la valeur du poids moléculaire. Cela n'a pas lieu en général.

Exemples de détermination exacte des poids atomiques. *Méthodes directes.* **60.** — Le poids atomique de l'hydrogène a été déduit de la synthèse de l'eau. On a fait passer un courant d'hydrogène pur et sec sur du cuivre chauffé au rouge dans un ballon taré. L'eau formée se condensait en majeure partie dans un récipient faisant suite au ballon; celle qui ne se condensait pas était arrêtée dans des tubes contenant de l'anhydride phosphorique; l'ensemble de ces tubes et du récipient avait également été taré avant l'expérience. Des pesées donnaient alors le poids de l'oxygène fixé par le cuivre et le poids de l'eau formée. On avait par différence le poids de l'hydrogène. Le poids atomique de l'hydrogène est 1,007; on ne commet pas une erreur bien grande en prenant 1.

De même, le poids atomique du carbone a été obtenu en pesant des tubes à potasse préalablement tarés, et dans lesquels on dirigeait le gaz carbonique formé par la combustion, dans un courant d'oxygène pur, d'un poids connu de diamant. On a ainsi obtenu exactement 12.

Méthodes indirectes. **61.** — Voici maintenant des exemples de méthodes plus compliquées. Pour déterminer le poids atomique du soufre, on l'a comparé à celui de l'argent. On a chauffé un poids connu d'argent p dans la vapeur de soufre, et déterminé le poids P de sulfure d'argent formé. $P - p$ est le poids du soufre; désignons par m le rapport $\frac{P-p}{p}$. D'autre part, le sulfate d'argent chauffé dans un courant d'hydrogène se détruit en argent et acide sulfurique, et on constate que le soufre et l'argent y sont dans le même rapport que dans le sulfure. Si donc on détermine le poids p' d'argent laissé par la réduction d'un poids P' de sulfate, mp' représentera le poids du soufre, et $P' - (p' + mp')$ le poids de l'oxygène. Mais dans le sulfate il y a 4 atomes d'oxygène pour 1 de soufre. On doit donc avoir :

$$\frac{P' - (m+1)p'}{mp'} = \frac{4 \times 16}{x}.$$

On a ainsi trouvé $x = 32,06$.

Si l'on admet pour le sulfure d'argent la formule Ag^2S, on déduit également de l'expérience le poids atomique de l'argent, qui a été trouvé égal à 107,94.

62. — On peut également déterminer, dans une même série d'opérations, les poids atomiques du chlore, du potassium et de l'argent.

1° On décompose par la chaleur un poids P^{gr} de chlorate de potassium, et on pèse le chlorure qui reste, soit p^{gr}; comme la formule du chlorate est $KClO^3$, on aura, entre le poids atomique de l'oxygène et le poids moléculaire x du chlorure de potassium la relation

$$\frac{3 \times 16}{x} = \frac{P - p}{p}.$$

On a trouvé 74,60.

2° On précipite par un excès d'azotate d'argent un poids connu de chlorure de potassium dissous; le précipité de chlorure d'argent est lavé, séché et pesé; le rapport des poids des deux chlorures est égal au rapport des poids moléculaires. On a trouvé pour le chlorure d'argent 143,39.

3° On transforme en chlorure un poids connu d'argent, et on pèse le chlorure obtenu; on a ainsi le rapport du poids du chlorure d'argent au poids de l'argent; on en déduit que $143^{gr},39$ de chlorure d'argent contiennent $107^{gr},94$ d'argent; la différence, $35^{gr},45$, est le poids de chlore que contiennent également $74^{gr},60$ de chlorure de potassium; c'est le poids atomique du chlore. On tire de là :

$$Cl = 35,45 \qquad K = 39,15 \qquad Ag = 107,94$$

Les nombres approchés usuels sont 35,5; 39; 108.

63. — On doit varier les méthodes de toutes les manières possibles, car elles se contrôlent les unes les autres. Si elles sont correctes, toutes celles que l'on applique à un même élément conduisent, pour le poids atomique, à des valeurs dont les différences sont de l'ordre des erreurs inévitables des expériences. C'est la meilleure preuve de la justesse des principes sur lesquels on s'est appuyé.

Notation atomique. Valence. 64. — La représentation des corps, au moyen des formules établies comme on vient de l'indiquer, constitue la *notation atomique*. Nous avons déjà vu que ces formules représentent non seulement la composition en poids, mais aussi la composition en volumes des corps gazeux. Leur examen donne encore lieu à des remarques intéressantes. Considérons par exemple les suivantes :

HCl ;	H^2O ;	H^2S ;	AzH^3 ;	PH^3 ;	CH^4 ;
	Cl^2O ;	Cl^2S ;	$AzCl^3$;	PCl^3 ;	CCl^4 ;
					CO^2 ;
					CS^2.

Nous y voyons que 1 atome de chlore s'unit à 1 atome d'hydrogène; 1 atome d'oxygène, 1 d'azote, 1 de phosphore, 1 de carbone s'unissent respectivement à 2, 3, 4 atomes d'hydrogène, 1 atome de carbone est uni à 2 atomes d'oxygène et à 2 atomes de soufre. Il semble donc, d'après ces formules, qu'au point de vue de leur capacité relative de combinaison, pour ainsi dire, les atomes d'hydrogène et de chlore soient équivalents ; de même ceux de soufre et d'oxygène, mais ils ne sont pas équivalents aux précédents. C'est à cette idée que correspond la notion de *valence*.

Pour les corps formant des combinaisons avec l'hydrogène, on définit la valence par le nombre maximum d'atomes d'hydrogène que peut fixer l'atome du corps. On voit alors que Cl est *monovalent* ; O, S, sont *divalents* ; Az, P, sont *trivalents* ; C est *tétravalent*. On dit que, dans la combinaison de deux corps, leurs valences se *saturent* ou s'*échangent*. Si toutes les valences sont satisfaites, le composé est dit *saturé*. C'est le cas des corps dont nous avons donné les formules.

Il est souvent commode de faire figurer la valence dans le symbole, au moyen de traits, de la manière suivante :

$$H- ; \quad Cl- ; \quad O- ; \quad \diagup\overset{|}{Az}\diagdown ; \quad -\overset{|}{\underset{|}{C}}-$$

les formules prennent alors la forme

$$H-Cl; \quad H-O-H; \quad \underset{H\ \ \ H}{\overset{H}{\overset{|}{\ \diagup Az \diagdown}}}; \quad H-\underset{\underset{H}{|}}{\overset{\overset{H}{|}}{C}}-H \quad O=C=O \quad S=C=S$$

$$O<^{Cl}_{Cl}$$

une valence peut d'ailleurs être satisfaite par un élément monovalent quelconque, tel que le chlore, comme le montrent les réactions de ce corps sur le méthane (*L.*, 274 *c*), donnant naissance aux composés :

$$H-\underset{\underset{H}{|}}{\overset{\overset{H}{|}}{C}}-Cl; \quad H-\underset{\underset{Cl}{|}}{\overset{\overset{H}{|}}{C}}-Cl; \quad \text{etc.}$$

Pour les métaux, dont un petit nombre seulement forment des combinaisons hydrogénées, on définira la valence par les phénomènes de substitution auxquels se prêtent les acides. Les atomes K, Na, Ag, qui se substituent à H, sont monovalents; Ca, Zn, Mg, qui se substituent à H^2, sont divalents; Pt, qui se substitue à H^4, est tétravalent.

65. — Il est important de remarquer que la valence n'est pas une constante d'un élément, au même titre que la densité ou le poids atomique, par exemple. Elle varie souvent avec la nature du corps avec lequel l'élément entre en combinaison. Ainsi l'azote, trivalent par rapport à H, est pentavalent dans certains de ses composés, comme le *chlorure d'ammonium* AzH^4Cl; P, trivalent par rapport à H, est pentavalent par rapport à Cl dans PCl^5, et à O dans P^2O^5.

Bien plus, un même élément peut manifester, vis-à-vis d'un même radical ou d'un autre élément, une valence variable suivant les circonstances. Ainsi, Fe est divalent dans les composés ferreux tels que FeO, $FeCl^2$; les composés ferriques contiennent Fe^2, hexavalent; c'est le cas du sulfate $Fe^2(SO^4)^3$, du chlorure Fe^2Cl^6 (1).

Radicaux. 66. — Si l'on imagine qu'un élément disparaisse d'une molécule saturée, ce qui reste constitue un *radical* que l'on considère comme doué d'une valence égale à celle de l'élément disparu. On conçoit d'après cela que les radicaux ne puissent être isolés, leurs valences libres tendant à être saturées soit par un élément de même valence, soit par un autre radical ou par le radical lui-même. Par exemple, H^2O donne le radical monovalent OH, l'*oxhydryle;* CH^4 donne le radical également monovalent CH^3, le *méthyle;* dans des conditions où ces radicaux sont libérés en même temps, il peut se former l'alcool méthylique CH^3OH (*L.*, 316); à H^2SO^4 correspondent deux radicaux : HSO^4, monovalent; SO^4, divalent. Les *ions* de l'électrolyse sont des radicaux dont l'action sur les électrodes ou l'électrolyte détermine les *actions secondaires*. Un bon exemple de radical s'unissant à lui-même est donné par CH^3. Si on traite l'iodure de méthyle CH^3I par le sodium, qui fixe l'iode, on a non pas CH^3, mais C^2H^6.

$$2\,CH^3I + Na = \begin{matrix} CH^3 \\ | \\ CH^3 \end{matrix} + 2\,NaI.$$

Ces radicaux rendent les plus grands services dans la représentation des corps de composition complexe; on les met en vedette dans les formules, qui sous le nom de *formules développées* ou *formules de constitution* deviennent alors des schémas complets, figurant non seulement la composition en poids et en volume, mais aussi les *fonctions chimiques* des corps. On en fait continuellement usage dans la chimie organique.

(1) Ce corps, dont la densité de vapeur correspond à Fe^2Cl^6, voit sa molécule dédoublée quand il est en solution dans l'éther, comme l'ont montré les mesures cryoscopiques. Fe y est donc trivalent.

67. — POIDS ATOMIQUES DES CORPS SIMPLES

(Les noms des métalloïdes sont en caractères **gras**.)

Aluminium..........	Al = 27	Manganèse..........	Mn = 55
Antimoine (stibium)..	**Sb** = 120	Mercure(hydrargyrum)	Hg = 200
Argent..............	Ag = 107,9	Molybdène..........	Mo = 96
Arsenic............	**As** = 75	Nickel..............	Ni = 58,9
Azote..............	**Az** = 14	Niobium............	Nb = 94
Baryum............	Ba = 137,4	Or..................	Au = 197
Bismuth............	Bi = 208,9	Osmium............	Os = 191
BORE..............	**B** = 11	**OXYGÈNE**..........	**O** = 16
Brome............	**Br** = 79,8	Palladium..........	Pd = 106,3
Cadmium..........	Cd = 112	**Phosphore**..........	**P** = 31
Cæsium............	Cs = 153	Platine.............	Pt = 195
Calcium............	Ca = 40	Plomb..............	Pb = 207
Carbone............	**C** = 12	Potassium (kalium)..	K = 39
Cérium............	Ce = 140	Rhodium...........	Rh = 103
Chlore............	**Cl** = 35,5	Rubidium..	Rb = 85,4
Chrome............	Cr = 52	Scandium.........	Sc = 44
Cobalt............	Co = 59,6	**Sélénium**..........	**Se** = 79
Cuivre............	Cu = 63,4	**Silicium**..........	**Si** = 28,4
Didyme............	Di = 142	Sodium (natrium)...	Na = 23
Erbium............	Er = 166	**Soufre**............	**S** = 32
Etain (stannum).....	Sn = 119	Strontium..........	Sr = 87,6
Fer................	Fe = 56	Tantale............	Ta = 182,5
Fluor..............	**F** = 19	**Tellure**............	**Te** = 125
Gallium............	Ga = 70	Thallium...........	Tl = 204
Germanium.........	Ge = 72,5	Thorium...........	Th = 232,5
Glucinium..........	Gl = 9	Titane............	Ti = 48
Hydrogène.........	H = 1	Tungstène (wolfram).	W = 184
Indium............	In = 114	Uranium...........	U = 239,4
Iode..............	**I** = 127	Vanadium..........	V = 51
Iridium............	Ir = 193	Ytterbium..........	Yb = 173
Lanthane..........	La = 138	Yttrium...........	Y = 89
Lithium............	Li = 7	Zinc...............	Zn = 65,4
Magnésium.........	Mg = 24,3	Zirconium.........	Zr = 90,6

CHAPITRE IV

CLASSIFICATION DES MÉTALLOÏDES

68. — On distingue les éléments en *métalloïdes*, caractérisés par l'existence d'au moins un composé oxygéné qui st un *anhydride*, et *métaux* donnant avec l'oxygène au 1oins un *oxyde basique* (*L.*, 45 et 46).

Si l'on range les métalloïdes en groupes d'après leur valence vis-à-vis de l'hydrogène, et dans chaque groupe suiant l'ordre des poids atomiques croissants, on obtient le ableau suivant (1) :

1re famille :		Fluor; Chlore; Brome; Iode,	monovalents.
2e	»	Oxygène; Soufre; Sélénium; Tellure,	divalents.
3e	»	Azote; Phospore; Arsenic; Antimoine,	trivalents.
4e	»	Carbone; Silicium;	tétravalents.
5e	»	Bore;	trivalent.

Dans chaque groupe ou *famille*, les propriétés tant physiques que chimiques suivent une gradation assez nette.

PREMIÈRE FAMILLE

69. — Elle comprend les métalloïdes monovalents, formant avec l'hydrogène, à volumes égaux et sans condensation, des composés de formule HR (R représente le métalloïde).

Nous avons déjà étudié le *chlore* (*L.*, 65-70) dont la propriété la plus accusée est une affinité énergique pour

(1) Cette classification, donnée dès 1830 par le chimiste français Dumas, n'a eu à subir, depuis, que de légères modifications pour se trouver constamment d'accord avec l'ensemble des faits connus.

l'hydrogène et pour les métaux, et comme conséquence, la facilité avec laquelle il attaque les corps qui en contiennent, en donnant de l'acide chlorhydrique ou des chlorures. Nous rappellerons les oxydations réalisées en présence de l'eau et les décolorations qui s'y rattachent, la destruction de l'acide sulfhydrique, l'attaque d'un grand nombre de matières organiques avec production d'acide chlorhydrique; nous rappellerons également l'existence des acides hypochloreux $HClO$ et chlorique $HClO^3$, et nous ajouterons que la plupart des oxydes métalliques sont transformés par le chlore en chlorures avec mise en liberté d'oxygène.

Fluor ($F = 19$). 70. — C'est un gaz jaune verdâtre clair, difficile à liquéfier. Ses affinités, plus énergiques que celles du chlore, s'exercent le plus souvent dans le même sens. Il s'unit avec explosion à l'hydrogène, à froid et dans l'obscurité, en donnant de l'acide fluorhydrique HF; il enflamme le phosphore, le noir de fumée, attaque tous les métaux à température plus ou moins élevée; il décompose énergiquement l'eau à froid en dégageant de l'oxygène fortement *ozonisé* (1), et déplace le chlore de ses combinaisons avec l'hydrogène et les métaux.

(1) L'*ozone* résulte de la condensation de trois atomes d'oxygène en une seule molécule; sa formule est O^3, sa densité une fois et demie celle de l'oxygène. C'est un gaz doué d'une odeur désagréable et caractéristique, que l'on sent auprès d'une machine électrique ou d'une forte bobine d'induction en activité. Il réalise un grand nombre d'oxydations que ne détermine pas l'oxygène, comme celles de l'argent et du mercure à froid, de l'iodure de potassium dissous, avec mise en liberté de l'iode.

$$H^2O + O^3 + 2KI = I^2 + 2KOH + O^2.$$

Cette réaction est très facile à manifester, il suffit d'ajouter à l'iodure de potassium un peu d'amidon.

Il se détruit spontanément mais lentement à la température ordinaire, rapidement si on chauffe. On ne peut l'obtenir que mélangé à l'oxygène ou à l'air. Il se forme dans toutes les réactions qui dégagent de l'oxygène à basse température, comme par exemple l'action de l'acide sulfurique étendu sur le bioxyde de baryum :

$$3BaO^2 + 3H^2SO^4 = 3H^2O + 3BaSO^4 + O^3.$$

71. — L'*acide fluorhydrique* est un liquide incolore, bouillant à 19°, très soluble dans l'eau ; il attaque la plupart des métaux en donnant des fluorures. C'est un acide monobasique, comme l'acide chlorhydrique.

Sa réaction caractéristique est l'attaque de la silice et des silicates, tels que le verre, avec dégagement d'un gaz fumant à l'air, le *fluorure de silicium* SiF^4. On l'utilise pour graver les divisions sur la verrerie graduée; l'objet, dont les parties qui ne doivent pas être attaquées sont protégées par un vernis, est exposé aux vapeurs d'acide fluorhydrique. On ne connaît pas de composés de l'oxygène et du fluor.

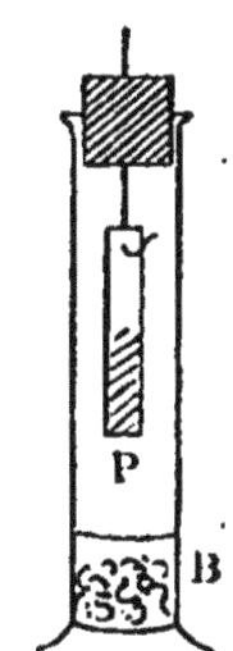

Fig. 10. B. bioxyde de baryum pulvérisé sur lequel on a versé de l'acide sulfurique étendu de la moitié de son volume d'eau ; P, papier imprégné d'iodure de potassium amidonné.

72. — On prépare le fluor par électrolyse; mais on ne peut s'adresser à une solution aqueuse d'un fluorure, à cause de l'attaque énergique de l'eau par le fluor, ni à un fluorure fondu, à cause de la violence d'action du fluor sur tous les corps à une température élevée; on électrolyse une solution de fluorure de potassium KF dans l'acide fluorhydrique liquide, que l'on refroidit énergiquement pour en limiter autant que possible la vaporisation ; le potassium mis en liberté à la cathode attaque l'acide en régénérant du fluorure et dégageant de l'hydrogène, tandis que le fluor se dégage à l'anode. Les électrodes doivent être en platine.

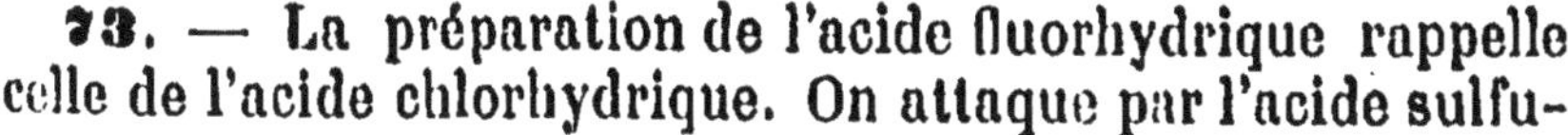

73. — La préparation de l'acide fluorhydrique rappelle celle de l'acide chlorhydrique. On attaque par l'acide sulfu-

On peut constater sa présence au moyen de la disposition de la figure 10. Il s'en forme également quand on soumet l'oxygène à une température très élevée, comme celle de l'étincelle électrique, ou à l'action d'un champ électrique assez intense et périodiquement variable (*effluve*); c'est ce dernier procédé que l'on utilise pratiquement.

L'ozone est un puissant antiseptique; il existe dans l'air atmosphérique.

rique le *fluorure de calcium* CaF^2, que l'on trouve dans la nature sous le nom de *fluorine* ou *spath fluor*.

$$CaF^2 + H^2SO^4 = CaSO^4 + 2HF.$$

Il faut opérer dans un appareil métallique (plomb ou platine); en recueillant dans l'eau les vapeurs qui se dégagent, on obtient une solution d'acide fluorhydrique qui sert à préparer l'acide anhydre, par un procédé que nous ne pouvons indiquer ici.

Brome (Br = 80). 74. — Liquide rouge foncé, dangereux à manier et à respirer, solidifié à — 7°, bouillant à 63°, soluble dans 33 fois son poids d'eau environ (*eau de brome*). Sa vapeur, dont la densité par rapport à l'hydrogène est 80, est rouge foncé, et s'unit à ce gaz sous l'action de la chaleur, mais non de la lumière, en donnant l'*acide bromhydrique* HBr. Le brome enflamme le phosphore et attaque tous les métaux en donnant des corps analogues aux chlorures.

Le brome attaque l'eau et les bases dans les mêmes conditions que le chlore (décolorations; hypobromites et bromates. Voy. *L.*, 67 *c* et *d*; 69-70). Il détruit l'acide sulfhydrique, en donnant de l'acide bromhydrique et du soufre.

Le chlore déplace le brome de ses combinaisons avec l'hydrogène et les métaux. En ajoutant un peu d'eau de chlore à une solution incolore de bromure de potassium, on voit apparaître une coloration jaune due au brome mis en liberté; si on agite avec quelques gouttes d'éther, qui dissout le brome et l'enlève à l'eau, la liqueur se décolore et l'éther fortement coloré en rouge orangé monte à la partie supérieure.

75. — L'*acide bromhydrique* est un gaz fumant à l'air, encore plus soluble que l'acide chlorhydrique; il est monobasique, et ses sels, les bromures, sont souvent isomorphes des chlorures. Il est moins stable que l'acide chlorhydrique, et plus facilement attaquable que lui par les métaux.

Avec l'*azotate d'argent* il donne un précipité *blanc jaunâtre* de *bromure d'argent* AgBr attaqué par la lumière, peu soluble dans l'ammoniaque, soluble comme le chlorure d'argent dans l'hyposulfite de sodium; ces caractères expliquent l'emploi du bromure d'argent en photographie.

Iode (I = 127). 76. — Corps solide cristallisé en paillettes grises, brillantes, fondant à 107°, bouillant à 176°; sa vapeur, violette, est 127 fois plus dense que l'hydrogène. Très peu soluble dans l'eau, il se dissout beaucoup mieux dans l'alcool, qu'il colore en brun, et le sulfure de carbone, qu'il colore en violet en solution étendue, et rend complètement opaque en solution concentrée.

La vapeur d'iode s'unit à l'hydrogène sous l'action de la chaleur, mais la réaction n'est jamais totale, car l'*acide iodhydrique* HI se détruit au-dessus de 180° (**215**).

L'iode s'unit directement au phosphore et à un certain nombre de métaux. De même que le chlore et le brome, il attaque l'eau en présence des corps oxydables comme l'anhydride sulfureux; une solution de ce gaz, versée avec précaution dans de l'eau d'iode additionnée d'amidon, fait disparaître la couleur bleue grâce à la transformation de l'iode en acide iodhydrique (voy. *L.*, 67 *c*).

L'affinité de l'iode pour l'hydrogène et les métaux est inférieure à celle du brome, qui le chasse de ses combinaisons; on peut le montrer en versant de l'eau de brome dans une solution étendue d'iodure de potassium; l'iode libéré colore la solution en brun; si on agite avec du sulfure de carbone, ce liquide tombe au fond coloré en violet par l'iode qu'il a enlevé à l'eau.

Seul parmi les corps de sa famille, l'iode peut être oxydé par l'ozone humide ou par le chlore; il se forme de l'*acide iodique* HIO^3; on fait disparaître la couleur bleue de l'iodure d'amidon en l'additionnant d'eau de chlore.

77. — L'*acide iodhydrique* est un gaz très soluble dans l'eau, dont la composition en volumes est la même que celle des autres hydracides. Il est beaucoup moins stable que l'acide bromhydrique; et ses sels, les iodures, sont analogues aux chlorures et aux bromures.

Il donne avec l'*azotate d'argent* un précipité *jaune* d'iodure d'argent AgI, décomposable à la lumière, soluble dans l'hyposulfite de sodium, et qui devient blanc au contact de l'ammoniaque.

78. — Le brome et l'iode existent à l'état de bromure et d'iodure de sodium dans l'eau de mer, dans les cendres de varechs; un minéral, la *carnallite*, chlorure double de potassium et de magnésium, contient également des bromures; il y a des iodures dans l'azotate de sodium du Chili. L'iode paraît être un élément essentiel au bon fonctionnement de l'organisme animal, car on le trouve, en faible quantité il est vrai, dans le corps de l'homme et des animaux.

Pour retirer le brome et l'iode des bromures et des iodures, on utilise l'action du chlore; si l'on a affaire à un mélange, c'est l'iode qui se sépare le premier, puisque le brome peut également le déplacer. Un deuxième procédé consiste à traiter le bromure ou l'iodure par l'acide sulfurique et le bioxyde de manganèse, suivant la réaction

$$2NaBr + MnO^2 + 3H^2SO^4 = Br^2 + MnSO^4 + 2NaHSO^4 + 2H^2O.$$

On peut retirer directement le chlore du sel marin de la même manière (procédé de *Berthollet*, qui ne diffère du procédé usuel ou de *Sheele* que par la substitution, à l'acide chlorhydrique, des corps qui servent à le préparer (*L.*, 65).

79. — On ne peut pas préparer les acides bromhydrique et iodhydrique comme on prépare l'acide chlorhydrique, parce que ces corps sont détruits par l'acide sulfurique *concentré* en donnant du brome et de l'iode. On s'adresse soit à l'action du brome et de l'iode sur l'acide sulfhydrique, soit à une réaction commune à tous les corps de la première famille : ils forment avec le phosphore des composés répondant à la formule PR^3, et décomposables par l'eau avec mise en liberté de l'hydracide.

$$PR^3 + 3H^2O = \underset{\text{acide phosphoreux.}}{H^3PO^3} + 3HR.$$

80. — Les métalloïdes de la première famille, appelés *halogènes* à cause de l'analogie de leurs combinaisons métalliques avec le sel commun, forment, comme on le voit, un groupe très homogène; leur affinité pour l'hydrogène décroît du fluor à l'iode; c'est l'inverse pour l'oxygène.

Le fluor se distingue des trois autres par quelques caractères qui le rapprochent de l'oxygène; il enflamme le charbon; le fluorure d'argent est soluble; le fluorure de calcium est insoluble, tandis que le chlorure, le bromure et l'iodure sont solubles.

Le tableau suivant résume les analogies de ces quatre corps.

	F	Cl	Br	I	
Pds atom.:	19	35,5	80	127	
Pds moléc.:	38	71	160	254	
	gaz dif. à liq.	gaz facile à liq.	liquide	solide	
Avec H :	HF	HCl	HBr	HI	très solubles, formés sans condensation; stabilité décroiss.
Déc. l'eau	à froid, directement	à froid; lentement à la lumière, de suite en présence de corps oxydables	comme Cl	en présence de corps oxydables.	
	ne s'unissant pas directement à O;			oxydé par l'ozone.	

Avec le phosphore : composés corresp. décomposant l'eau.

$$PR^3 + 3H^2 = H^3PO^3 + 3HR.$$

Métaux : La violence de l'attaque diminue de F à I.

fluorures	chlorures	bromures	iodures, analogues.
déplace Cl, Br et I.	déplace Br et I.	déplace I.	

DEUXIÈME FAMILLE

81. — Elle comprend les métalloïdes bivalents, formant avec l'hydrogène des composés du type H^2R, dans lequel 2 vol. d'hydrogène et 1 vol. de vapeur du métalloïde sont unis avec condensation d'un tiers.

82. — Nous avons déjà étudié l'oxygène et le soufre. L'analogie qu'ils présentent est manifestée par l'analogie de formule et quelquefois même de propriétés des composés qu'ils forment avec les autres éléments. De plus, le soufre peut remplacer l'oxygène atome pour atome dans certaines combinaisons, principalement des combinaisons organiques.

L'eau H^2O et l'acide sulfhydrique H^2S ont même formule et même composition (1).

Nous rappellerons la correspondance de CO^2 et de CS^2, des carbonates et des sulfocarbonates (*L.*, 187).

(1) En faisant passer un courant de gaz carbonique dans de l'eau tenant en suspension du bioxyde de baryum, on obtient un deuxième composé de l'hydrogène et de l'oxygène, l'*eau oxygénée* H^2O^2.

$$BaO^2 + CO^2 + H^2O = BaCO^3 + H^2O^2.$$

C'est un liquide soluble dans l'eau en toutes proportions, très instable dans l'état de pureté, beaucoup plus stable en dissolution. Elle se détruit en eau et oxygène au contact des corps pulvérulents; un grand nombre de corps sont oxydés par elle, notamment l'iodure de potassium, qui est transformé en iode et potasse; le sulfure de plomb PbS *noir*, qui est transformé en sulfate *blanc*. L'eau oxygénée bleuit donc, comme l'ozone, l'iodure de potassium amidonné; sa réaction caractéristique est la coloration bleue intense qu'elle donne avec l'*acide chromique*.

L'eau oxygénée est employée à cause de ses propriétés oxydantes pour nettoyer les peintures noircies par la transformation en sulfure de plomb du carbonate ou céruse qui entre dans la composition d'un grand nombre de couleurs, et pour blanchir la soie, les plumes, les éponges.

En faisant agir l'acide chlorhydrique sur un composé assez complexe du calcium contenant du bisulfure CaS^2, on obtient un liquide huileux, jaune, instable, qui se décompose au contact des corps pulvérulents en dégageant de l'acide sulfhydrique et déposant du soufre, et qui répond à la composition H^2S^2 : c'est le *bisulfure d'hydrogène*, dont la ressemblance générale avec l'eau oxygénée est une nouvelle preuve de l'analogie du soufre et de l'oxygène.

83. — Le soufre se combine facilement, comme l'oxygène, à un grand nombre de métaux, et les sulfures ainsi formés correspondent exactement aux oxydes par leur composition; ils ont même dans certains cas des propriétés analogues. C'est ainsi, par exemple, que l'action de la chaleur est la même sur le bisulfure de fer et le bioxyde de manganèse.

$$3FeS^2 = Fe^3S^4 + S^2.$$
$$3MnO^2 = Mn^3O^4 + O^2.$$

Il y a cependant des différences de fonction entre les composés correspondants du soufre et de l'oxygène. Ainsi, l'eau est neutre, H^2S est nettement acide; les sulfures de même formule que les oxydes basiques doivent être considérés comme les sels de l'acide sulfhydrique.

Le *sélénium* et le *tellure* présentent avec le soufre des analogies beaucoup plus nettes que celles du soufre avec l'oxygène.

84. — Le **Sélénium** (**Se** = **79**) est un corps solide gris fondant vers 200° après avoir pris l'état pâteux, bouillant à 665°. Il brûle à l'air en donnant un *anhydride sélénieux* SeO^2 solide à la température ordinaire. On connaît l'*anhydride sélénique* SeO^3, et l'*acide sélénique* bibasique $SeO^2(OH)^2$, donnant des séléniates isomorphes des sulfates. On connaît l'*acide sélénhydrique* H^2Se, gaz résultant de l'union directe des éléments, toxique et nauséabond comme H^2S, se décomposant comme lui par la chaleur, combustible, et attaqué de la même manière par l'air en présence de l'eau (*L.*, 109). Il existe des séléniures et des sulfures métalliques semblables, et qui coexistent fréquemment dans les mêmes minerais.

85. — Le **Tellure** (**Te** = **125**) est un solide blanc bleuâtre, à l'aspect métallique, fondant à 450°, bouillant au rouge, au sujet duquel on peut répéter ce qui a été dit du sélénium. Il faut ajouter que quelques-uns de ses caractères semblent le rapprocher des métaux.

86. — Ici, comme dans la première famille, le premier élément, de poids atomique faible, se classe un peu à part; les trois autres ont entre eux les plus grandes analogies.

	O	S	Se	Te	
Poids atomique :	16	32	79	125	
Poids moléc. :	32	64	158	250	
État phys. :	gaz	fond à 114° bout à 440°	fond à 250° bout à 650°	fond à 450° bout au rouge	
Avec H :	H^2O	H^2S	H^2Se	H^2Te	
Avec O :	»	SO^2	SeO^2	TeO^2	formés directement.
		SO^3	SeO^3	TeO^3	
		$SO^2(OH)^2$	$SeO^2(OH)^2$	$TeO^2(OH)^2$	Acides bibasiques à sels isomorphes.
Avec les métaux :	oxydes	sulfures	séléniures	tellurures	correspondant les uns aux autres.

TROISIÈME FAMILLE

87. — Les corps qui la composent sont trivalents vis-à-vis de l'hydrogène (composés du type RH^3) et pentavalents vis-à-vis de l'oxygène (composés du type R^2O^5, comme l'anhydride phosphorique P^2O^5).

88. — L'étude que nous avons faite de l'azote et du phosphore ne nous a montré entre eux aucune analogie; ils paraissent au contraire, au premier abord, profondément dissemblables.

L'azote ne se combine à l'oxygène qu'à la température élevée de l'étincelle électrique pour donner AzO^2 et la combinaison est toujours partielle, tandis que le phosphore brûle avec éclat dans l'oxygène en donnant l'anhydride phosphorique P^2O^5, très stable. Les composés de l'azote et de l'oxygène se détruisent avec dégagement de chaleur (*L.*, 136-145). Un seul acide, l'acide azotique $HAzO^3$, oxydant énergique, correspond à Az^2O^5 ; à P^2O^5 correspondent trois acides distincts, HPO^3, qui n'est pas oxydant, $H^4P^2O^7$, H^3PO^4 (*L.*, 148). C'est bien plutôt à l'acide chlorique $HClO^3$

que l'acide azotique pourrait être comparé. Aucun composé du phosphore ne rappelle Az^2O, AzO ou AzO^2.

L'azote ne s'unit pas directement au chlore; mais, en faisant agir le chlore sur une solution concentrée de chlorure d'ammonium, on obtient un corps liquide de composition $AzCl^3$, qui est un dangereux explosif (1). Le phosphore s'enflamme dans le chlore et donne en même temps que PCl^3, qui est très stable, le chlorure PCl^5.

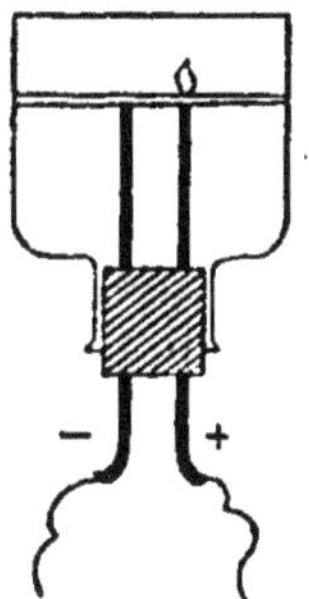

Fig. 11. Production du chlorure d'azote par électrolyse.

89. — C'est aux composés hydrogénés qu'il faut s'adresser pour rencontrer des analogies. A AzH^3 correspond le phosphure d'hydrogène PH^3, gaz assez soluble dans l'eau, que la chaleur détruit facilement et complètement en phosphore et hydrogène; il est combustible et s'enflamme dès 100° en donnant de l'anhydride phosphorique et de l'eau. Dans des conditions convenables, il forme, avec les hydracides, des composés solides isomorphes des chlorure, bromure et iodure d'ammonium, et que l'on considère comme contenant le radical *phosphonium* PH^4; ces corps peuvent servir à préparer PH^3 par une réaction analogue à celle qui donne AzH^3 (2).

$$AzH^4Cl + KOH = AzH^3 + KCl + H^2O.$$
$$PH^4I + KOH = PH^3 + KI + H^2O.$$

(1) On peut réaliser sans danger cette préparation de la manière suivante : on ferme un flacon sans fond avec un bon bouchon traversé par deux électrodes de platine; on y verse une solution concentrée de chlorure d'ammonium *de manière à dépasser à peine l'extrémité des électrodes* (*fig.* 11), et au-dessus une mince couche d'essence de térébenthine; quand on fait passer le courant, du chlorure d'azote se forme par action secondaire à l'anode, et, entraîné par le courant, vient faire explosion au contact de l'essence.

(2) On prépare facilement un mélange de PH^3, d'hydrogène, et de vapeurs d'un composé de formule P^2H^4, en traitant par l'eau du phosphure de calcium P^2Ca^2 (obtenu en faisant passer un courant de vapeurs de phosphore sur la craie chauffée au rouge), ou en faisant bouillir du phosphore dans une solution de potasse; ces préparations demandent des précautions, car le phosphure d'hydrogène P^2H^4 s'enflamme spontanément à l'air.

Aux *amines* (*L.*, 365) correspondent des *phosphines*, dont le mode de formation est tout semblable; ainsi, à l'*éthylamine* $AzH^2C^2H^5$ correspond l'*éthylphosphine* $PH^2.C^2H^5$. Mais, tandis que les solutions d'AzH^3 et des amines sont des bases, PH^3 et les phosphines sont neutres.

Les deux derniers corps de la troisième famille ont avec le phosphore de grandes analogies.

90. — L'Arsenic (**As** = **75**) est un solide gris, brillant, à l'aspect métallique, se volatilisant sans fondre vers 300° sous la pression normale. Son poids moléculaire est $As^4 = 300$. Chauffé à l'air, il se transforme en *anhydride arsénieux* As^4O^6; l'*anhydride arsénique* As^2O^5 peut également être préparé, mais par voie indirecte; on connaît l'acide *orthoarsénique* H^3AsO^4, tribasique, dont les sels sont isomorphes des orthophosphates. On connaît aussi des acides *pyroarsénique* $H^4As^2O^7$ et *métarsénique* $HAsO^3$; mais, tandis que les acides phosphoriques correspondants ont des réactions nettement différentes (*L.*, 148 et 149), les arséniates préparés à partir de l'un quelconque des acides arséniques donnent toujours avec l'azotate d'argent le même précipité *rouge brique* d'ortho-arséniate Ag^3AsO^4.

Au phosphure d'hydrogène PH^3 correspond un arséniure AsH^3 (1) combustible, décomposable par la chaleur en

(1) Il se forme de l'arséniure d'hydrogène toutes les fois qu'un composé oxygéné de l'arsenic se trouve en présence de l'hydrogène naissant, et c'est sa décomposition par la chaleur qu'on utilise pour caractériser l'arsenic dans un grand nombre de cas, notamment dans les expertises légales. On dispose l'expérience comme l'indique la figure 12. Les matières à examiner, préalablement oxydées, sont versées dans le flacon A, où l'on prépare de l'hydrogène au moyen du zinc et de l'acide sulfurique *purs* (le zinc et l'acide sulfurique ordinaires étant toujours plus ou moins souillés d'arsenic); si la substance essayée contient de l'arsenic, la flamme prend une couleur livide particulière; un anneau brun se forme sur le tube au delà de la partie chauffée, et, si on écrase la flamme avec une soucoupe froide, la soucoupe se couvre de taches brunes, brillantes. L'anneau est volatil et peut être facilement déplacé quand on le chauffe. L'anneau et les taches se dissolvent facilement dans l'acide azotique et l'eau de Javel. La dissolution évaporée laisse un résidu blanc (acide arsénique), qui dissous dans l'eau ammoniacale précipite en *rouge brique* l'azotate d'argent (arséniate triargentique Ag^3AsO^4).

arsenic et hydrogène, éminemment toxique ; aux amines et aux phosphines correspondent des *arsines* telles que la *triéthylarsine* $As(C^2H^5)^3$.

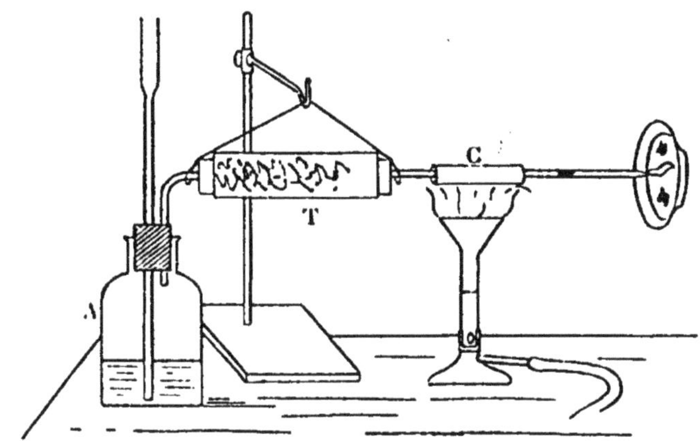

Fig. 12. — Appareil de Marsh. — T, tube desséchant ; C, feuille de clinquant pour éviter que la flamme ne ramollisse le verre.

L'arsenic en poudre s'enflamme dans le chlore en donnant le chlorure $AsCl^3$.

L'arsenic existe dans la nature à l'état de sulfures de composition très variée, et d'arséniures souvent très complexes ; la pyrite est presque toujours arsenicale.

91. — L'Antimoine (**Sb = 120**) est un corps solide d'aspect métallique, fondant à 620°, volatil au rouge blanc. Sa vapeur est tétratomique. On connaît l'*anhydride antimonieux* ou *oxyde d'antimoine* Sb^4O^6, l'*anhydride antimonique* Sb^2O^5, un acide *métantimonique* $HSbO^3$, un acide *pyroantimonique* $H^4Sb^2O^7$. On connaît également l'*antimoniure d'hydrogène* SbH^3, gaz toxique, tout à fait comparable à l'arséniure par sa composition et ses propriétés. L'antimoine brûle dans le chlore, il donne avec ce corps deux chlorures, $SbCl^3$ et $SbCl^5$.

L'antimoine existe dans la nature à l'état de sulfure Sb^2S^3 (*stibine*) et à l'état d'antimoniures métalliques souvent mélangés de sulfures et d'arséniures.

92. — La différence d'allure entre le premier élément et les autres est ici beaucoup plus marquée que dans les deux premières familles. De plus, le caractère métallique s'accuse assez fortement avec l'antimoine ; son oxyde Sb^2O^3 a une fonction basique très nette, son chlorure $SbCl^3$ et son sulfure Sb^2S^3 peuvent être considérés comme des *sels d'antimoine.*

	Az	P	As	Sb	
Poids at.	14	31	75	120	
Pds mol.	28	124	300		
État physique.	gaz	fond à $+44°$ bout à $+290°$	Bout vers 300°	fond à $+629°$ volatil au rouge blanc	
Avec H :	AzH^3	PH^3	AsH^3	SbH^3	Combinaisons organiques analogues.
Avec Cl :	$AzCl^3$, explosif.	Prennent feu dans le chlore, les deux derniers quand ils sont réduits en poudre PCl^3 PCl^5	 $AsCl^3$	 $SbCl^3$ $SbCl^5$	
Avec O :	Az^2O^3 Az^2O^5, $HAzO^3$ Az^2O, AzO, AzO^2 n'ont pas d'analogues.	P^4O^6 P^2O^5, HPO^3 $H^4P^2O^7$ H^3PO^4	As^4O^6 As^2O^5 » » H^3AsO^4	Sb^4O^6 Sb^2O^5, $HSbO^3$ $H^4Sb^2O^7$ »	Arséniates et orthophosphates isomorphes.

QUATRIÈME FAMILLE

93. — Les deux corps qui la composent, le carbone et le silicium, n'ont que des analogies assez lointaines.

Le **Silicium** (**Si = 28**) est connu amorphe et cristallisé ; on peut l'obtenir en réduisant la silice par un métal convenablement choisi ; avec le magnésium, la réduction a lieu à 450°, et le produit obtenu est amorphe ; avec l'aluminium, qui est capable de dissoudre le silicium et de le laisser cristalliser par refroidissement, il faut employer une température suffisamment élevée pour fondre l'alumine qui résulte de la réaction ; on se sert du four électrique. La paration du silicium se fait dans les deux cas par des vages à l'acide chlorhydrique, qui dissout la magnésie ou alumine, et à l'acide fluorhydrique, qui dissout la silice non ttaquée.

Le silicium, soit amorphe, soit cristallisé, peut brûler ans l'oxygène en donnant de la silice, dans le fluor en donant du fluorure de silicium SiF^4; aucun acide isolé ne 'attaque à froid; l'acide chlorhydrique gazeux, vers 700°, e transforme en un corps de formule $SiHCl^3$, appelé *silicihloroforme*, dont la composition rappelle celle du chloroorme.

Au point de vue des analogies avec le carbone, voici tout e que l'on peut dire. Les variétés cristallisées de carbone et le silicium appartiennent au système régulier, sans être somorphes. Tous deux sont infusibles aux températures les foyers.

Ils sont tétravalents. Parmi leurs composés les seuls qui résentent quelque analogie de fonction sont les anhydrides CO^2 et SiO^2, qui peuvent s'échanger vis-à-vis des oxydes asiques [préparation de la liqueur des cailloux (*L.*, 193)]. Entre les composés assez nombreux qui ont la même fornule, CH^4 et SiH^4, CCl^4 et $SiCl^4$, $CHCl^3$ et $SiHCl^3$, il n'y a as parité de fonction, ni, en général, analogie de réactions. Pour en donner un exemple, le chlorure de silicium attaque 'eau en donnant de la silice et de l'acide chlorhydrique : le hlorure de carbone est sans action sur l'eau. Enfin, on onnaît un composé d'anhydride phosphorique et de silice, e qui indiquerait une fonction basique, et rapprocherait le ilicium des métaux.

CINQUIÈME FAMILLE

Bore (**B = 11**). **94.** — Le bore est un corps solide infusible, que l'on ne connaît qu'à l'état amorphe ; il brûle dans l'oxygène et dans le chlore, en donnant de l'anhydride borique B^2O^3 et du chlorure de bore BCl^3; c'est l'un des plus puissants réducteurs que l'on connaisse, il réduit l'oxyde de carbone. On l'obtient en réduisant l'anhydride borique par le magnésium.

Bien qu'il soit trivalent, comme l'indiquent les formules du chlorure BCl^3 et d'un borure BH^3, on ne peut le ranger dans la troisième famille; ses réactions rappellent bien plutôt celles du silicium, à côté duquel on ne peut d'ailleurs le placer, puisqu'ils n'ont pas même valence. Nous avons déjà signalé (*L.*, 199) la réaction basique de l'acide borique en présence de l'acide chlorhydrique, et l'existence d'un composé d'anhydride phosphorique et d'anhydride borique. Le bore, par certains caractères, se rapprocherait donc des métaux, surtout de l'aluminium, trivalent comme lui, et auquel il ressemble en particulier par sa grande oxydabilité.

95. — On a vu que dans chaque famille le corps dont le poids atomique est le plus faible se sépare assez nettement des autres. Il est intéressant de remarquer que l'oxygène, l'azote et le carbone sont, avec l'hydrogène, les éléments fondamentaux des êtres vivants. Quant au fluor, on lui attribue une influence prépondérante dans la formation d'un grand nombre de minéraux.

Le premier corps mis à part, l'analogie entre ceux qui restent est partout très étroite.

Enfin, dans les trois dernières familles, le dernier élément offre en quelque sorte un terme de transition entre le caractère métalloïde et le caractère métal.

CHAPITRE V

ACIDES, BASES, SELS

Définitions. 96. — Nous rappellerons les définitions déjà connues :

Un *acide* est un corps contenant de l'hydrogène capable d'être remplacé par un métal ; le produit de la substitution est un sel. Les acides dissous rougissent le tournesol et l'hélianthine.

Une *base* est un corps capable de donner avec un acide, par *double décomposition*, de l'eau et un sel. Les bases bleuissent le tournesol rougi, font virer l'hélianthine au jaune et la phtaléine au rose vif.

Aux acides se rattachent les *anhydrides*, aux bases les *oxydes métalliques* basiques, qui peuvent également donner naissance à des sels. Exemples :

$$CaO + CO^2 = CaCO^3$$
$$PbO + 2\,HAzO^3 = Pb(AzO^3)^2 + H^2O.$$
$$KOH + CO^2 = KHCO^3.$$

Ces définitions se commandent les unes les autres, et établissent entre les trois classes de corps, ou fonctions, d'étroites relations.

L'acide définit le *genre* d'un sel ; le métal définit l'*espèce* d'un sel. Les sels de même genre, comme ceux de même espèce, ont des caractères communs, qui seront indiqués en leur lieu.

Basicité ou valence des acides. — Sels acides et sels neutres. 97. — Tandis que certains acides donnent toujours le même sel avec une même base, quelles que soient les proportions relatives des corps réagissants, il y en a d'autres qui peuvent former plusieurs sels dans lesquels, pour la même quantité d'acide, les poids de base (ou de métal) ont entre eux des rapports très simples. Ce sont les acides **polybasiques** ou **polyvalents**.

Ajoutons quelques gouttes d'hélianthine à une solution d'acide phosphorique, et versons avec précaution de la soude, comme pour un titrage acidimétrique, jusqu'à ce que la liqueur vire au jaune ; en évaporant nous pourrons obtenir des cristaux auxquels l'analyse assigne la composition H^2NaPO^4, $4H^2O$; avec une quantité double de soude on aura le corps HNa^2PO^4, $24H^2O$; avec une quantité triple, le corps Na^3PO^4, $24H^2O$. On chasse l'eau mise en évidence dans les formules en maintenant pendant quelque temps les cristaux à 100° ; mais la substance n'est pas altérée, car, après une nouvelle dissolution, on peut obtenir de nouveau les mêmes cristaux.

Les trois sels ont des réactions différentes : le premier est *acide* au tournesol, *neutre* à l'hélianthine, *neutre* à la phtaléine ; le second, *alcalin* au tournesol et à l'hélianthine, est *neutre* à la phtaléine ; le troisième est *alcalin* vis-à-vis des trois *réactifs*.

Ils appartiennent cependant au même acide, car leurs solutions donnent avec l'azotate d'argent le même précipité *jaune de phosphate triargentique* Ag^3PO^4.

$$H^2NaPO^4 + 3AgAzO^3 = 2HAzO^3 + NaAzO^3 + \underline{Ag^3PO^4}.$$
$$HNa^2PO^4 + 3AgAzO^3 = HAzO^3 + 2NaAzO^3 + \underline{Ag^3PO^4}.$$
$$Na^3PO^4 + 3AgAzO^3 = 3NaAzO^3 + \underline{Ag^3PO^4}.$$

Un atome d'argent remplace indifféremment un atome d'hydrogène ou un atome de sodium ; l'hydrogène ainsi substitué fait donc partie intégrante du sel. Le *phosphate monosodique* H^2NaPO^4, le *phosphate disodique* HNa^2PO^4 sont à la fois acides et sels, puisqu'ils contiennent de l'hydrogène remplaçable par un métal. Ce sont des *sels acides ;* le *phosphate trisodique* Na^3PO^4 est un *sel neutre*.

On voit par ce qui précède que les réactions colorées des sels dépendent bien plus de la fonction du réactif employé que de celle des sels eux-mêmes ; on ne peut donc pas les utiliser pour une définition générale. On appelle *sels neutres* ceux qui résultent de la substitution *totale* d'un métal à l'hydrogène d'un acide, *sels acides* ceux qui correspondent à une substitution *incomplète*.

Bases. 98. — Un petit nombre de bases seulement, la potasse KOH, la soude NaOH, la chaux CaO^2H^2, la baryte BaO^2H^2, peuvent être obtenues par l'action directe de l'eau sur les oxydes correspondants. La solution aqueuse de gaz ammoniac contient également une base, que l'on n'a pu isoler, mais à laquelle la constitution des sels ammoniacaux fait attribuer la formule AzH^4OH.

Les autres bases, insolubles, ne peuvent être obtenues que par voie indirecte ; on traite par une base soluble, potasse, soude ou ammoniaque, une solution d'un sel du métal. C'est ainsi qu'en versant de la soude dans une solution de sulfate de cuivre, on obtient un précipité bleu clair gélatineux d'hydrate CuO^2H^2.

$$CuSO^4 + 2NaOH = CuO^2H^2 + Na^2SO^4.$$

Ces hydrates se dissolvent dans les acides avec lesquels ils peuvent donner des sels solubles. Ainsi, en séparant l'hydrate de la liqueur dans laquelle il s'est déposé et le traitant par l'acide sulfurique ou l'acide azotique, on aurait une solution de sulfate ou d'azotate de cuivre.

Valence des bases. 99. — De même qu'il y a des acides polybasiques, il y a des bases *polyvalentes* qui exigent pour former des sels neutres plusieurs molécules d'acide monobasique ; ainsi la magnésie $Mg(OH)^2$, l'hydrate de bismuth $Bi(OH)^3$; la valence d'une base est celle même du métal ; la réaction d'une base sur un acide correspond à la substitution du métal à l'hydrogène de l'acide, tandis que l'oxhydryle forme de l'eau avec cet hydrogène. On appelle quelquefois *résidus d'acides* les radicaux, tels que AzO^3, SO^4, HSO^4, qui résultent de la suppression de l'hydrogène dans l'acide, et dont la valence correspond à l'hydrogène disparu.

$$Cu(OH)^2 + 2HAzO^3 = Cu(AzO^3)^2 + 2(H.OH),$$
$$KOH + H^2SO^4 = KHSO^4 + (H.OH).$$
$$2(NaOH) + H^2SO^4 = Na^2SO^4 + 2(H.OH).$$

Sels basiques. 100. — Il existe un assez grand nombre de sels qui contiennent plus de métal que n'en comporte la constitution du sel neutre. Ce sont les *sels basiques*, généralement insolubles, et que l'on obtient souvent en traitant par l'eau un sel neutre solide. C'est ainsi que l'azotate de bismuth $Bi(AzO^3)^3$, au contact de l'eau, se dissout partiellement en donnant une liqueur fortement acide, et un précipité cristallisé de sous-azotate qui peut être considéré comme résultant du remplacement d'un seul oxhydryle par AzO^3, monovalent.

$$Bi(AzO^3)^3 + 3H^2O = Bi(OH)^2AzO^3 + 2HAzO^3.$$

Le sulfate mercurique $HgSO^4$ donne aussi au contact de l'eau un sel basique, *jaune*, que l'on considère comme une combinaison de sulfate neutre et d'oxyde de mercure (1).

$$3HgSO^4 + 2H^2O = HgSO^4, 2HgO + 2H^2SO^4.$$

Sels doubles. 101. — Les différents atomes d'hydrogène d'un acide polybasique peuvent être remplacés par des métaux différents. Ainsi, en traitant par le phosphate de sodium un mélange de sulfate de magnésium et de chlorure d'ammonium, on obtient un précipité *cristallin* (2) de *phosphate ammoniacomagnésique* $MgAzH^4PO^4, 6H^2O$. On connaît aussi des sels doubles d'acides monobasiques, tels que la *carnallite* $MgCl^2KCl, 6H^2O$.

Force des acides et des bases. 102. — On a déjà

(1) On ne connaît pas de base correspondant au mercure : quand on traite le chlorure ou le sulfate dissous par la potasse, c'est un précipité jaune d'*oxyde* HgO que l'on obtient.

(2) La forme cristalline est bien visible à la loupe.

signalé le dégagement de chaleur qui accompagne la réaction d'un acide sur une base. On verra plus loin (**221**) comment on peut le mesurer.

Si l'on compare les quantités de chaleur dégagées par la formation d'*une molécule* des divers sels neutres, on constate au premier coup d'œil, dans leurs valeurs, une certaine régularité.

1° Pour un assez grand nombre d'acides, la quantité dégagée est supérieure ou égale à 13,7 calories-kg par *valence d'acide ou de base*, le poids correspondant à une valence étant dissous dans deux litres d'eau. On les appelle acides forts.

2° Pour d'autres, la chaleur dégagée est comprise entre 10 cal. et 13,7 cal. Ce sont les *acides moyens*.

3° Pour d'autres enfin elle est inférieure à 10 calories. Ce sont les *acides faibles*.

Les bases insolubles dégagent, en agissant sur les acides forts, beaucoup moins de chaleur que les bases solubles; ces dernières sont des *bases fortes*, les premières des *bases faibles*. L'ammoniaque est moins forte que la soude et la potasse.

Voici quelques nombres relatifs à une valence de base ou d'acide, et *à la formation des sels neutres* (1).

		NaOH	KOH	1/2(CaO^2H^2)	1/2(BaO^2H^2)	1/2(MgO^2H^2)	AzH^4OH
		—	—	—	—	—	—
A. forts	HCl	13,7	13,7	14,0	13,85	13,8	12,45
	$HAzO^3$	13,7	13,8	13,9	13,9	13,8	12,5
	1/2(H^2SO^4)	15,85	15,7	15,6	18,4	15,6	14,5
A. moyens	$HC^2H^3O^2$	13,3	13,3	13,4	13,4	»	12,0
	1/2(H^2CO^3)	10,2	10,1	9,8	11,1	10,5	5,3
	1/3(H^3PO^4)	11,2	»	»	10,2	»	»
A. faible	1/2(H^2S)	3,85	3,85	3,1	3,9	»	3,1

Hydrates salins. 103. — Presque tous les sels solubles forment avec l'eau des combinaisons cristallisées

(1) La restriction est nécessaire; en effet, les différentes valences des acides polybasiques sont souvent inégales; par exemple, si l'on ajoute de la soude à 1 molécule d'acide phosphorique, la première molécule de base donne 14,7 cal., la deuxième 11,6 cal., la troisième seulement 7,3 cal.

ou *hydrates;* un même sel peut en former plusieurs, qui se distinguent par la quantité d'eau unie au sel, et par la forme cristalline. Ainsi l'on connaît, outre le sulfate de sodium anhydre Na^2SO^4, deux hydrates $Na^2SO^4, 7H^2O$ et $Na^2SO^4, 10H^2O$ (sulfate ordinaire du commerce), qui peuvent cristalliser successivement : le premier quand on refroidit au-dessous de 7° une solution (faite au bain-marie) de sulfate ordinaire dans la moitié de son poids d'eau, et le second quand on projette un cristal de même nature dans la solution qui reste.

L'eau ainsi combinée a reçu le nom d'*eau de cristallisation;* elle est très faiblement retenue ; il suffit souvent de chauffer lentement et modérément un hydrate pour la chasser; ainsi, $MnSO^4, 7H^2O$ se transforme en $MnSO^4, 4H^2O$ entre 20 et 30°. A 100° ou à une température peu supérieure à 100° l'eau disparaît entièrement. Il suffit souvent du contact d'un corps avide d'eau pour détruire un hydrate; ainsi un cristal vert de sulfate ferreux $FeSO^4, 7H^2O$ se recouvre, quand on le plonge dans l'acide sulfurique, d'une croûte blanche de sel anhydre $FeSO^4$.

Si l'on chauffe rapidement certains hydrates riches en eau, ils se liquéfient, se dissolvant en quelque sorte dans leur eau de cristallisation. C'est la *fusion aqueuse*, que l'alun éprouve à 92° (*L.*, 240).

Déliquescence et efflorescence. 101. — Certains hydrates absorbent fortement la vapeur d'eau atmosphérique : tel est le chlorure de calcium utilisé comme desséchant, et qui finit par se liquéfier à l'air ; le chlorure de magnésium, qui accompagne toujours le sel commun mal purifié, est dans le même cas et occasionne alors la prise en masse que l'on constate souvent. C'est le phénomène de la *déliquescence*, que présente encore, entre autres, le carbonate de potassium.

Par contre, le carbonate de sodium $Na^2CO^3, 10H^2O$ se recouvre à l'air d'une croûte blanche de Na^2CO^3, H^2O ; on dit qu'il *s'effleurit*.

Mélanges réfrigérants. 105. — Un assez grand grand nombre de sels, mis en contact avec la glace, en déterminent rapidement la fusion, et la température s'abaisse beaucoup (mélanges réfrigérants).

Avec		
	1 partie de neige 1 partie de sel marin	on arrive à — 18°.
	1 partie de neige 3 parties de $CaCl^2$ crist.	on arrive à — 51°.

L'abaissement de température est dû à la fusion du mélange ; il est limité par la formation d'un *eutectique* (**7**). Voici les valeurs de la composition et de la température de solidification de quelques eutectiques.

33	gr.	NaCl	p. 100 gr. d'eau (glace)	: — 21,3°.
42,5	—	$CaCl^2$, $6H^2O$	—	: — 55.
2,75	mol.	$FeCl^2$, $12H^2O$	p. 100 mol. d'eau (glace)	: — 55.
4,92	—	$MgCl^2$, $12H^2O$	—	: — 33,6.

Substitution des métaux dans les sels. — Équivalents. 106. — Si on plonge une lame de cuivre dans une solution d'azotate d'argent, elle se recouvre aussitôt d'un dépôt noirâtre d'argent métallique; au bout de quelque temps on constate que la liqueur devient bleue ; il s'est dissous du cuivre, d'après la réaction

$$2(AzO^3Ag) + Cu = Cu(AzO^3)^2 + 2Ag.$$

De même, si l'on abandonne au fond d'un verre une goutte de mercure au contact d'une solution très étendue d'azotate d'argent, l'argent se précipite peu à peu et forme au sein du liquide de longs cristaux d'une grande finesse (*arbre de Diane*), tandis que du mercure se dissout à sa place.

Une lame de fer précipite le cuivre.

$$CuSO^4 + Fe = FeSO^4 + Cu.$$

Le zinc précipite les sels de plomb. On obtient de la manière suivante une belle cristallisation (*arbre de Saturne*) :

on dissout 10 grammes d'acétate neutre de plomb $Pb(C^2H^3O^2)^2$ dans un litre d'eau distillée ; on filtre s'il est nécessaire, et on ajoute quelques gouttes d'acide acétique, pour rendre la liqueur légèrement acide ; on plonge dans la solution (*fig.* 13) une lame de zinc à laquelle on a attaché quelques fils de laiton ; c'est sur ces fils que se déposent les cristaux de plomb.

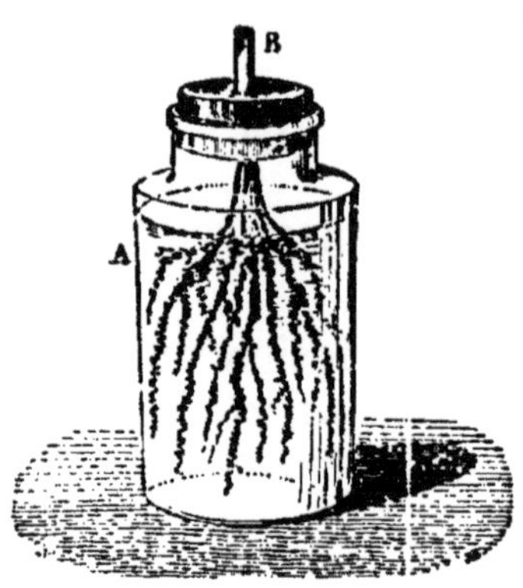

Fig. 13. — Arbre de Saturne.

Ces réactions rappellent tout à fait la substitution des métaux à l'hydrogène des acides ; les poids qui se remplacent ainsi sont justement ceux qui pourraient remplacer, dans un acide quelconque, un poids d'hydrogène toujours le même ; si c'est un gramme, les poids correspondants s'appellent les *équivalents des métaux ;* pour chaque métal, *l'équivalent est le quotient du poids atomique par la valence.* Pour les métaux signalés, ce sont : Ag = 108 ; 1/2 Cu = 32,7 ; 1/2 Hg = 100 ; 1/2 Pb = 103,5 ; 1/2 Fe = 28 ; 1/2 Zn = 32,7.

Electrolytes. 107. — Les acides, les bases et les sels ont pour caractère commun de conduire le courant quand ils sont fondus ou dissous dans l'eau, et de se séparer en deux parties, les *ions*, qui apparaissent ainsi comme les véritables constituants de ces corps. Nous rappellerons que chaque ion a une valence déterminée ; ainsi les anions AzO^3, ClO^3 des acides azotique et chlorique et de leurs sels, OH des bases, sont monovalents ; l'ion SO^4 est divalent ; K, Ag, sont monovalents ; Ca est divalent, etc. Les lois de l'électrolyse ont conduit à considérer ces ions comme portant avec eux et déposant sur les électrodes des charges électriques énormes, atteignant 96 300 coulombs pour chaque *ion-gramme* monovalent, charges positives pour les cations, négatives pour les anions.

Dissociation électrolytique. 108. — Nous rappellerons encore que, pour expliquer l'apparition des ions sur les électrodes et sur elles seules, on a supposé qu'ils se séparent réellement dès l'entrée des corps en solution ; la source et les électrodes auraient pour rôle de fournir continuellement et d'introduire dans le liquide les charges qui neutralisent celles des ions après les avoir attirés sur les électrodes, où ils se transforment alors dans les molécules telles que nous les connaissons, à moins qu'ils ne donnent lieu aux *actions secondaires*. C'est à cette séparation que l'on a donné le nom de *dissociation électrolytique* (1). En général, elle n'est pas totale, et il reste à côté des ions, dans les solutions, des molécules entières. Si l'on considère les *ions libres*, à l'exclusion des molécules entières, comme seuls capables de conduire l'électricité, on est amené à établir un rapport entre la conductivité (2) et la proportion des ions libres ; c'est en mesurant cette conductivité dans les conditions les plus variées que l'on est arrivé aux résultats que nous allons maintenant résumer.

Les sels neutres, dans les solutions moyennement concentrées, sont en majeure partie à l'état d'ions. Les sels à ions monovalents (comme KCl, $AgAzO^3$, AzH^4Cl...) sont presque

(1) L'hypothèse de la dissociation électrolytique a été proposée et développée par le savant suédois Arrhenius.

(2) Pour comparer les solutions au point de vue de la conductivité, on mesure la résistance de chacune d'elles entre deux électrodes de surface et de distance connues, et on se sert des résultats obtenus pour calculer par la règle ordinaire la valeur de la résistance entre deux électrodes distantes de 1 centimètre, et de surface telle qu'au degré de concentration choisi le volume du prisme qu'elles définissent renferme 1 molécule-gramme de l'électrolyte : l'inverse de ce nombre mesure la *conductivité moléculaire* de la solution. On a trouvé que pour une dilution suffisante cette conductivité est *toujours* représentée par une combinaison de deux nombres *dont l'un caractérise l'anion* (il est le même pour tous les sels de même acide) *et l'autre le cation ;* l'indépendance des ions au point de vue de leur conductivité conduit à les considérer comme réellement indépendants dans les solutions. Pour les faibles dilutions, la conductivité moléculaire varie avec la concentration et en sens opposé, de telle manière qu'on peut expliquer les faits par une séparation d'ions d'autant moins avancée que la concentration est plus forte.

complètement dissociés; les s... à ions plurivalents ($BaCl^2$, $CuSO^4$,...) le sont d'autant moins que la valence de leurs ions est plus grande.

Les acides forts (**102**) sont presque aussi dissociés que les sels neutres; il en est de même des bases fortes (KOH, NaOH, CaO^2H^2).

Dans les acides moyens, sous les conditions ordinaires, 10 p. 100 seulement des ions possibles sont séparés; il en est à peu près de même pour l'ammoniaque

Dans les acides faibles, le nombre des ions libres ne dépasse pas le centième du nombre total.

Réactions des ions. 109. — Les réactions auxquelles prennent part les électrolytes s'accomplissent entre les ions, et les caractères analytiques que nous avons eu l'occasion de signaler jusqu'à présent sont les caractères des ions eux-mêmes. Quand on mélange, par exemple, une solution d'azotate d'argent contenant les ions $\overset{+}{Ag}$ et $\overline{AzO^3}$, et une solution de chlorure de sodium (ions $\overset{+}{Na}$ et $\overline{Cl}$), les ions Cl et Ag sortent du système en passant à l'état de molécules de chlorure d'argent insoluble, tandis que les ions Na et AzO^3 restent en solution. C'est ce que l'on représente symboliquement par l'équation suivante :

$$(\overset{+}{Na} + \overline{Cl}) + (\overset{+}{Ag} + \overline{AzO^3}) = AgCl + (\overset{+}{Na} + \overline{AzO^3})\ (1).$$

De même, avec l'acide sulfurique et le chlorure de baryum, on aurait entre les ions libres la réaction

$$(\overset{+}{H} + \overset{+}{H} + \overline{\overline{SO^4}}) + (\overset{++}{Ba} + \overline{Cl} + \overline{Cl}) = BaSO^4 + 2(\overset{+}{H} + \overline{Cl}).$$

Nous aurons à revenir sur ces réactions.

Les faits signalés plus haut à propos des caractères analytiques du chlore (**20**) s'expliquent d'eux-mêmes, sous ce point de vue; Ag est un révélateur de l'ion $\overline{Cl}$ des chlorures;

(1) On représente par les symboles tels que $(\overset{+}{Na} + \overline{Cl})$, qui indiquent à la fois la charge et la valence des ions, un sel dissocié en solution.

mais l'anion des chlorates est l'ion *complexe* $\overline{ClO^3}$; il n'est pas surprenant que vis-à-vis de lui l'ion Ag se comporte autrement que vis-à-vis de Cl. Le chlorure de méthyle n'est pas un électrolyte.

110. — La constance de la chaleur de formation des sels neutres des acides forts et des bases fortes se comprend aussi facilement. Dans les conditions indiquées (**102**) tous ces corps sont presque complètement dissociés ; on pourrait représenter la réaction de l'acide chlorhydrique sur la potasse, par exemple, par

$$(\overset{+}{H} + \overline{Cl}) + (\overset{+}{K} + \overline{OH}) = (\overset{+}{K} + \overline{Cl}) + H^2O.$$

Ce que l'on mesure, c'est la chaleur de combinaison de l'ion $\overset{+}{H}$ et de l'ion $\overline{OH}$ (l'eau, on le sait, ne conduit pas le courant ; elle ne contient donc pas d'ions libres). Les faibles différences constatées dans les divers cas seraient uniquement dues à des inégalités de dissociation, qui d'ailleurs peuvent être réellement constatées par des mesures de résistance électrique (**108**, note).

Propriétés générales des solutions. — L'hypothèse de la dissociation électrolytique a permis de relier entre elles des propriétés en apparence très différentes.

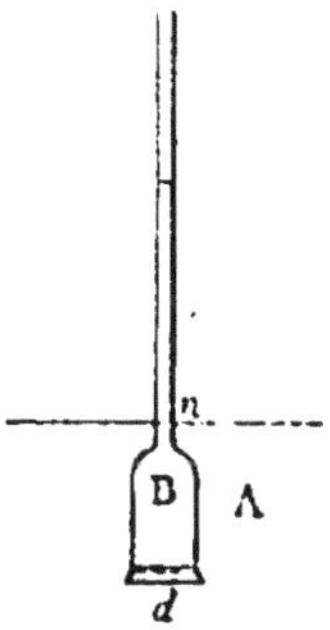

Fig. 14. — Osmose ; en A, de l'eau pure ; en B, une solution sucrée ; *d*, diaphragme en papier parchemin ; B est rempli d'abord jusqu'au niveau *n* ; le liquide monte peu à peu dans le tube.

Pression osmotique. **111.** — Si l'on plonge dans de l'eau pure un tube à entonnoir fermé par du papier parchemin (*fig.* 14) et contenant une solution de sucre, on constate que l'eau monte peu à peu dans le tube ; il y a *osmose*, c'est-à-dire passage d'une partie de l'eau du récipient extérieur à travers la membrane ; réciproquement, une certaine quantité de sucre traverse la cloison en sens contraire. Il existe des membranes, dites *semi-perméables*, parmi lesquelles on peut citer les enveloppes des cellules végétales et animales, qui se laissent traverser par l'eau, mais non par les sels ou les substances solides en dissolution. Si l'on répétait l'expérience précédente avec un vase fermé par une paroi semi-perméable, muni d'un manomètre et *complètement rempli* d'une solution de sucre, on constaterait que l'eau pénètre dans le vase en y augmentant la pression jusqu'à ce que cette dernière ait acquis une valeur bien déterminée, toujours la même dans les mêmes conditions expérimentales. Cette valeur mesure la *pression osmotique* de la solution. Des mesures directes faites sur des parois semi-perméables artificielles ont montré qu'elle peut dépasser de beaucoup une atmosphère (1).

La pression osmotique des solutions qui ne sont pas trop concentrées obéit aux lois suivantes (2) : 1° *Pour une substance donnée, elle est proportionnelle à la concentration, c'est-à-dire au poids de substance contenue dans un volume donné de solution;*

2° *Elle est proportionnelle à la température absolue* ($T = t + 273$, t étant la température centigrade).

Si donc on représente par π cette pression, par c le poids de solide contenu dans un litre de solution, par exemple, le volume u occupé par la masse de solution contenant 1 gramme de substance sera égal à $\frac{1}{c}$, et on aura :

$$\pi u = kT. \tag{I}$$

3° *Des solutions contenant, sous le même volume, des frac-*

(1) On peut obtenir une pareille paroi en plongeant dans une solution à 3 p. 100 de ferrocyanure de potassium un vase poreux (vase de pile) rempli d'une solution de sulfate de cuivre au même titre; en se rencontrant les solutions donnent un précipité gélatineux qui constitue la paroi semi-perméable, à laquelle le vase sert simplement de support; la préparation est assez délicate. On peut ensuite, après des lavages suffisants, fermer le vase poreux au moyen d'un bouchon muni d'un tube manométrique et d'un second tube servant à l'introduction de la solution dont on veut constater la pression osmotique.

(2) On les appelle *lois de Van t'Hoff* du nom du chimiste hollandais qui les a établies.

tions égales du poids moléculaire de la substance dissoute ont même pression osmotique à la même température.

Si l'on considère une solution contenant une molécule-gramme de la substance dissoute, et si on représente par ω son volume (qui dépend de la concentration), il vient :

$$\text{(II)} \qquad \pi . \omega = AT,$$

A étant une constante *indépendante de la substance.*

111bis. — Or on sait que, d'après les lois de Mariotte et de Gay-Lussac, on a entre la pression, le volume et la température absolue d'une masse de gaz, la relation

$$\text{(III)} \qquad pv = RT,$$

R *étant une constante dont la valeur est la même pour la masse moléculaire de tous les gaz,* et a pour valeur 8,42 si on prend pour unités la pression de 1Kg par centimètre carré, et le centimètre cube (1). Ce résultat peut être déduit, par des considérations que nous ne pouvons développer ici, de l'hypothèse suivante : les gaz parfaits sont constitués par des molécules très espacées, animés de mouvements rectilignes, d'autant plus rapides que la température est plus élevée, et dont les chocs répétés sur les parois des récipients sont l'origine de la pression.

Or, des mesures ont montré que dans l'expression (II) de la pression osmotique, qui a la même forme que (III), la valeur de la constante A est justement 8,42; de telle sorte que, si une molécule-gramme d'une substance solide est dissoute dans $22^l,26$ de liquide, la pression osmotique est 1 atmosphère; autrement dit, la pression osmotique a justement la valeur que prendrait la pression de vapeur de la

(1) On a, en désignant par l'indice *o* les valeurs relatives à la température de la glace fondante,

$$pv = p_o v_o \left(1 + \frac{t}{273}\right) = \frac{p_o v_o}{273} T,$$

et, avec les unités choisies, $p_o = 1,033$; $v_o = 22\,260$ (**50**).

substance dissoute, si on pouvait la vaporiser sans la détruire dans un espace égal à celui de la solution.

Ce résultat simple n'est applicable qu'aux non électrolytes quand le dissolvant est l'eau, ou aux électrolytes dans d'autres dissolvants ; *pour les électrolytes dissous dans l'eau, la pression osmotique est toujours plus grande, et l'écart dépend à la fois de la concentration et de la nature de l'électrolyte.*

112. — On s'est ainsi trouvé conduit par les lois de la pression osmotique à assimiler les molécules dissoutes dans un liquide aux molécules d'un gaz, et à attribuer la pression osmotique aux chocs des particules contre les parois des récipients.

Dans ces conditions, toute molécule dissociée en ions doit intervenir par chacun des ses ions, ce qui augmente la pression osmotique d'autant plus que le nombre des molécules dissociées est plus grand. On sait calculer, d'après les valeurs anormales de la pression osmotique des électrolytes, l'excès du nombre de particules actives, c'est-à-dire la *proportion* des ions libres en solution. Les valeurs ainsi trouvées concordent avec celles que l'on déduit des mesures de résistance électrique.

Coefficients de la cryoscopie et de l'ébullioscopie. 113. — L'abaissement du point de congélation et l'élévation du point d'ébullition sont liés, comme la pression osmotique, au nombre des particules solides en solution. Les coefficients correspondants peuvent être calculés, quand on connaît la pression osmotique de la solution, au moyen de formules établies théoriquement ; les valeurs trouvées ainsi sont celles même que donne l'expérience directe. Nous avons signalé les valeurs anormales de ces coefficients pour les solutions aqueuses des électrolytes ; l'abaissement moléculaire du chlorure de potassium est 37, le double de la valeur normale 18,5 ; celui du chlorure de strontium est 51,1, un peu moins du triple (**56**). Or, nous avons vu (**108**) que KCl, qui donne *deux ions*, est presque entièrement dissocié en solution moyennement concentrée, tandis que $SrCl^2$, qui donne trois ions, l'est notablement moins. L'ébullioscopie donne des résultats analogues.

Il est très remarquable que, les données d'expériences se rapportant à des propriétés d'ordres aussi différents au premier abord que la conductibilité électrique, les déplacements des points de congélation et d'ébullition et la pression osmotique conduisent aux mêmes conclusions, à la fois qualitatives et quantitatives, relativement à l'existence dans les solutions de particules libres.

CHAPITRE VI

ÉTUDE DE QUELQUES GROUPES DE MÉTAUX

MÉTAUX ALCALINS

114. — On a étudié précédemment le sodium et ses principaux composés. Ce métal appartient au groupe très homogène des *métaux alcalins*, ainsi nommés à cause de la potasse et de la soude, que l'on appelait dans l'ancienne chimie *alcalis caustiques*. Il comprend :

		Densité.	Point de fusion.	Point d'ébullition.
Le *Lithium*	Li = 7	0,59	180°	au rouge cerise.
Le *Sodium*	Na = 23	0,97	97°	vers 740°.
Le *Potassium*	K = 39	0,86	62°,5	vers 670°.
Le *Rubidium*	Rb = 85,4	1,52	38°,5	?
Le *Cæsium*	Cs = 133	1,88	26°	?

Ils sont tous monovalents, très oxydables, et décomposent l'eau à froid en donnant de l'hydrogène et des bases solubles très énergiques, de formule MOH. Dans l'ordre où ils sont donnés, l'affinité pour l'oxygène va en croissant ; le lithium ne s'oxyde dans l'air sec qu'au-dessus de 200°, tandis que le cæsium s'oxyde dès la température ordinaire. Mais ils s'altèrent tous à l'air humide et se transforment en hydrates. Les deux derniers sont rares ; très voisins du potassium, ils se distinguent avec lui du lithium et du sodium par les propriétés générales de leurs sels, qui sont souvent vénéneux ou tout au moins dangereux.

Les oxydes, répondant à la formule M^2O, se dissolvent dans l'eau avec élévation de température ; les phosphates et les carbonates sont également solubles, ce qui les distingue de tous les autres métaux (1).

Les métaux ou leurs sels, volatilisés dans la flamme bleue du bec de Bunsen, lui communiquent des colorations caractéristiques, *rouge vif* pour le lithium, *jaune* pour le sodium, *violacée* pour le potassium; le spectre de la flamme est alors constitué par un petit nombre de *lignes fines* caractéristiques.

115. — Le **lithium** est blanc, plus dur que le sodium, tenace. Il absorbe l'azote dès la température ordinaire. On ne le rencontre que dans un petit nombre de minéraux, notamment dans le mica rose, qui en est la principale source, et où il est associé au potassium. Les sels de lithium dissolvent facilement l'acide urique : c'est la raison de leur emploi en thérapeutique.

116. — Le **potassium** est moins mou que le sodium, son affinité pour les autres éléments est en général plus considérable. Ses sels sont moins solubles que les sels correspondants du sodium; ces derniers sont le plus souvent inoffensifs ou curatifs, les sels de potassium exercent sur l'organisme une action nuisible.

Il est presque aussi répandu que le sodium, et se trouve souvent dans la nature sous les mêmes formes; mais tandis que les végétaux marins contiennent à la fois des sels de sodium et de potassium, que l'on peut en retirer après incinération, les végétaux terrestres ne contiennent guère que des sels de potassium.

117. — La **potasse caustique KOH** ne peut être distinguée de la soude par son aspect; mais elle est plus fusible, plus volatile; c'est comme la soude une base très puissante. L'énergie avec laquelle elle attaque les tissus la

(1) Pour le lithium, cependant, la solubilité de ces sels est très inférieure à celle des composés correspondants du sodium et du potassium.

fait employer comme *pierre à cautères* pour ronger les chairs ulcérées. On la prépare exactement comme la soude, et elle sert aux mêmes usages.

118. — **Le chlorure de potassium KCl**, un peu moins soluble que le chlorure de sodium, lui est isomorphe. Il sert surtout à fabriquer les autres sels de potassium, notamment le chlorate, le sulfate et l'azotate.

L'eau de mer en contient une faible quantité ; il se concentre dans les eaux-mères des marais salants d'où on peut l'extraire à l'état de chlorure double de magnésium et de potassium (*carnallite* $KCl.MgCl^2$, $6H^2O$) ; il suffit de traiter la carnallite par le quart de son poids d'eau froide pour entraîner le chlorure de magnésium, très soluble. Les cendres de varechs, le *salin* de betterave, résultant de la calcination après évaporation des *vinasses*, ou résidu de la distillation des mélasses (*L.*, 345, *c*), en fournissent également. Mais on le retire surtout de la carnallite naturelle que l'on trouve en abondance dans les gisements salins de Stassfurt (Duché d'Anhalt).

119. — On connaît deux **sulfates de potassium**, répondant aux formules **$KHSO^4$** et **K^2SO^4**. Le premier se forme dans l'attaque de l'azotate de potassium par l'acide sulfurique (préparation de l'acide azotique dans le laboratoire). Le second est un sel blanc, très peu soluble dans l'eau, que l'on retire des mines de Stassfurt, des cendres de varechs, et des vinasses de betterave. On en fabrique également de grandes quantités en attaquant à fond le chlorure de potassium par l'acide sulfurique ; on recueille de l'acide chlorhydrique (*L.*, 58). Il sert à fabriquer l'alun (*L.*, 241) et la potasse artificielle.

120. — Les deux **sulfites de sodium**, **$HNaSO^3$** et **Na^2SO^3**, peuvent être préparés à partir du carbonate et de l'anhydride sulfureux. Le premier est neutre au tournesol, le second légèrement alcalin. Pour préparer le sulfite monosodique on fait passer un courant de gaz sulfureux dans une solution de carbonate de sodium jusqu'à ce qu'elle rougisse le tournesol, ce qui indique la présence d'un petit excès d'anhydride; pour avoir le sulfite neutre il suffit d'ajouter une quantité de carbonate égale à celle que l'on a déjà traitée. Ce sont deux sels très oxydables, et dont les solutions se transforment assez rapidement en sulfates au contact de l'air. Le sulfite neutre sec se conserve beaucoup mieux. Ce dernier sel entre dans la préparation des révélateurs photographiques organiques, dont il ralentit l'oxydation.

121. — En faisant bouillir avec de la fleur de soufre une solution de sulfite disodique on obtient l'**hyposulfite de sodium $Na^2S^2O^3$**, corps très soluble dans l'eau, inaltérable à l'air, mais que les oxydants transforment en sulfate. Une solution d'hyposulfite à laquelle on ajoute de l'acide chlorhydrique se trouble peu à peu, grâce à la formation d'un précipité de soufre résultant de la destruction de l'acide hyposulfurique, très instable, formé d'abord.

$$H^2S^2O^3 = H^2SO^3 + S.$$

L'hyposulfite dissout le chlorure d'argent, grâce à la formation d'un *hyposulfite double de sodium et d'argent*, soluble dans l'eau. C'est la raison de son emploi en photographie pour *fixer* les clichés et les épreuves positives.

On l'emploie également pour se débarrasser du chlore qui imprègne la pâte à papier après l'opération du blanchiment.

$$5H^2O + Na^2S^2O^3 + 4Cl^2 = 2HNaSO^4 + 8HCl.$$

122. — **L'azotate de sodium ($NaAzO^3$)** existe en masses considérables au Chili et au Pérou, mélangé à de petites quantités d'autres sels (chlorures, sulfates, iodures) et à des matières terreuses. On le sépare par cristallisation fractionnée (**6**). C'est un sel blanc, très soluble dans l'eau (78 p. 100 à 10°), déliquescent à l'air humide. Il se décompose au rouge en azotite et oxygène.

$$2NaAzO^3 = 2NaAzO^2 + O^2.$$

Les corps oxydables le détruisent facilement.

Il sert surtout à fabriquer l'acide azotique et le salpêtre.

123. — L'azotate de potassium ou salpêtre ($KAzO^3$) est un corps cristallisable en longues aiguilles, dont la solubilité, assez faible à froid (29 p. 100 à 18°), augmente rapidement quand la température s'élève (85 p. 100 à 50° et 335 p. 100 à 116°, point d'ébullition de la solution saturée). Ses propriétés chimiques sont les mêmes que celles de l'azotate de sodium.

On le trouve dans un assez grand nombre de pays chauds, notamment dans l'Inde, où il vient former à la surface du sol, pendant la saison sèche, des efflorescences blanches aux environs des villages abandonnés. Il se forme par l'action du ferment nitrique sur l'ammoniaque en présence de sels de potassium dans un sol aéré (nitrification). Celui que l'on trouve associé à des azotates de magnésium et de calcium sur les murs des étables et des caves exposées à des infiltrations de fosses d'aisances a la même origine. Mais la majeure partie du salpêtre commercial est fabriquée en mélangeant des solutions concentrées et bouillantes d'azotate de sodium et de chlorure de potassium; en évaporant on détermine le dépôt de la majeure partie du chlorure de sodium qui se forme par double décomposition, et dont la solubilité dans ces conditions est très faible (**6**, note).

$$KCl + NaAzO^3 = KAzO^3 + NaCl.$$

Quand la liqueur marque 45°B, on l'abandonne au refroidissement : le salpêtre cristallise, et on le purifie par une nouvelle cristallisation.

L'azotate de potassium est constamment utilisé comme oxydant dans les laboratoires et l'industrie, à cause de la facilité avec laquelle il cède son oxygène. Il entre dans la composition de la poudre noire de chasse ou de mine, qui est un mélange de salpêtre, de soufre et de charbon aggloméré par un peu d'eau, réduit en grains de grosseur variable uivant sa destination et séché à l'étuve. Chauffée à 300°, a poudre s'enflamme et brûle aux dépens de l'oxygène du salpêtre en dégageant une grande quantité de gaz. On peut représenter cette combustion par l'équation

$$2KAzO^3 + S + 3C = K^2S + 3CO^2 + Az^2.$$

La combustion d'un litre de bonne poudre pesant 900 gr. donne une température de 2400°, ce qui élèverait à près de 4000 atmosphères la pression des gaz supposés ramenés au volume de la poudre.

D'une manière générale, l'emploi des sels de sodium est plus avantageux que celui des sels de potassium, à cause de leur poids moléculaire moins élevé (1); mais l'azotate de sodium ne peut servir à fabriquer la poudre, parce qu'il est déliquescent.

124. — Il y a deux **carbonates de potassium, $HKCO^3$** et **K^2CO^3**, analogues aux carbonates de sodium (*L.*, 209, 210). Le premier n'a pas d'usages. Le second, soluble dans son poids d'eau froide et déliquescent, sert aux mêmes usages que le carbonate disodique : verrerie, savonnerie. En le réduisant au rouge par le charbon, on obtient le potassium

$$K^2CO^3 + 2C = 3CO + 2K.$$

On le retire des cendres de varechs, des vinasses de betterave; l'incinération des végétaux terrestres transforme en carbonate les sels organiques de potassium qu'ils contiennent, et le lessivage de ces cendres en fournit d'assez grandes quantités (2). On en fabrique artificiellement à partir du sulfate par le procédé qui a été décrit à propos du carbonate de sodium.

(1) L'emploi d'un sel sodique à la place du sel potassique correspondant réduit de 39 — 23 = 16 Kg par molécule-kilogramme le poids de matière à attaquer.

(2) C'est au carbonate de potassium et à son action sur les corps gras, qu'il dissout, que la *lessive de cendres* doit ses propriétés.

125. — Il faut rapprocher des métaux alcalins l'**ammonium** AzH^4, ion positif des sels ammoniacaux, dont nous avons déjà signalé l'isomorphisme avec les sels potassiques (*L.*, 121). Nous signalerons enfin l'existence d'*ammoniums métalliques*, tels que le lithium-ammonium, $LiAzH^3$, dans lesquels l'hydrogène est remplacé, atome pour atome, par le métal.

MÉTAUX ALCALINO-TERREUX

126. — Ces métaux, le **Calcium, Ca = 40**; le **Strontium, Sr = 87,6**; le **Baryum, Ba = 137,4**, sont très facilement oxydables et décomposent l'eau à froid, comme les métaux alcalins. Ils absorbent facilement l'azote à chaud, en donnant des azotures décomposables par l'eau froide avec dégagement d'ammoniac.

$$Ba^3Az^2 + 6H^2O = 3BaO^2H^2 + 2AzH^3.$$

Il est extrêmement difficile de les obtenir à l'état de pureté, et leurs propriétés sont mal connues. Il sont *divalents*.

Leurs hydrates sont des bases énergiques; leurs phosphates et leurs carbonates neutres sont insolubles dans l'eau; leurs carbonates acides, comme le carbonate monocalcique $H^2Ca(CO^3)^2$, s'y dissolvent au contraire, ainsi que le phosphate monocalcique $H^4Ca(PO^4)^2$. Le sulfate de calcium est très peu soluble, le sulfate de strontium l'est moins encore, le sulfate de baryum est insoluble.

Les sels alcalino-terreux, volatilisés dans la flamme bleue du bec Bunsen, la colorent en *jaune-rouge* pour le calcium, *rouge vif* pour le strontium, *vert-jaune* pour le baryum, et donnent des spectres de *bandes larges et brillantes*.

Les sels de calcium sont inoffensifs, les sels de strontium ont des applications thérapeutiques, les sels de baryum sont vénéneux.

On trouve dans la nature le baryum et le strontium à

l'état de carbonates et de sulfates isomorphes. Les composés du baryum sont reconnaissables à leur grande densité, qui est à peu près une fois et demie celle des composés correspondants du calcium ; les composés du strontium ont une densité intermédiaire.

Ces métaux sont intermédiaires entre les métaux alcalins et le zinc.

Le calcium est le plus abondant des trois, et le plus important par les applications de ses composés (chaux, plâtre, calcaires, phosphates, chlorure de chaux, carbure de calcium).

127. — La **Baryte BaO** et la **Strontiane SrO** sont, comme la **chaux** (1), des substances très avides d'eau ; on ne peut les obtenir par la calcination de leurs carbonates, que la chaleur décompose très difficilement ; il faut opérer en présence du charbon.

$$BaCO^3 + C = BaO + 2CO.$$

En traitant par l'eau le résidu de l'opération, on a une solution d'où peuvent cristalliser des hydrates de formule $MO^2H^2, 9H^2O$, beaucoup plus solubles que l'hydrate de calcium ; cette circonstance fait préférer l'*eau de baryte* à l'*eau de chaux* pour absorber l'anhydride carbonique.

128. — On a signalé à propos de l'oxygène (*L.*, 20) l'existence du bioxyde de baryum BaO^2 et sa formation quand on chauffe la baryte à l'air vers 700°, sa destruction quand on diminue la pression à la même température. Ce bioxyde traité par un acide donne de l'eau oxygénée (**82**, note).

129. — En calcinant les sulfates correspondants avec du charbon, on obtient les **sulfures CaS, SrS, BaS**, qui sont *phosphorescents;* la lueur émise varie avec la nature du

(1) Ces trois substances sont les *terres alcalines* des anciens chimistes, d'où le nom d'alcalino-te[illegible]ux donné aux métaux correspondants.

métal et la provenance du sulfate employé; elle dépend d'impuretés contenues en faible proportion dans le produit, ainsi que de son état physique. La trituration dans un mortier la fait disparaître, mais on peut la régénérer en portant le corps à une température élevée. Les objets lumineux dans l'obscurité, que l'on trouve dans le commerce, sont généralement fabriqués au moyen du sulfure de calcium.

Le sulfure de calcium est peu soluble dans l'eau qui le détruit partiellement en chaux et *sulfhydrate de calcium* soluble, $Ca(HS)^2$, qui est en quelque sorte le *sel acide* du calcium et de l'acide sulfhydrique.

$$2CaS + 2H^2O = Ca(HS)^2 + CaO^2H^2.$$

Le sulfure de baryum est soluble dans l'eau, et on peut, en évaporant la solution, l'obtenir cristallisé. Il sert à fabriquer tous les autres sels de baryum; il suffit de le traiter par un acide; exemple :

$$BaS + 2HAzO^3 \text{ étendu} = H^2S + Ba(AzO^3)^2.$$

130. — Les **azotates de baryum et de strontium** sont employés dans la fabrication des feux d'artifice, à cause de la facilité avec laquelle ils cèdent leur oxygène, et de l'éclat et de la couleur qu'ils donnent aux flammes. Leur destruction par la chaleur peut être représentée par l'équation

$$2[M(AzO^3)^2] = 2MO + 4AzO^2 + O^2.$$

131. — Les sels solubles de baryum (chlorure, azotate) sont utilisés comme réactifs de l'acide sulfurique et des sulfates.

Les sels alcalino-terreux précipitent par les carbonates alcalins, les phosphates et les sulfates solubles; tous les précipités ainsi obtenus sont solubles dans l'acide chlorhydrique à l'exception du sulfate de strontium qui s'y dissout assez peu, et du sulfate de baryum qui ne se dissout que dans l'acide sulfurique concentré et bouillant.

CUIVRE

132. — On a déjà indiqué (*L.*, 251-257) les principales propriétés du cuivre et de son sulfate.

On connaît deux séries de sels de cuivre. Les sels **cuivreux** correspondent à l'oxyde Cu^2O, dont la formule, rappelant celle de l'oxyde de sodium Na^2O, conduit à y considérer le cuivre comme monovalent. Ces sels s'oxydent très rapidement à l'air en passant à l'état de sels *cuivriques*, correspondant à l'oxyde CuO, dans lesquels Cu est divalent. On a déjà signalé (*L.*, 291) le *chlorure cuivreux* CuCl, poudre blanche cristalline, insoluble dans l'eau, soluble dans l'ammoniaque et l'acide chlorhydrique. Les solutions, *incolores à l'abri de l'air*, se colorent, la première en bleu [réaction générale des sels cuivriques (**133**)], la seconde en vert couleur du chlorure cuivrique, au contact de traces d'oxygène. La solution chlorhydrique absorbe l'oxyde de carbone; elle donne avec la potasse un précipité *jaune brun d'oxyde cuivreux*.

On obtient l'oxyde cuivreux en réduisant un sel cuivrique par une substance organique telle que le glucose; c'est une poudre rouge dont le seul usage est la fabrication des verres colorés en rouge foncé, qui ne laissent passer que des radiations peu réfrangibles et sont employés pour cette raison à l'éclairage des laboratoires de photographie.

133. — Les sels **cuivriques** sont bleus ou verts; tous donnent avec la potasse un précipité gélatineux bleu clair d'hydrate CuO^2H^2, soluble dans l'ammoniaque, qu'il colore en bleu foncé; une solution cuivrique, assez étendue pour être incolore, devient nettement bleue au contact d'une goutte d'ammoniaque. L'hydrate CuO^2H^2 ne peut pas être obtenu par action directe de l'oxyde sur l'eau, qui ne le dissout pas; bien plus, les éléments de l'eau y sont si faiblement retenus, qu'il suffit de faire bouillir quelque temps le précipité bleu dans l'eau pour le transformer en oxyde anhydre noir.

L'oxyde CuO, chauffé avec une matière organique quelconque, est réduit, et son oxygène transforme en eau et anhydride carbonique l'hydrogène et le carbone de la matière traitée. Cette propriété est utilisée dans l'analyse organique. On a signalé (*L.*, 34) l'emploi de l'oxyde de cuivre pour la détermination par synthèse de la composition de l'eau. On l'obtient soit en chauffant à l'air le cuivre bien décapé, soit en calcinant l'azotate, que la chaleur détruit de la même manière que les azotates alcalino-terreux (**130**).

134. — Le cuivre peut être considéré comme établissant la transition entre les métaux alcalins, l'argent et l'or. L'argent est monovalent dans la plupart de ses combinaisons, l'or est monovalent dans quelques-unes, comme le *chlorure aureux* AuCl, tandis qu'il est le plus souvent trivalent. L'argent et l'or sont comparables par leur grande densité, leur ductilité, leur malléabilité, leur grande conductibilité pour la chaleur et l'électricité, leur résistance à l'oxydation. Le cuivre se rapproche d'eux par sa conductibilité, sa ductilité et sa malléabilité, tandis que son oxydabilité le rapproche des métaux alcalins. Les chlorures NaCl, CuCl, AgCl, sont isomorphes, ainsi que les sulfates Na^2SO^4 et Ag^2SO^4.

ZINC — MERCURE

Zinc (**Zinc = 65**). *Propriétés.* **135.** — Métal blanc bleuâtre, dont la densité est voisine de 7. Il fond à 419° et bout à 930°. Il est un peu ductile à froid, et se laisse marteler; très malléable entre 108° et 150°, il devient assez cassant vers 210° pour qu'on puisse le pulvériser dans un mortier. Il est assez mou, et *graisse* la lime.

Sa vapeur, dont on a pu mesurer la densité, est *monoatomique* (**54**). Il est nettement divalent, comme les métaux alcalino-terreux.

Il est très facile à oxyder. S'il ne s'altère pas à froid dans l'air sec, sa vapeur prend feu à une température voisine de 930°, et brûle avec une flamme verdâtre, en répandant autour du creuset où le zinc est porté à l'ébullition des flocons blancs d'oxyde ZnO, rappelant l'aspect de la laine (1). A l'air humide, il se recouvre d'une couche blanchâtre de carbonate hydraté qui le protège contre une attaque ultérieure. La poudre de zinc attaque lentement l'eau dès la température ordinaire; l'action est plus rapide si on chauffe, et il se dégage de l'hydrogène.

Le chlore l'attaque énergiquement.

Les acides étendus, à l'exception de l'acide azotique, l'attaquent à froid en donnant de l'hydrogène. L'acide sulfurique l'attaque avec une grande lenteur; le zinc impur du commerce est au contraire très rapidement dissous, car les métaux qui l'accompagnent, le plomb notamment, forment avec lui un *couple électrique* dont il constitue l'électrode négative. Le gaz se dégage sur le métal étranger, et l'ion SO^4 attaque le zinc pour donner du sulfate $ZnSO^4$ (*fig.* 15).

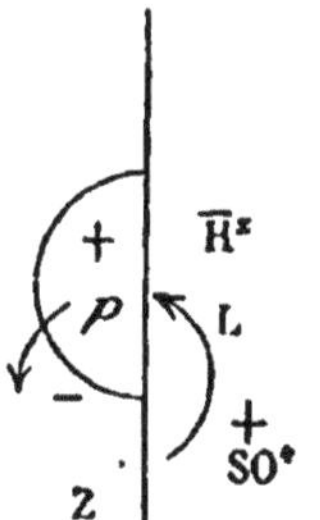

Fig. 15.
Attaque du zinc du commerce par l'acide sulfurique. — Z, zinc; *p*, impureté moins oxydable; L, eau acidulée.

136. — L'hydrate de zinc se combine indifféremment aux acides et aux bases fortes. Ainsi, on peut obtenir cet hydrate sous la forme d'un précipité blanc gélatineux en versant de la potasse dans une solution d'un sel de zinc; mais il faut aller avec précaution, car un excès de base redissout le précipité pour donner un véritable sel, le *zincate de potassium* K^2ZnO^2. C'est en vertu de cette action que le zinc attaque les solutions alcalines, lentement à froid, plus rapidement à chaud, en donnant de l'hydrogène. ZnO^2H^2 est également soluble dans les acides.

(1) La combustion du zinc se fait très brillamment de la manière suivante : un courant d'oxygène sec est dirigé dans un tube de verre un peu large contenant de la tournure de zinc; quand on chauffe l'extrémité du tube, le zinc s'enflamme et brûle avec une belle incandescence verte; le tube est toujours brisé.

On caractérise cette fonction spéciale de l'hydrate de zinc en disant qu'il est *indifférent*.

$$Zn + 2KOH = K^2ZnO^2 + H^2.$$

Extraction. **137.** — Les minerais de zinc sont la *blende* ou sulfure ZnS, et la *calamine*, nom sous lequel on confond les minerais oxydés, carbonate et silicate. Le traitement est simple : les minerais sulfurés sont amenés à l'état d'oxyde par un grillage suivi d'un coup de feu, pour détruire le sulfate qui aurait pu se former; les minerais oxydés sont d'abord délités à l'air, puis calcinés pour chasser l'eau et l'anhydride carbonique. L'oxyde est ensuite finement pulvérisé, mélangé avec du charbon et chauffé au-dessus du point d'ébullition du zinc dans des vases en terre réfractaire, cylindres ou cornues, placés dans des fours. On recueille les vapeurs de zinc dans des récipients n'ayant qu'une étroite communication avec l'air (*fig.* 16).

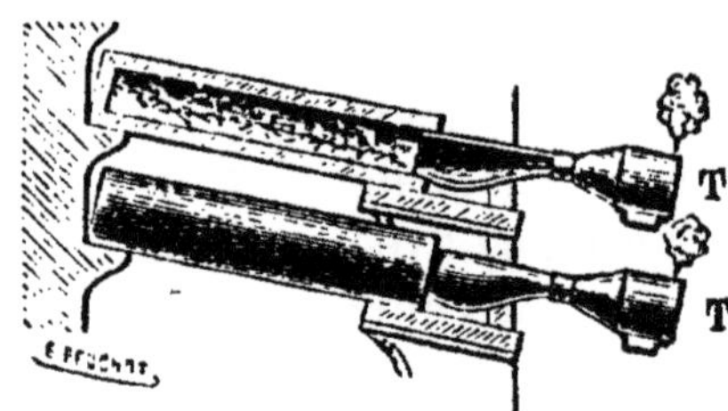

Fig. 16. — Extraction du zinc (appareil Boëtius). — T, tambours en tôle où se condense une poudre grise appelée *gris de zinc* ou *truthie*, mélange de Zn et ZnO, réducteur énergique.

138. — On peut également l'obtenir par voie électro-chimique :

1° En traitant les minerais grillés par l'acide chlorhydrique et évaporant la solution, on obtient du chlorure $ZnCl^2$, plus fusible que le zinc; ce corps est placé dans une cuve en plomb doublée de zinc, qui sert de cathode ; une électrode en charbon aggloméré amène le courant. Le chlorure, très fusible, est maintenu en fusion par la chaleur que dégage le courant. L'appareil peut être disposé de manière à recueillir le chlore.

2° On électrolyse une solution de chlorure de zinc (ou une solution de sulfate obtenue d'une manière analogue); c'est le seul procédé qui permette d'extraire économiquement le zinc de la blende mélangée de sulfure de plomb, ce dernier sulfure résistant à l'action de l'acide chlorhydrique et de l'acide sulfurique, sauf lorsqu'ils sont concentrés et bouillants; encore donne-t-il, dans ce cas, du sulfate ou du chlorure de plomb qui ne sont pas solubles.

139. — Le zinc en feuilles sert à couvrir les toits, et donne une couverture plus légère que l'ardoise ou la tuile; il sert à faire des gouttières et des tuyaux. On l'emploie couramment dans les laboratoires pour préparer l'hydrogène; il constitue l'électrode négative de la plupart des piles. On l'utilise également pour la *galvanisation* du fer; à cet effet, on plonge le fer dans un bain de zinc fondu recouvert d'une couche de chlorure double de zinc et d'ammonium, ou bien l'on prend les objets en fer comme cathodes dans l'électrolyse d'un sel de zinc.

140. — **Le blanc de zinc** des peintres est l'oxyde ZnO, que l'on prépare en faisant brûler du zinc à l'air. La solution de chlorure, obtenue en dissolvant du zinc dans l'acide chlorhydrique, est un puissant antiseptique; elle est utilisée pour injecter les bois tendres dont on fait les traverses de chemin de fer. Elle dissout l'oxyde en donnant un *oxychlorure* blanc, contenant à la fois du zinc, du chlore et de l'oxygène; en ajoutant un peu de carbonate de sodium, on obtient une peinture adhérant également au fer, au bois et à la toile, et séchant assez vite.

Sulfate de zinc ($ZnSO^4$). 141. — Sel blanc cristallisable, d'une saveur acide et styptique (1) désagréable; soluble dans l'eau; sa solubilité augmente notablement avec la température; au rouge blanc il se détruit en oxyde, oxygène et anhydride sulfureux. Sa solution est acide au tournesol.

(1) Qui fait cracher.

Le sulfate de zinc détruit le sulfure d'ammonium en donnant du sulfure de zinc, solide blanc insoluble dans l'eau, mais soluble dans les acides étendus avec dégagement d'acide sulfhydrique.

$$ZnSO^4 + (AzH^4)^2S = ZnS + (AzH^4)^2SO^4.$$
$$ZnS + 2HCl = ZnCl^2 + H^2S.$$

On obtient une solution de sulfate de zinc en traitant le zinc du commerce par l'acide sulfurique étendu ; en la concentrant, on fait cristalliser le sel.

On a trouvé du sulfate de zinc dans la nature.

Il est employé comme désinfectant à cause de son action sur le sulfure d'ammonium, et comme caustique dans certaines maladies d'yeux.

142. — Les sels de zinc sont incolores, le plus souvent solubles; ils donnent, avec les alcalis et l'ammoniaque, un précipité *blanc gélatineux d'hydrate* soluble dans un excès de réactif; avec les sulfures alcalins, tels que le sulfure d'ammonium, précipité *blanc* caractéristique de *sulfure hydraté*, soluble dans les acides.

Mercure ($Hg = 200$). *Propriétés.* **143.** — Le mercure est un liquide brillant, dont la densité à 0° est 13,59. Il se solidifie à —40° et bout à 350°. Sa densité de vapeur est égale à 100 fois celle de l'hydrogène; son poids moléculaire étant 200, il est *monoatomique*. Il émet dès la température ordinaire des vapeurs dont la force élastique est assez faible pour qu'il n'y ait pas lieu d'en tenir compte dans la lecture du baromètre, mais ces vapeurs se diffusent dans l'atmosphère, et, comme elles sont toxiques, il est dangereux de séjourner longtemps dans les locaux contenant de larges surfaces de mercure. On combat l'intoxication mercurielle par l'iodure de potassium.

Le mercure dissout la plupart des métaux, en formant avec eux des *amalgames* dont un assez grand nombre sont cristallisables; le fer, le platine et l'aluminium sont, parmi les métaux usuels, les seuls qui ne soient pas attaqués; le cuivre *pur* ne l'est pas sensiblement.

144. — Le mercure s'oxyde lentement à froid en donnant de l'*oxyde mercureux* Hg^2O qui forme à sa surface un voile grisâtre, et dont on le débarrasse simplement par filtration dans un cornet de papier. A 350°, il s'oxyde lentement en donnant l'*oxyde mercurique* rouge, HgO; la réaction est limitée par la destruction de l'oxyde. Il est attaqué à froid par le chlore, et s'unit au soufre sous l'influence d'une légère élévation de température. Il réduit à chaud l'acide sulfurique concentré, en dégageant, comme le cuivre, de l'anhydride sulfureux.

Etat naturel et extraction. **145.** — Le mercure était connu des anciens (*hydrargyrum*, vif-argent); il existe à l'état natif, mais le plus souvent on le rencontre combiné au soufre dans le *cinabre*, minéral rouge violacé répondant à la formule HgS. L'oxyde étant détruit par la chaleur, le grillage du cinabre donne directement du mercure.

$$HgS + O^2 = SO^2 + Hg.$$

Cette opération s'effectue dans de grands fours cylindriques, dits fours à cuve, chauffés par le bas (minerai en morceaux), ou dans des fours à réverbère (minerai en poussière). Les vapeurs mercurielles, entraînées par les gaz du foyer, traversent diverses chambres à condensation et de longs tuyaux en bois ou en fonte refroidis extérieurement par un courant d'eau. On fait quelquefois déboucher les tuyaux de condensation dans une trompe à eau; les dernières traces de vapeurs se condensent au contact de l'eau froide.

Purification. **146.** — Le mercure brut contient des métaux étrangers (cuivre, plomb, étain) dont la distillation ne peut jamais le débarrasser complètement. Pour le purifier, on l'agite avec de l'acide azotique qui dissout d'abord les métaux étrangers, tous plus oxydables que le mercure, puis on le lave à l'eau distillée pour entraîner les azotates qui se sont formés ; on peut remplacer l'acide azotique par une solution de *dichromate de potassium*, dont la manipulation est beaucoup moins désagréable. On conserve le mercure purifié sous une couche d'acide sulfurique, dans un flacon à tubulure inférieure (*fig.* 17).

Fig. 17. — Flacon pour conserver le mercure pur.

147. — Le mercure donne deux séries de composés, appelés *mercureux* et *mercuriques*. L'acide azotique concentré le transforme à froid en *azotate mercureux* $HgAzO^3$ dans lequel Hg est monovalent ; à chaud on a l'*azotate mercurique* $Hg(AzO^3)^2$, où Hg est divalent. Ces deux sels sont solubles ; c'est en décomposant le second par la chaleur que l'on obtient pratiquement l'oxyde rouge HgO. Mais, si on le traite par la potasse, on obtient un précipité *jaune* de même composition, variété allotropique du premier, et dont l'activité chimique est plus grande. Il est en effet attaqué à froid par le chlore sec, qui n'attaque pas l'oxyde rouge.

148. — Le mercure doit à ses propriétés physiques et à la facilité avec laquelle on l'obtient pur, d'être employé dans la construction des baromètres et des thermomètres ; il sert encore à dissoudre l'or et l'argent, et entre dans quelques préparations pharmaceutiques. L'amalgame de sodium est souvent utilisé comme réducteur en présence de l'eau.

Chlorures de mercure. — On en connaît deux.

149. — Le *chlorure mercureux* ou *calomel* HgCl, dans lequel Hg est monovalent, peut être obtenu en traitant par l'acide chlorhydrique une solution d'azotate mercureux. C'est un solide blanc, insoluble dans l'eau, soluble dans l'alcool ; il se volatilise à une température peu élevée, et peut cristallier par sublimation. La chaleur, l'eau à 100° et la vapeur l'eau, l'acide chlorhydrique, les chlorures alcalins, le transorment en chlorure mercurique $HgCl^2$, très toxique; aussi aut-il éviter la présence simultanée dans l'estomac du alomel (souvent employé comme purgatif), et du sel comnun.

Le calomel peut être facilement caractérisé; au contact le l'ammoniaque il donne un composé noir contenant à la ois du mercure, du chlore, de l'hydrogène et de l'azote.

150. — Le *chlorure mercurique* ou *sublimé corrosif*, $IgCl^2$, est un solide incolore, peu soluble dans l'eau 100 grammes d'eau en dissolvent environ 11 grammes à 0°), plus soluble dans l'alcool. Il est volatil et peut cristaliser par sublimation, ou par évaporation de sa solution queuse; il est très vénéneux; le contrepoison est le blanc 'œuf, avec l'albumine duquel il forme un composé insouble.

Nous avons signalé la transformation du calomel en sulimé par les chlorures alcalins. Le fer attaque la solution e sublimé en précipitant le mercure. Le zinc l'attaque galement, mais c'est un amalgame qui se forme dans ce as.

151. — Le chlorure mercurique est utilisé comme antieptique, en solution à 1 p. 1000. Il est également utilisé our *renforcer* les clichés photographiques trop faibles. Il st réduit par l'argent du cliché a l'état de calomel; si l'on joute de l'ammoniaque après un lavage destiné à éliminer sel non transformé, les noirs de l'image acquièrent une rande opacité (**149**).

152. — On prépare le chlorure mercurique en chauffant du hlorure de sodium avec du sulfate mercurique, à une temérature suffisante pour volatiliser le produit. Il est bon 'ajouter du bioxyde de manganèse, qui s'oppose à une éduction possible du chlorure à l'état de calomel. On obtient ce dernier corps en ajoutant au mélange de sulfate mercurique et de sel marin, du mercure, qui réduit le sublimé.

$$HgSO^4 + 2NaCl = HgCl^2 + Na^2SO^4.$$
$$HgSO^4 + Hg + 2NaCl = 2HgCl + Na^2SO^4.$$

153. — Les sels mercureux solubles donnent avec l'acide chlorhydrique *un précipité de calomel;* les sels mercuriques solubles donnent avec la potasse *un précipité jaune d'oxyde* HgO. Avec l'iodure de potassium ils donnent un précipité *rouge* HgI soluble dans un excès de réactif.

154. — On peut rapprocher le zinc et le mercure de trois autres métaux, avec lesquels ils présentent certaines analogies : le *glucinium* qui existe dans l'émeraude, le *magnésium* (1), et le *cadmium,* qui accompagne souvent le zinc dans ses minerais.

Les vapeurs de zinc, de cadmium, de mercure, sont monoatomiques. Tous ces métaux sont divalents; il existe cependant des composés dans lesquels Hg est monovalent; il s'écarte par là des quatre autres. Le zinc et le magnésium sont facilement oxydables, le magnésium brûle avec éclat dans l'air ; tous deux décomposent l'eau à froid. Leurs sels forment avec l'eau des hydrates de même constitution et isomorphes, mais l'hydrate de magnésium n'a pas de fonction acide. Leurs chlorures sont solubles, et forment avec les oxydes des *oxychlorures insolubles.*

		Densité.	Point de fusion.	Point d'ébullition
Glucinium	Gl = 9	1,64	au-dessus de 900°	?
Magnésium	Mg = 24	1,75	au-dessus de 700°	au-dessus de 1000
Zinc	Zn = 63	7,0	412°	930°
Cadmium	Cd = 112	8,6	230°	770°
Mercure	Hg = 200	13,59	— 40°	350°

(1) Le magnésium est assez abondant dans la nature. L'eau de mer, un certain nombre de sources le contiennent à l'état de sulfate ou de chlorure; nous rappellerons l'existence de la *carnallite* (**118**); il existe enfin de puissantes masses rocheuses, les *dolomies,* dont la substance est un mélange de carbonates de calcium et de magnésium.

PLOMB

$Pb = 207$.

Propriétés. 155. — Fraîchement sectionné, le plomb est rillant, d'un gris bleuâtre; mais il ne tarde pas à se recou-rir d'une couche noirâtre d'oxyde Pb^2O. Il est assez mou our être rayé par l'ongle, très malléable, mais très peu enace et partant peu ductile. Sa densité est voisine de 11,4. l fond vers 335°, se volatilise entre 1600 et 1800°.

L'eau pure aérée attaque le plomb, et l'oxyde formé se lissout dans l'eau en quantité assez grande pour la rendre mpotable; si l'eau contient de l'acide carbonique ou du sul-ate de calcium, le produit de l'attaque est insoluble et 'action s'arrête très vite, grâce à l'enduit protecteur qui se lépose sur le métal. La grande majorité des eaux de source u de rivière tenant en dissolution l'un ou l'autre de ces orps, on peut employer des tuyaux de plomb pour les con-luites d'eau dans les villes.

156. — On connaît plusieurs oxydes de plomb; comme il rrive toujours en pareil cas, le caractère acide s'accuse 'autant plus qu'il y a plus d'oxygène. Ainsi le protoxyde 'bO est un oxyde *indifférent*, pouvant donner des sels avec s acides et pouvant également se dissoudre dans la potasse our donner un *plombite de potassium*, K^2O^2Pb, sel de po-ssium d'un *acide plombeux* inconnu H^2O^2Pb.

Le bioxyde PbO^2 est nettement un anhydride; le minium b^3O^4 peut être considéré comme une combinaison des deux remiers.

L'oxyde PbO se forme dans l'oxydation directe du plomb ndu; si la température reste voisine du point de fusion on btient le *massicot*, jaunâtre; au rouge, on a la *litharge*, uge, de même composition, mais plus résistante aux tions chimiques.

En ajoutant peu à peu de la potasse à une solution d'un sel de plomb, on précipite de l'*hydrate de plomb* PbO^2H^2, blanc, dense, qui se dissout dans un excès de réactif en formant du plombite de potassium.

157. — L'acide chlorhydrique et l'acide sulfurique attaquent difficilement le plomb, avec lequel ils forment des composés insolubles. Son véritable dissolvant est l'acide azotique étendu, qui le transforme en azotate $Pb(AzO^3)^2$ en dégageant de l'oxyde azotique presque pur. L'attaque par l'acide concentré est beaucoup moins vive, car il ne dissout pas l'azotate de plomb.

Il est attaqué, ainsi que ses alliages, par les acides organiques; ses sels étant vénéneux, il ne doit pas être employé dans la fabrication des objets destinés à être mis en contact avec les aliments.

Etat naturel et extraction. 158. — On rencontre rarement le plomb à l'état natif. Son principal minerai est un sulfure, la *galène* PbS, souvent accompagnée de sulfures d'autres métaux, cuivre, zinc, ou argent, et contenant encore de l'arsenic et de l'antimoine.

La métallurgie du plomb est compliquée. Nous nous contenterons d'indiquer le principe des différents procédés employés.

1° On fond la galène avec du fer, dont l'affinité pour le soufre est supérieure à celle du plomb ; on a la réaction

$$PbS + Fe = FeS + Pb.$$

2° Le minerai, chauffé au rouge sombre dans un courant d'air (*fig.* 18), se transforme, partiellement ou complètement suivant la durée de l'opération, en un mélange d'oxyde et de sulfate.

$$PbS + 2O^2 = PbSO^4$$
$$2PbS + 2O^2 = 2PbO + SO^2.$$

Dans le premier cas, le grillage est suivi d'une forte

lévation de température qui détermine entre le sulfure et 'oxyde les réactions suivantes :

$$PbS + 2PbO = SO^2 + 3Pb.$$
$$PbS + PbSO^4 = 2SO^2 + 2Pb.$$

Dans le second cas, on réduit par le charbon le minerai omplètement oxydé.

Fig. 18. — Four à réverbère, pour le grillage de la galène.

Raffinage. **159.** — Le *plomb brut* ainsi obtenu retient les métaux étrangers et des impuretés dont on le débarrasse oit par une fusion simple, soit par une fusion dans une atnosphère oxydante, suivant que les impuretés sont inoxylables ou oxydables (zinc, soufre, arsenic, antimoine) à la empérature de fusion du plomb.

Procédé électrolytique. **160.** — Le plomb impur est coulé n plaques que l'on entoure de sacs en mousseline, et que 'on prend comme anodes dans l'électrolyse d'un mélange de ulfate de sodium et d'acétate de plomb; la cathode est une ôle de plomb pur. Les sacs de mousseline retiennent les oues, composées de plomb riche en argent, de cuivre, et 'autres éléments, que l'on soumet à des traitements chiniques. On a vu (*L.*, 260) comment on peut extraire l'argent u plomb qui en contient.

161. — Le plomb en feuilles sert à faire des toitures, à doubler des réservoirs, des cuves; à installer les chambres dans lesquelles on fabrique l'acide sulfurique; on en fait aussi des tuyaux de conduite d'eau et de gaz; sa flexibilité le rend très commode pour un grand nombre d'applications industrielles. Il entre dans la composition d'un grand nombre d'alliages : soudures, caractères d'imprimerie notamment.

Minium Pb^3O^4. 162. — Poudre très dense, d'un beau rouge écarlate, qui, à une température élevée, se transforme en oxygène et litharge.

L'acide azotique l'attaque en donnant du bioxyde PbO^2 et de l'azotate de plomb.

$$Pb^3O^4 + 4HAzO^3 = 2[Pb(AzO^3)^2] + PbO^2 + 2H^2O.$$

Le minium serait, d'après cette réaction, une combinaison de protoxyde et de bioxyde ($Pb^3O^4 = 2PbO, PbO^2$).

Le minium commercial est un mélange du corps Pb^3O^4 avec des quantités variables de protoxyde. On l'obtient en calcinant au rouge naissant du massicot, réduit en poudre très fine, et laissant refroidir lentement. On répète l'opération tant que l'oxygène est absorbé, c'est-à-dire tant que le poids de la matière augmente.

Le minium est employé dans la fabrication du cristal (*L.*, 197); il sert également à colorer la cire à cacheter, à faire un lut pour les joints des machines, à recouvrir le fer d'une couche de peinture sur laquelle on passe la couleur définitive.

Carbonate de plomb. Céruse. 163. — Il existe un carbonate neutre de plomb, $PbCO^3$, que l'on peut obtenir en précipitant à froid un sel neutre de plomb par un excès de carbonate d'ammonium.

$$Pb(AzO^3)^2 + (AzH^4)^2CO^3 = PbCO^3 + 2(AzH^4.AzO^3).$$

La *céruse*, appelée encore *blanc de plomb* ou *blanc d'ar-*

gent, est un *carbonate basique* répondant à la formule $(PbCO^3)^2.PbO^2H^2$. On l'obtient en traitant l'acétate de plomb par l'anhydride carbonique. Nous ne décrirons que le procédé dit *hollandais*, qui est le plus employé.

Dans de grandes chambres en maçonnerie on dispose en rangées parallèles, sur une couche de fumier de ferme, des pots en terre contenant des lames de plomb roulées en spirale et de l'acide acétique (*fig.* 19). Au-dessus, on met des grilles de plomb, puis des madriers destinés à supporter des planches qui reçoivent une seconde couche de fumier et une nouvelle série de pots; on continue de la même manière jusqu'à une hauteur de 5 ou 6 mètres, en ayant soin d'assurer la libre circulation de l'air. La fermentation du fumier développe de l'anhydride carbonique et dégage assez de chaleur pour vaporiser l'acide acétique. Au bout d'une quinzaine de jours, les lames sont recouvertes d'une couche de carbonate; on les déroule et on les bat sous l'eau pour en détacher la céruse, puis on recharge les pots. Le produit ainsi obtenu est un mélange de carbonate basique et de carbonate neutre.

Fig. 19. — Pots pour la préparation de la céruse.

La céruse est employée en peinture, à cause de sa belle couleur blanche et de son opacité; elle entre dans la composition d'un grand nombre de couleurs à l'huile, dont elle éclaircit la nuance. Elle a l'inconvénient de noircir au contact de l'acide sulfhydrique, et celui beaucoup plus grand d'être un poison redoutable (1).

164. — Les sels de plomb donnent avec l'acide chlorhydrique un précipité blanc de chlorure de plomb qui n'est pas altéré par l'ammoniaque; les *alcalis* donnent un précipité

(1) La céruse est incorporée à de l'huile pour être livrée au commerce; on évite ainsi, autant que possible, la dissémination dans l'air des poussières de céruse, qui constituent un poison lent déterminant, lorsqu'elles pénètrent dans l'organisme, de graves affections (*saturnisme*).

blanc d'hydrate PbO^2H^2 soluble dans un excès de réactif; l'*acide sulfhydrique*, un précipité *noir* de sulfure PbS. Un papier imprégné d'acétate de plomb brunit dans une atmosphère contenant des traces d'acide sulfhydrique.

165. — L'existence du bioxyde PbO^2 classe le plomb comme tétravalent, au moins vis-à-vis de l'oxygène, car on ne connaît que le chlorure $PbCl^2$; on peut rapprocher le plomb de l'*étain*, dont on connaît deux oxydes, SnO, faiblement basique, SnO^2 nettement anhydride. L'étain lui-même se rapproche du silicium par l'existence d'*hydrates stanniques* formés à partir de l'hydrate normal SnO^4H^4 par déshydratation partielle, comme les hydrates siliciques à partir de SiO^4H^4 (*L.*, 191), et par l'isomorphisme de nombreuses combinaisons, les *fluosilicates* et les *fluostannates*, dont la formule est $MF^4.M'F$, où M représente Si ou Sn, et M' un métal monovalent. Un autre métal, le **Titane** (**Ti** = 48), possède également des composés isomorphes des précédents, et de même formule.

		Densité.	Pt de fusion.	Pt d'ébullition.
Silicium	Si = 28	2,5 (crist.)	?	très élevé.
Etain	Sn = 119	7,3	233°	vers 1 500°.
Plomb	Pb = 207	11,4	334°	vers 1 600°.

FER ET MÉTAUX VOISINS

Fer (**Fe** = **56**). **166.** — On a vu (*L.*, 226) comment on extrait le fer de ses minerais. On peut se procurer du fer pur en éliminant par oxydation les traces de carbone que retient le fer le plus pur livré par l'industrie, le *fil de clavecin* ou le *fil à fleurs;* il suffit d'ajouter au fil coupé en petits morceaux un peu d'oxyde des batitures (1), du verre

(1) Oxydes de composition assez complexe, que l'on peut considérer comme des combinaisons des oxydes FeO et Fe^2O^3.

pilé qui scorifiera l'oxyde FeO dû à la réduction de Fe^2O^3 par le charbon, et de chauffer à 1600° dans un creuset de chaux vive entouré d'un second creuset.

Propriétés du fer. **167.** — Nous rappellerons qu'il a pour densité 7,8; il prend l'état pâteux vers 1500° et ne devient complètement fluide qu'au-dessus de 1600°. C'est un des métaux les plus tenaces et les plus ductiles. Un fil de 1^{mm^2} de section peut porter sans se rompre un poids de 79^{Kg}. Il présente plusieurs variétés allotropiques; à 770°, toutes ses propriétés physiques éprouvent une brusque variation; en particulier, la propriété magnétique disparaît.

168. — Il s'unit à la plupart des métalloïdes en dégageant de la chaleur. Il brûle dans l'oxygène (Fe^3O^4) et se rouille dans l'air humide. Le chlore le transforme, à température peu élevée, en *chlorure ferrique* Fe^2Cl^6. Le soufre s'unit facilement à lui; si l'on verse une petite quantité d'eau chaude sur un mélange de fleur de soufre et de limaille de fer *non oxydée* placé dans un petit ballon, il se déclare une réaction assez vive pour volatiliser l'eau, et il se fait du sulfure de fer FeS facile à caractériser par le dégagement d'acide sulfhydrique qu'il donne avec l'acide sulfurique ou l'acide chlorhydrique étendus.

169. — Le fer décompose la vapeur d'eau au rouge, mais la réaction est limitée par l'action réductrice du fer sur l'oxyde formé.

$$3Fe + 4H^2O \rightleftarrows Fe^3O^4 + 4H^2 \text{ (1)}.$$

Il peut également réduire le gaz carbonique vers 400° :

$$3CO^2 + 2Fe \rightleftarrows Fe^2O^3 + 3CO.$$

Cette réaction, limitée aussi par l'action inverse, se pro-

(1) Le signe $\rightleftarrows$ désigne une réaction limitée par la réaction inverse.

duit dans les parties les moins chaudes du haut fourneau, ce qui explique la présence constante de CO en proportion assez grande parmi les gaz qui sortent du gueulard.

170. — Le fer peut entrer en combinaison avec des valences différentes. Dans les composés *ferreux*, il est divalent. Dans certains composés *ferriques* il paraît exister avec un poids atomique double Fe^2, et 6 valences; cependant, le poids moléculaire du chlorure ferrique en dissolution dans l'éther est $FeCl^3$ (**58**); Fe y est donc trivalent.

Les composés ferreux sont très oxydables. C'est ainsi que l'oxyde FeO, que l'on peut obtenir en réduisant l'oxyde ferrique Fe^2O^3 par l'hydrogène vers 400°, prend feu dans l'air, quand on l'y projette après l'avoir laissé refroidir dans un courant d'hydrogène (expérience du fer *pyrophorique*). L'hydrate $Fe(OH)^2$, que l'on obtient sous la forme d'une masse *gélatineuse d'un vert sale* en versant de la soude ou de la potasse dans une solution de sulfate ferreux, change de couleur à l'air grâce à sa transformation en *hydrate ferrique* rouge $Fe^2(OH)^6$.

L'acide azotique, au lieu de dissoudre simplement cet hydrate ferreux, l'oxyde en dégageant du bioxyde d'azote, et le transforme en *azotate ferrique;* l'azotate ferreux n'existe pas. Le chlore transforme également les sels ferreux en sels ferriques.

Inversement, les sels ferriques peuvent être facilement réduits. Si l'on traite un sel ferrique, le chlorure par exemple, par l'acide sulfhydrique, on obtient un précipité blanchâtre, qui est du soufre, et le sel est ramené à l'état de chlorure ferreux.

$$H^2S + Fe^2Cl^6 = 2FeCl^2 + S + 2HCl.$$

L'action de la lumière peut également réduire certains composés ferriques, comme les sulfates et le bleu de Prusse, mais la réduction est lente.

Sulfate ferreux ($FeSO^4$). **171.** — Ce sel, appelé aussi *couperose verte* ou *vitriol vert*, se trouve dans le commerce à l'état de cristaux vert clair, répondant à la formule $SO^4Fe, 7H^2O$. Il possède une saveur styptique marquée. A 10°, 100 grammes d'eau en dissolvent 60gr,9; la solubilité augmente avec la température; à 300° il perd son eau et se transforme en une poudre blanche amorphe; au rouge vif, en présence de l'air, il se détruit en donnant comme résidu le colcothar Fe^2O^3.

Les cristaux et la solution s'oxydent facilement en donnant des *sulfates ferriques basiques;* il est cependant possible de conserver à la solution sa couleur verte et sa limpidité, indices de l'absence d'altération (1), en la laissant exposée à la lumière après l'avoir additionnée d'une très petite quantité d'*acide tartrique*, qui, étant lui-même un réducteur, ralentit l'oxydation.

Nous avons déjà signalé l'oxydation des sels ferreux par l'acide azotique et le chlore. Le sulfate réduit le chlorure d'or en donnant de l'or métallique, qui se précipite rapidement si les liqueurs sont concentrées, mais qui, en liqueurs étendues, laisse au moins pendant quelque temps la liqueur limpide en lui donnant une teinte bleuâtre. Le permanganate de potassium est également réduit et décoloré par le sulfate ferreux.

172. — Pour obtenir le sulfate ferreux, on traite le fer à une douce chaleur par l'acide sulfurique étendu. La solution, filtrée, est abandonnée à la cristallisation. Dans l'industrie, on utilise pour cette fabrication le vieux fer : l'opération se fait dans des cuves en bois. On en obtient encore d'assez grandes quantités en lessivant les schistes pyriteux que l'on a abandonnés longtemps à l'action oxydante de l'air (2).

(1) Les sulfates basiques qui se forment par oxydation sont jaunâtres et se précipitent lentement.

(2) Le sulfure de fer s'est, dans ces conditions, transformé partiellement en sulfate ferreux d'après la réaction

$$FeS^2 + 3O^2 = SO^4Fe + SO^2.$$

Les usages du vitriol vert sont très nombreux ; on s'en sert pour la fabrication du colcothar, de l'acide sulfurique de Nordhausen (*L.*, 106), du bleu de Prusse; il est employé comme réducteur dans la teinture à l'indigo, et pour certains bains de teinture en noir et violet ; il est encore utilisé, comme le sulfate de zinc, pour détruire le sulfure d'ammonium des fosses d'aisances.

173. — Les sels ferreux, d'une couleur vert clair, peuvent être caractérisés par la formation de l'*hydrate ferreux* quand on les met en présence de la potasse.

174. — Les sels ferriques sont rougeâtres ou jaune foncé; ils donnent, avec le *ferrocyanure de potassium* (1), sel de potassium de l'acide *ferrocyanhydrique* $H^4Fe(CAz)^6$, un précipité de *bleu de Prusse* qui est le *ferrocyanure ferrique*.

175. — A côté du fer viennent se grouper deux métaux, le **nickel** et le **cobalt**, qui ont avec lui de grandes analogies. Ils sont ductiles, tenaces, magnétiques; ils sont attaqués au rouge par l'oxygène, et décomposent la vapeur d'eau dans les mêmes conditions que le fer. Leurs oxydes correspondent à ceux du fer et peuvent être réduits par l'hydrogène et par le charbon; le cobalt fonctionne avec deux valences différentes, comme le fer, mais les sels *cobaltiques*, correspondant à l'oxyde Co^2O^3, sont très instables. Le sesquioxyde de nickel Ni^2O^3 est détruit par les acides; les sels de nickel correspondent tous au protoxyde, par conséquent aux sels ferreux. Le nickel et le cobalt sont moins oxydables que le fer : leurs protoxydes sont simplement dissous par l'acide azotique avec formation d'azotates $Ni(AzO^3)^2$ et $Co(AzO^3)^2$. Le nickel étant inaltérable à l'air humide, une couche de nickel constitue une excellente protection pour les

(1) Nous aurons à revenir sur ces composés. L'acide ferrocyanhydrique est un acide à anion complexe tétravalent $Fe(CAz)^6$, dans lequel le fer n'est pas décelable par ses réactifs ordinaires. (Voy. *Chim. org.*, ch. VI.)

métaux oxydables. Les sels de nickel sont verts, la potasse en précipite un hydrate *vert clair*, NiO^2H^2, caractéristique; ils sont inoffensifs, ce qui permet d'employer à la préparation des aliments des ustensiles de nickel; les sels de cobalt sont rouges, la potasse *en excès* en précipite un hydrate *rose* CoO^2H^2; en quantité insuffisante, elle donne des précipités bleus de *sels basiques*. Le nickel et le cobalt s'accompagnent souvent dans leurs minerais. Le *smalt* ou *bleu d'azur*, qui sert à l'azurage du linge et du papier, est une composition complexe dans laquelle entre un silicate de cobalt.

176. — On peut également rapprocher du fer le **chrome** et le **manganèse.** Ils sont tous deux très durs et cassants; le manganèse s'altère facilement dans l'air et décompose l'eau à 100°. Le chrome, au contraire, est moins altérable que le nickel. L'oxyde manganeux MnO et l'hydrate correspondant $Mn(OH)^2$ sont très oxydables; l'oxyde n'est pas réduit par l'hydrogène. L'oxyde chromique Cr^2O^3 ne l'est pas non plus. On connaît des sels manganeux et chromeux ayant mêmes formules que les sels ferreux; les premiers ne s'altèrent pas à l'air; les seconds sont encore plus oxydables que les sels ferreux. Il existe également des sels manganiques et des sels chromiques, parmi lesquels le sulfate $Cr^2(SO^4)^3$ qui est un des constituants de l'alun de chrome.

177. — Certains oxydes du chrome et du manganèse ont franchement le caractère d'anhydrides. On connaît des **manganates** et des **chromates** comme ceux de potassium K^2MnO^4 et K^2CrO^4, qui sont isomorphes des sulfates correspondants; l'acide manganique n'est pas connu, mais on a pu préparer l'*acide chromique* H^2CrO^4, qui cristallise en aiguilles rouges, très solubles. L'acide chromique est un oxydant assez énergique, fréquemment utilisé en chimie organique; au lieu de l'acide lui-même, on emploie souvent le mélange de *dichromate de potassium* (1) $K^2Cr^2O^7$ (analogue par sa constitution au disulfate $K^2S^2O^7$) et d'acide sulfurique, qui réagissent d'abord en donnant de l'acide chromique, puis du sulfate chromique et de l'oxygène.

On connaît des *ferrates* alcalins, tels que K^2FeO^4, correspondant à un *acide ferrique* inconnu.

178. — Le chrome se rencontre surtout sous la forme de *fer chromé* $FeO.Cr^2O^3$, isomorphe de l'oxyde magnétique de fer Fe^3O^4. On prépare au haut fourneau des *ferrochromes*, alliages de fer et de chrome. Les minerais de manganèse, des oxydes presque tous, sont assez nombreux ; nous signalerons simplement le *bioxyde* ou pyrolusite MnO^2. On fabrique également des *ferromanganèses* de compositions très diverses, utilisées dans la métallurgie.

179. — On incorpore souvent à l'acier du manganèse, du chrome ou du nickel. Le manganèse rend l'acier rigide et élastique, et, à la dose de 1 à 1,2 p. 100 au plus, augmente sa résistance au choc. Le chrome lui communique une très grande dureté, et augmente la résistance au choc et à la compression. On prépare toute une série d'aciers au nickel, parmi lesquels nous signalerons le *métal invar*, alliage à 36 p. 100 de nickel, dont la dilatation est le dixième de celle du platine ; une tige de 1 mètre ne s'allonge que de $0^{mm},09$ environ entre 0 et 100°. Cette propriété le rend précieux pour la construction des règles métriques et des balanciers d'horloge.

180. — Nous rappellerons ici les poids atomiques des métaux que l'on peut rapprocher du fer, et quelques-unes de leurs propriétés physiques :

(1) Ce sel forme de gros cristaux orangés, plus solubles dans l'eau à chaud qu'à froid ; on s'en sert beaucoup pour préparer le liquide actif de certaines piles ; on lui préfère souvent pour cet usage le dichromate de sodium, qui est plus soluble.

		Densité.	Point de fusion.
Chrome	Cr = 52	6,8	au-dessus de 2000°
Manganèse	Mn = 55	7,4	1900°
Fer	Fe = 56	7,8	au-dessus de 1600°
Nickel	Ni = 58,9	8,9	1500°
Cobalt	Co = 59,6	8,5	1400°

CLASSIFICATION PÉRIODIQUE DE MENDELEJEFF

181. — On a proposé un grand nombre de classifications d'ensemble des éléments. Une des plus intéressantes est celle du chimiste russe Mendelejeff (1869). En rangeant les corps simples connus dans l'ordre de leurs poids atomiques, on a remarqué qu'un accroissement sensiblement constant du poids atomique est accompagné du retour de propriétés semblables, ce qui conduit à admettre que, dans une certaine mesure, les propriétés des éléments doivent être des fonctions périodiques des poids atomiques. En développant cette idée, on est parvenu à dresser un tableau par colonnes verticales et lignes horizontales, de telle façon que dans chaque colonne figurent des corps doués de propriétés analogues, et de même valence vis-à-vis d'un élément déterminé; dans chaque ligne le poids atomique croît de 2 unités environ d'une colonne à la suivante. On remarquera qu'il y a dans ce tableau des places vides.

Elles étaient plus nombreuses à l'époque où la classification a été établie, et il est très remarquable que des métaux découverts depuis, tels que le *gallium* Ga (1875), le *scandium* Sc (1879), le *germanium* Ge (1885) se soient trouvés posséder à très peu près les poids atomiques et les propriétés que Mendelejeff, guidé par ses conceptions théoriques, avait assignées d'avance à des éléments inconnus de lui et devant occuper dans son tableau la place prise effectivement par ces corps. Nous reproduirons ici ce tableau, dans lequel s'encadrent les familles naturelles de Dumas, et les groupes naturels de métaux que nous avons eu l'occasion d'étudier.

H = 1

1	2	3	4	5	6	7	8
Li 7	Gl 9	B 11	C 12	Az 14	O 16	F 19	
Na 23	Mg 24,3	Al 27	Si 28,4	P 31	S 32	Cl 35,5	
K 39	Ca 40	Sc 44	Ti 48	V 51	Cr 52	Mn 55	Fe = 56 Ni = 58,9 Co = 59,6
Cu 63,6	Zn 65,4	Ga 70	Ge 72,5	As 75	Se 79	Br 79,8	
Rb 85,4	Sr 87,6	Y 89	Zr 90,6	Nb 94	Mo 96	»	Ru = 101,7 Rh = 103 Pd = 103,3
Ag 108	Cd 112	In 114	Sn 119	Sb 120	Te 125	I 127	
Cs 133	Ba 137,4	La 138	Ce 140	Di 142	»	»	
»	»	»	»	Er 166	»	»	
»	»	Yb 173	»	Ta 182,5	W 184	»	Os = 191 Ir = 193 Pt = 195
Au 197	Hg 200	Tl 204	Pb 207	Bi 208,9	»	»	
»	»	»	Th 232,5	»	U 239,4	»	

Le groupe 1 contient les corps à oxydes fortement basiques; le groupe 7, les corps dont les hydrures sont des acides forts. Dans les divers groupes, on trouve des composés oxygénés et hydrogénés répondant aux formules suivantes :

M^2O	MO	M^2O^3	MO^2 MH^4	M^2O^5 MH^3	MO^3 MH^2	M^2O^7 MH

On remarquera que dans chaque groupe on peut établir deux sous-groupes, dont les propriétés respectives sont assez nettement définies; nous en avons vu un exemple à propos des métaux alcalins.

CHAPITRE VII

CARACTÈRES DISTINCTIFS DES OXYDES, DES SULFURES ET DE QUELQUES GENRES DE SELS

Oxydes et hydrates métalliques. 182. — Les composés de l'oxygène et des métaux sont tous solides, et assez peu fusibles. Un petit nombre seulement sont solubles dans l'eau (**98**). Les protoxydes, sauf ceux de mercure, d'or, d'argent et de platine, résistent à l'action de la chaleur, qui détruit les peroxydes comme BaO^2, MnO^2. Un assez grand nombre d'entre eux sont réduits par l'hydrogène ; ce sont les protoxydes des métaux peu oxydables, et les peroxydes; ils sont tous réduits par le charbon à température plus ou moins élevée (*L.*, 172, *c*).

Ils ont des fonctions différentes, liées à leur degré d'oxydation et à la nature du métal. Les protoxydes ont en général la fonction basique ; tels sont les oxydes de potassium K^2O, de calcium CaO, de magnésium MgO, de cuivre CuO, etc. Certains peroxydes sont comparables aux anhydrides des métalloïdes, en ce sens que leurs hydrates sont de véritables acides, formant des sels avec les hydrates basiques; nous rappellerons les chromates, les manganates (**177**), les stannates (**165**). Dans l'électrolyse de ces sels, on ne trouve comme ion-métal que celui qui correspond à l'espèce; l'anion est un *ion complexe*, contenant à la fois un métal et de l'oxygène, comme CrO^4. Le bioxyde de plomb appartient à cette catégorie d'oxydes.

Il y a des *oxydes indifférents*, tels que ZnO, Al^2O^3, dont les hydrates peuvent former des sels soit avec les acides, soit avec les bases.

Enfin, certains oxydes peuvent être regardés comme de

véritables combinaisons d'oxydes des deux premières catégories; tels sont l'oxyde magnétique de fer Fe^3O^3, ($FeO + Fe^2O^3$), le minerai de chrome $FeO.Cr^2O^3$.

Tous les oxydes basiques (en y comprenant les oxydes indifférents) sont attaqués par le chlore en donnant les chlorures correspondants, par substitution de $2 \times 35,5$ de chlore à 16 d'oxygène. On ne connaît que très peu de chlorures correspondant aux oxydes anhydrides.

Caractères des hydrates. 183. — Les hydrates ont une grande importance au point de vue de l'analyse chimique, car un certain nombre d'entre eux peuvent servir à caractériser immédiatement l'espèce des sels correspondants. On les obtient en traitant un sel dissous par la potasse, la soude ou l'ammoniaque; comme ces substances peuvent elles-mêmes dissoudre un certain nombre d'hydrates, il faut verser les réactifs avec précaution. On obtient ainsi presque toujours un hydrate; quelquefois, cependant, l'hydrate n'existant pas, on précipite l'oxyde correspondant; c'est le cas des sels d'argent et des sels mercuriques qui donnent Ag^2O et HgO.

Nous donnons ci-après les caractères relatifs aux métaux étudiés ou signalés précédemment.

$Ca(OH)^2$ *blanc* : peu soluble dans un excès d'eau.
$Sr(OH)^2$ *blanc* : soluble dans un grand excès d'eau.
$Ba(OH)^2$ *blanc*, un peu gélatineux : soluble dans un excès d'eau.
$Mg(OH)^2$ *blanc* : un peu soluble dans la potasse et la soude; soluble dans les sels ammoniacaux; la précipitation d'un sel de magnésium par l'ammoniaque ne peut jamais être complète.
$Al^2(OH)^6$ *blanc*, gélatineux : soluble dans la potasse et la soude et dans les acides étendus.
$Zn(OH)^2$ *blanc* : soluble dans la potasse, la soude, l'ammoniaque et les acides étendus.
$Cd(OH)^2$ *blanc* : insoluble dans la potasse et la soude, soluble dans l'ammoniaque.
$Pb(OH)^2$ *blanc* : soluble dans la potasse et la soude, peu soluble dans l'ammoniaque.
$Sn(OH)^2$ *blanc* : très soluble dans la potasse et la soude.
$Sn(OH)^4$ *blanc* : très soluble dans la potasse et la soude.
$Cu(OH)^2$ *bleu*, gélatineux : insoluble dans la potasse et la soude, soluble dans l'ammoniaque.

$Cu(OH)$ *jaune brun* (cuivreux).
HgO *jaune :* un peu soluble dans la potasse.
Ag^2O *brun foncé :* { peu soluble dans la potasse et la soude, soluble dans l'ammoniaque.
$Fe(OH)^2$ *blanc verdâtre :* { passe rapidement par oxydation à la couleur rouille.
$Fe^2(OH)^6$ *rouille :* soluble dans l'acide chlorhydrique, liqueur jaune rouge.
$Ni(OH)^2$ *vert pré :*
$Co(OH)^2$ *bleu foncé :* { devient rose grâce à la formation de sels basiques, quand on le laisse au contact d'un excès de potasse ou de soude.
$Cr^2(OH)^6$ (des sels *chromiques*) *vert :* { soluble dans un excès de potasse ou de soude, et dans les acides étendus.
$Mn(OH)^2$ (des sels *manganeux*) presque *blanc :* { brunit à l'air par oxydation ; se transforme en hydrate manganique correspondant à Mn^2O^3.

Sulfures. 184. — Ils sont tous solides, plus fusibles que les oxydes, auxquels ils correspondent le plus souvent par leur composition (32 de soufre remplacent 16 d'oxygène), mais dont ils diffèrent par leur fonction.

Les monosulfures tels que K^2S, FeS, PbS, résistent bien à l'action de la chaleur ; les polysulfures sont détruits à une température plus ou moins élevée. Par exemple, au-dessous du rouge, on a

$$3FeS^2 = Fe^3S^4 + S^2.$$

Les sulfures ont pour caractère commun de donner de l'anhydride sulfureux quand on les chauffe dans un courant d'air (*grillage*), et la réaction est quelquefois assez vive, comme avec la pyrite FeS^2, pour continuer, grâce à la chaleur dégagée, lorsqu'elle a été amorcée. L'anhydride, en présence de l'excès d'oxygène et de l'oxyde résultant de l'oxydation du métal, tend à donner un sulfate ; c'est ce qui se produit avec le plomb, par exemple ; mais le plus souvent le sulfate n'est pas stable à la température de la réaction, et on a alors un oxyde, ou même, si ce dernier est décomposable par la chaleur, le métal.

$$PbS + 2O^2 = PbSO^4.$$
$$4FeS^2 + 11O^2 = 8SO^2 + 2Fe^2O^3.$$
$$2ZnS + 3O^2 = 2ZnO + 2SO^2.$$
$$HgS + O^2 = Hg + SO^2.$$

185. — La plupart des sulfures, et en particulier tous les monosulfures sont des sels de l'acide sulfhydrique et peuvent être préparés au moyen de cet acide ou d'un de ses sels, comme nous le verrons. Mais dans ce cas on obtient souvent une variété différente soit du sulfure naturel quand il existe, soit des produits que l'on peut avoir par d'autres méthodes, celles, notamment, qui font intervenir l'action de la chaleur (voie sèche).

Quand on fait agir à fond l'acide sulfhydrique sur une base soluble telle que la potasse ou l'ammoniaque, on a un véritable *sel acide*, appelé *sulfhydrate*, comme, par exemple, le sulfhydrate de potassium HKS; pour avoir le monosulfure, neutre, il faut faire agir le sulfhydrate sur une quantité de base égale à celle qui a servi à l'obtenir. Exemple :

$$AmOH + H^2S = H^2O + H.Am.S \text{ (sulfhydrate d'ammonium).}$$
$$AmOH + HAmS = H^2O + Am^2S \text{ (sulfure d'ammonium).}$$

186. — Au point de vue de leurs actions mutuelles, on peut établir entre les sulfures une distinction analogue à celle que nous avons rencontrée dans les oxydes. Un certain nombre de monosulfures, tels que K^2S, Na^2S, Am^2S, peuvent se combiner à certains polysulfures, tels que Au^2S^3, SnS^2; de là viennent les dénominations de sulfures acides, sulfures basiques, sulfures salins, données quelquefois à ces diverses catégories de corps.

Caractères des sulfures. 187. — Comme les oxydes, les sulfures peuvent souvent servir à caractériser les métaux. Sous ce point de vue, on peut les diviser en plusieurs groupes :

1° Sulfures solubles dans l'eau : ce sont les sulfures alcalins et alcalino-terreux;

2° Sulfures insolubles dans l'eau, attaquables par les acides étendus avec dégagement d'acide sulfhydrique.

Ce sont les sulfures de zinc, de fer, de manganèse, de nickel, de cobalt. On ne pourra donc obtenir ces sels à partir d'un sel dissous et de l'acide sulfhydrique, puisque c'est la réaction inverse qui se produit :

$$FeS + H^2SO^4 = FeSO^4 + H^2S.$$

On se servira du sulfure d'ammonium ou du sulfure de potassium.

$$Am^2S + FeSO^4 = Am^2SO^4 + H^2S.$$

Le sulfure de zinc précipité est blanc, très soluble dans les acides; le sulfure naturel (blende) ne s'y dissout que difficilement.

Le sulfure de manganèse précipité est rose, et brunit à l'air. Les deux sulfures de fer FeS et Fe^2S^3, les sulfures de nickel et de cobalt, NiS et CoS, sont noirs.

3° Sulfures qui ne sont attaquables que par les acides concentrés. On les obtiendra en traitant un sel dissous par l'acide sulfhydrique. C'est parmi eux que l'on rencontre les sulfures solubles dans le sulfure d'ammonium; on pourrait également les obtenir au moyen de ce dernier réactif, mais il faut éviter de l'employer en excès.

a) Insolubles dans le sulfure d'ammonium : le *sulfure de cadmium*, CdS, est *jaune;*

Le sulfure stanneux SnS est *brun chocolat ;*

Les deux *sulfures de cuivre* Cu^2S et CuS, le *sulfure d'argent* Ag^2S, le *sulfure de plomb* PbS, le *sulfure de mercure* HgS, sont noirs; le sulfure de mercure naturel (cinabre) est violacé; il existe des sulfures artificiels rouge vif (vermillon), que l'on prépare par voie sèche.

b) Solubles dans le sulfure d'ammonium : le *sulfure stannique*, SnS^2, est jaune;

Le *sulfure d'or*, Au^2S^3, est noir.

Tous les sulfures solides, soumis à l'action d'un acide (concentré et chauffé s'il est nécessaire), dégagent de l'acide sulfhydrique ; en dehors des monosulfures tels que K^2S, on connaît des *polysulfures* alcalins (K^2S^n), qui, avec les acides, donnent un précipité de soufre et de l'acide sulfhydrique.

Chlorures. 188. — Ils correspondent encore aux oxydes, par substitution de 2×35,5 de chlore à 16 d'oxygène, mais leurs fonctions sont très différentes ; ce sont des sels de l'acide chlorhydrique.

Ils sont plus fusibles que les sulfures, et volatils ; un assez grand nombre d'entre eux ont pu servir à établir les lois de Raoult, parce que la détermination de leur densité de vapeur est possible. Les protochlorures sont stables vis-à-vis de la chaleur, qui chasse une partie du chlore de certains perchlorures tels que le chlorure *platinique* $PtCl^4$, transformé à 330° en chlorure *platineux* $PtCl^2$.

Presque tous les protochlorures sont solubles et fortement dissociés en solution, car ils sont neutres. Quelques-uns d'entre eux sont partiellement détruits quand on ajoute un grand excès d'eau à la solution ; tel est le chlorure stanneux, $SnCl^2$, qui donne dans ce cas de l'acide chlorhydrique et de l'hydrate $Sn(OH)^2$.

Les seuls chlorures insolubles sont au nombre de quatre, tous blancs, mais faciles à distinguer.

Chlorure cuivreux $CuCl$: se dissout dans l'ammoniaque en donnant une une liqueur bleue.
Chlorure mercureux $HgCl$: noircit au contact de l'ammoniaque.
Chlorure d'argent $AgCl$: se dissout dans l'ammoniaque.
Chlorure de plomb $PbCl^2$: l'ammoniaque n'exerce sur lui aucune action ; il est soluble dans l'eau bouillante, et cristallise par refroidissement.

Il suffit de traiter par l'acide chlorhydrique ou un chlorure dissous un sel des métaux précédents pour précipiter le chlorure.

Les chlorures solides dégagent tous de l'acide chlorhydrique quand on les chauffe avec de l'acide sulfurique. Les chlorures dissous précipitent par l'azotate d'argent, ou l'acétate de plomb.

Sulfates. 189. — Ils sont tous solides et fixes ; ils sont solubles dans l'eau à l'exception du sulfate de baryum, dont le seul dissolvant est l'acide sulfurique concentré et bouillant, et du sulfate de plomb, très peu soluble.

Les sulfates alcalins neutres ne sont pas altérés par la chaleur, qui est également sans action sur les sulfates alcalino-terreux; mais les sulfates acides sont détruits en donnant des *disulfates* (*L.*, 106), puis des sulfates neutres et de l'anhydride sulfurique.

$$2\,HNaSO^4 = H^2O + Na^2S^2O^7.$$
$$Na^2S^2O^7 = SO^3 + Na^2SO^4.$$

Les sulfates métalliques sont détruits plus ou moins facilement par la chaleur. Ainsi le sulfate de plomb ne se décompose qu'au-dessus de 1000°; le sulfate ferreux est détruit au rouge, en donnant de l'acide disulfurique; les autres donnent de l'anhydride sulfureux, et l'oxyde ou le métal (**181**).

Les sulfates sont réduits par le charbon. Avec les sulfates alcalino-terreux et alcalins, on a des sulfures; avec les métaux dont les oxydes sont facilement réduits par le charbon, on peut avoir le métal lui-même (préparation de SBa, **149**; métallurgie du plomb, **158**).

$$BaSO^4 + 4C = SBa + 4CO.$$
$$PbSO^4 + C = CO^2 + SO^2 + Pb.$$

100. — Les sulfates dissous sont aisément caractérisés par le chlorure ou l'azotate de baryum; quant au sulfate de baryum, on peut le transformer en sulfate de sodium en le chauffant fortement dans un creuset de platine avec un excès de carbonate de sodium après l'avoir réduit en poudre fine; en traitant par l'eau chaude on dissoudra le sulfate de sodium, que l'on caractérisera.

$$BaSO^4 + Na^2CO^3 = BaCO^3 + Na^2SO^4.$$

Azotates. 101. — Ils sont tous solides; ils sont solubles dans l'eau, à l'exception de quelques sels basiques. Tous sont détruits par la chaleur, et la destruction est facilitée par la présence de corps oxydables. Il y a deux modes de destruction de ces sels. Avec les azotates alcalins, on a un azotite; la réduction des autres est plus profonde.

$$2KAzO^3 = 2KAzO^2 + O^2.$$
$$2Ca(AzO^3)^2 = 2CaO + 4AzO^2 + O^2.$$

La destruction des azotates, que l'on peut toujours purifier par cristallisation, fournit un excellent procédé de préparation des oxydes purs, appliqué en particulier pour la chaux, les oxydes cuivrique et mercurique.

102. — Les azotates solides donnent des vapeurs rouges de peroxyde d'azote quand on les chauffe avec de l'acide sulfurique, et de la tournure de cuivre ou du sulfate ferreux. Ils fusent sur des charbons ardents (étincelles).

Une solution d'azotate, versée sur du sulfate ferreux pulvérisé et arrosé d'acide sulfurique, colore le sulfate en rouge brun; il s'est fait de l'acide azotique, que le sel ferreux a réduit à l'état de bioxyde d'azote; le bioxyde se combine au sulfate ferreux en produisant la coloration observée.

Carbonates. 103. — Ces sels sont tous solides et fixes, sauf le carbonate d'ammonium qui est volatil. Les seuls qui résistent à l'action de la chaleur sont les carbonates alcalins neutres et le carbonate de baryum.

Les bicarbonates alcalins sont très facilement détruits en dégageant de l'anhydride carbonique et de l'eau, et laissent le carbonate neutre; tous les autres carbonates sont détruits à une température généralement inférieure au rouge, et laissent comme résidu l'oxyde, à moins que ce dernier ne soit lui-même détruit, comme c'est le cas pour l'argent.

$$2HNaCO^3 = H^2O + CO^2 + Na^2CO^3.$$
$$CaCO^3 = CaO + CO^2.$$
$$2Ag^2CO^3 = 4Ag + O^2 + 2CO^2.$$

Les carbonates alcalins et les carbonates acides des métaux alcalino-terreux sont seuls solubles dans l'eau. Ils ont une réaction alcaline au tournesol.

191. — Tous les carbonates donnent avec les acides un dégagement de gaz carbonique.

On obtient très facilement les carbonates métalliques en traitant un sel dissous par le carbonate de sodium. Les carbonates précipités sont presque tous blancs; $NiCO^3$ est vert clair, $CoCO^3$ rose, $CuCO^3$ bleu verdâtre. $FeCO^3$ verdit très vite à l'air; les sels ferriques et les sels d'aluminium, avec le carbonate de sodium, ne donnent pas de carbonate, mais un *précipité* d'hydrate.

Nous résumerons, dans les tableaux qui suivent, les caractères des principaux métaux et des acides.

195. — Caractères des métaux.

P = PRÉCIPITÉ. L = LIQUEUR.

MÉTAUX	RÉACTIFS						RÉACTIONS PARTICULIÈRES	OBSERVATIONS
	ACIDE CHLORHYDRIQUE	ACIDE SULFHYDRIQUE	SULFURES ALCALINS ET SULFURE D'AMMONIUM	ALCALIS (Potasse ou soude)	AMMONIAQUE	CARBONATES ALCALINS ou carbonate d'ammonium		
Sodium.	»	»	»	»	»	»	»	»
Potassium.	»	»	»	»	»	»	Avec le *chlorure de platine* en liqueur concentrée, P jaune cristallin, très peu soluble dans l'alcool.	»
Ammonium.	»	»	»	Odeur ammoniacale quand on chauffe et dégagement d'un gaz qui bleuit le papier tournesol rouge.	»	»	Avec le *chlorure de platine* en liqueur concentrée, P jaune insoluble dans le mélange d'alcool et d'éther, qui calciné donne la mousse de platine.	»
Calcium.	»	»	»	P blanc.	P blanc.	P blanc.	P blanc avec l'*oxalate d'ammonium*.	Le sulfate de calcium est légèrement soluble dans l'eau.
Baryum.	»	»	»	P blanc.	P blanc.	P blanc.	P blanc, très dense, avec l'acide sulfurique et les sulfates.	Le seul dissolvant du sulfate de baryum est l'acide sulfurique concentré et bouillant.
Magnésium.	»	»	»	P blanc gélatineux, soluble dans les sels ammoniacaux.	P blanc, soluble dans les sels ammoniacaux.	P blanc, soluble dans les sels ammoniacaux.	Avec un *phosphate alcalin* et du *chlorure d'ammonium*, P cristallin.	Les carbonates alcalins ne précipitent pas les sels magnésiques en présence des sels ammoniacaux.
Zinc.	»	»	P blanc.	P blanc, soluble dans un excès de réactif.	P blanc, soluble dans un excès de réactif.	P blanc.	»	»
Aluminium.	»	»	P gélatineux, soluble dans les acides et les alcalis.	P gélatineux, soluble dans un excès de réactif.	P gélatineux.	P gélatineux, d'alumine, dégagement de CO^2.	»	»
Manganèse.	»	»	P rose.	P blanc, brunissant à l'air.	La liqueur brunit à l'air.	P blanc rosé.	»	Pas de P dans l'ammoniaque, ou en présence des sels ammoniacaux.
Fer. Sels ferreux.	»	»	P noir.	P vert sale, devenant brun rouge à l'air.	Comme avec la potasse et la soude.	P blanc verdissant à l'air.	»	Les sels ferreux réduisent le chlorure d'or.
Fer. Sels ferriques.	»	P blanc.	P noir.	P brun rouge.	Comme avec la potasse et la soude.	P brun rouge, et dégagement de gaz carbonique.	Avec le *ferrocyanure de potassium* ou cyanure jaune, précipité de *bleu de Prusse*.	Le précipité blanc avec l'acide sulfhydrique est un précipité de soufre.

MÉTAUX	RÉACTIFS ACIDE CHLORHYDRIQUE	ACIDE SULFHYDRIQUE	SULFURES ALCALINS ET SULFURE D'AMMONIUM	ALCALIS (Potasse ou soude)
Nickel.	»	»	P noir.	P vert clair, inaltérable à l'air, soluble dans l'ammoniaque (L bleue).
Cobalt.	»	»	P noir.	P bleu devenant rose si on fait bouillir (sel basique).
Cuivre. Sels cuivriques.	»	P noir.	P noir.	P bleu gélatineux, insoluble dans un excès de réactif, soluble dans l'ammoniaque.
Mercure. Sels mercureux.	P blanc, noircit par l'ammoniaque.	P noir.	P noir.	P noir.
Mercure. Sels mercuriques.	»	P noir.	P noir.	P jaune.
Plomb.	P blanc, soluble dans l'eau bouillante, cristallisant par refroidissement.	P noir.	P noir.	P blanc, soluble dans un excès de réactif.
Etain. Sels stanneux.	»	P marron clair.	P marron clair.	P blanc, soluble dans un excès de réactif.
Etain. Sels stanniques.	»	P jaune, soluble dans le sulfure d'ammonium.	P jaune, soluble dans un excès de réactif.	P blanc gélatineux, soluble dans un excès de réactif.
Argent.	P blanc, devenant violet à la lumière, soluble dans l'ammoniaque et l'hyposulfite de sodium.	P noir.	P noir.	P brun clair, soluble dans l'ammoniaque.
Or.	»	P noir, ne se formant qu'en liqueur acide, soluble dans le sulfure d'ammonium.	P noir, soluble dans un excès de réactif.	P brun, soluble dans un excès de réactif.

MÉTAUX	RÉACTIFS AMMONIAQUE	CARBONATES ALCALINS ou carbonate d'ammonium	RÉACTIONS PARTICULIÈRES	OBSERVATIONS
Nickel.	P vert clair, soluble dans un excès de réactif (L bleue).	P vert clair.	»	Les sels de nickel sont verts.
Cobalt.	P bleu, soluble dans un excès de réactif (L rouge).	P rose.	»	Les sels sont roses ou bleus.
Cuivre. Sels cuivriques.	P bleu gélatineux, soluble dans un excès de réactif (L bleu foncé, eau céleste).	P bleu verdâtre.	»	Les sels de cuivre sont bleus ou verts.
Mercure. Sels mercureux.	P noir.	P blanc sale, devenant noir.	»	»
Mercure. Sels mercuriques.	P blanc, soluble dans un excès de réactif.	P rouge brun de carbonate basique.	»	En présence d'un sel ammoniacal, les carbonates alcalins donnent un P blanc (composé ammonio-mercurique).
Plomb.	P blanc, insoluble dans un excès de réactif.	P blanc.	»	»
Etain. Sels stanneux.	P blanc, insoluble dans un excès de réactif.	P blanc, dégagement de gaz carbonique.	Avec le *chlorure d'or*, précipité violacé (*pourpre de Cassius*).	»
Etain. Sels stanniques.	P blanc, insoluble dans un excès de réactif.	P blanc, dégagement de gaz carbonique.	»	Les seuls sels solubles sont : le chlorure, le bromure et les stannates alcalins.
Argent.	P brun clair, soluble dans un excès de réactif.	»	»	»
Or.	P jaune (or fulminant).	»	P violacé avec le mélange de *chlorures stanneux* et *stannique*. — P noir avec le *sulfate ferreux*.	Le seul sel soluble est le chlorure $AuCl^3$.

196. — Caractères des acides.

ACIDES	CHLORURE DE BARYUM	AZOTATE D'ARGENT	RÉACTIONS PARTICULIÈRES	OBSERVATIONS
Carbonique.	P blanc, soluble dans les acides avec effervescence.	P blanc, jaunit et noircit à la lumière, quand on chauffe légèrement.	Les carbonates font effervescence avec les acides.	»
Sulfurique.	P blanc, insoluble dans les acides autres que SO^4H^2 concentré.	P cristallin.	»	»
Azotique.	»	»	Les azotates sont détruits par l'acide sulfurique. L'acide azotique formé est réduit par le cuivre et le sulfate ferreux (vapeurs nitreuses).	»
Sulfhydrique.	»	P noir.	Les sulfures solubles font effervescence avec les acides ; le gaz dégagé possède une odeur caractéristique et noircit un papier imbibé d'acétate de plomb.	»
Chlorhydrique.	»	P blanc, soluble dans l'ammoniaque et l'hyposulfite de sodium ; devient violet à la lumière.	»	»

CHAPITRE VIII

NOTIONS SUR LES RÉACTIONS. — ÉQUILIBRES CHIMIQUES DISSOCIATION

Réactions. 197. — On a déjà vu (*L.*, 5) que les réactions n'ont lieu qu'au contact; toutes les autres circonstances restant les mêmes, une réaction entre deux corps est d'autant plus vive que la surface de contact est plus étendue. Ainsi, l'on diminue la violence de l'attaque, dans la préparation de l'acide chlorhydrique, en employant du chlorure de sodium fondu et débité en fragments assez gros. Inversement, le phosphore, qui s'oxyde lentement à l'air, quand il est en bâtons, s'enflamme lorsqu'il est très divisé (*L.*, **24**).

Les réactions sont toujours accompagnées de phénomènes thermiques; on appelle *exothermiques* celles qui dégagent de la chaleur, *endothermiques* celles qui en absorbent; mais on peut les envisager également sous un autre point de vue.

Réactions totales et réactions limitées. 198.— Un mélange de 2 volumes d'hydrogène et 1 volume d'oxygène détone au contact d'une flamme ou d'une étincelle électrique et se transforme intégralement en eau, en dégageant 69 cal-kg pour 18 gr. de mélange, si l'eau à la fin de l'expérience a pris l'état liquide; la température qui provoque l'explosion est voisine de 560°.

199. — Si on chauffe le même mélange à 620° dans un

tube de porcelaine encombré de fragments de porcelaine qui augmentent la surface de chauffe et empêchent, par leur masse, toute variation brusque de la température, les gaz se combinent sans explosion ; mais la réaction s'arrête lorsque 84 p. 100 environ du mélange ont été transformés en eau. On constate le même fait à toutes les températures comprises entre 180° et 800 ou 900° ; la fraction du mélange transformée en eau, très faible vers 200°, augmente graduellement avec la température, et à 900° la transformation est à peu près complète. La vapeur d'eau, chauffée à une température quelconque inférieure à 900°, n'éprouve pas trace de décomposition.

200. — Au-dessus de 1000° la vapeur d'eau se détruit ; l'hydrogène étant toujours capable de s'unir à l'oxygène, les deux réactions tendent à se limiter mutuellement ; et, en effet, *si l'on maintient à une température constante et supérieure à* 1000° *soit de la vapeur d'eau soit un mélange de* 2 *volumes d'hydrogène pour* 1 *d'oxygène*, on obtient un système complexe eau, oxygène et hydrogène, dont la composition est déterminée à chaque température pour une valeur donnée de la pression : mais, cette fois, la proportion de vapeur d'eau dans le mélange est d'autant plus faible que la température est plus élevée.

Les réactions qui présentent ce caractère sont dites *réversibles ;* celles qui dans des conditions déterminées ne peuvent se produire que dans un seul sens (**198**, **199**) sont *irréversibles*. Les premières sont toujours limitées ; les autres peuvent être, suivant le cas, totales ou limitées. La combinaison d'un acide et d'une base dissous est irréversible ; l'éthérification d'un alcool (*L.*, 333) est une réaction réversible.

Influence des conditions extérieures. 201. — La pression, l'état électrique, l'illumination, peuvent, comme la température, exercer une influence sur les réactions.

Ainsi le phosphore ne s'oxyde dans l'*oxygène pur, à une*

température déterminée, que si la pression du gaz est inférieure à une certaine limite qui croît avec la température.

A 5°	la pression limite est		428^mm^
11,[illegible]°		—	580^mm^
19,2°		—	760^mm^

En soumettant à une pression de plusieurs milliers d'atmosphères un mélange de fleur de soufre et de limaille de cuivre, qui ne réagissent pas à la pression ordinaire, on a pu obtenir du sulfure de cuivre CuS.

L'azote et l'hydrogène, sans action l'un sur l'autre à la température ordinaire, se combinent pour donner du gaz ammoniac sous l'action de l'effluve, c'est-à-dire dans un champ électrique alternatif suffisamment intense.

Point de réaction. 202. — La combinaison de deux corps n'est possible que si leur température dépasse une certaine valeur, variable d'une réaction à une autre, et que l'on appelle *point de réaction ;* pour l'oxygène et l'hydrogène, cette température est 180°.

Le point de réaction peut être très bas ; ainsi l'acide sulfurique ne rougit pas le tournesol au-dessous de —105° ; il n'attaque pas la soude au-dessous de — 80° (à cette température, le dégagement de chaleur est tel que l'éprouvette où l'on fait l'expérience est brisée) ; à —180°, le fluor n'attaque plus que l'hydrogène et les hydrocarbures. Il est vraisemblable qu'à une température suffisamment basse toute réaction devient impossible.

Vitesse de réaction. 203. — Les réactions ne sont pas *instantanées* en dépit de certaines apparences, comme l'explosion d'un mélange détonant, ou la précipitation d'un sulfate par le chlorure de baryum par exemple. En réalité, il faut toujours un temps *fini* pour qu'une réaction s'accomplisse, mais ce temps peut varier dans de très larges limites. On définit la vitesse de réaction par l'accroissement qu'éprouve, dans l'unité de temps, la masse de l'un des corps qui se forme.

Dans les réactions dites *modérées*, l'augmentation de la masse des substances nouvelles et la diminution des masses actives rendent la vitesse de réaction de plus en plus faible; elle finit par être pratiquement nulle, et la réaction prend fin. C'est ce qui se produit en général quand la température ne peut pas s'élever rapidement. Par exemple, lorsqu'on attaque un excès de zinc par l'acide étendu, dans un flacon entouré d'eau froide, on voit le dégagement gazeux, d'abord très vif, se ralentir graduellement.

204. — Il en est autrement lorsque la réaction, fortement exothermique, a lieu dans des conditions qui permettent une rapide élévation de la température. La vitesse des réactions croissant parallèlement, il peut arriver que la réaction, au lieu de s'amortir, s'accélère; c'est un phénomène de ce genre qui oblige à surveiller la préparation de l'anhydride sulfureux par le cuivre et l'acide sulfurique, et à cesser de chauffer quand le dégagement devient trop violent.

Réactions explosives. 205. — Enfin il y a des systèmes dans lesquels la réaction, amorcée en un point, s'étend aux parties voisines avec une vitesse tellement grande que la masse entière se transforme en un temps extrêmement court; la réaction est alors *explosive* : combustion d'une traînée de poudre, d'un fil de fulmi-coton par exemple. Dans la nitroglycérine (*L.*, 339), cette *vitesse de propagation*, qu'il ne faut pas confondre avec la vitesse de réaction définie plus haut, atteint 6000 mètres par seconde.

Les *explosifs* usuels sont ou bien des corps qui se détruisent rapidement en dégageant une grande quantité de chaleur et donnant naissance à des produits gazeux dont la pression en vase clos peut devenir énorme (nitroglycérine, fulmi-coton, acétylène liquide par exemple), ou bien des mélanges de corps capables de réagir entre eux dans des conditions déterminées, choc, élévation de température, explosion d'une capsule de fulminate, etc. (poudre de chasse).

La pression peut influer beaucoup sur les propriétés explosives d'un corps ou d'un mélange ; par exemple, l'acétylène, très stable sous la pression ordinaire, se comporte comme un explosif si sa pression dépasse 2 atmosphères. Par contre, un mélange d'oxygène et de phosphure d'hydrogène fait sous la pression normale détone si l'on vient à diminuer brusquement la pression.

La réaction de l'oxygène sur l'hydrogène n'est explosive que si le rapport du volume de l'oxygène à celui de l'hydrogène est compris entre 16 et 0,1 ; hors de ces limites, les gaz s'unissent sans explosion. On a vu de plus (**198, 199**) qu'une même réaction peut être ou n'être pas explosive suivant les circonstances.

206. — Les réactions irréversibles sont toujours exothermiques ; un grand nombre d'entre elles sont spontanées dans les conditions ordinaires, c'est-à-dire se produisent dès que les corps sont au contact, ou peuvent être aisément provoquées. Exemples : action de l'acide chlorhydrique sur la soude, combustion du phosphore, préparation de l'hydrogène, du gaz carbonique, explosion des mélanges gazeux.

Le signe thermique des réactions réversibles change avec le sens de la réaction ; ainsi la destruction de la vapeur d'eau en ses éléments absorbe de la chaleur, tandis que la combinaison des gaz hydrogène et oxygène en dégage.

ÉQUILIBRES CHIMIQUES

Différentes espèces d'équilibre. 207. — On dit qu'un système chimique est en équilibre lorsque aucune réaction ne s'y produit ; cela peut tenir à plusieurs causes, dont on pourra se former une idée en considérant les trois exemples qui suivent :

1° Une roue de bicyclette bien centrée a son axe horizontal; si elle est parfaitement réglée, c'est-à-dire si les frottements sont négligeables, sa position d'équilibre naturel correspond à la verticalité du diamètre qui passe par la valve; écartée de cette position, la roue y revient après avoir oscillé. Elle est dans son état stable.

2° La même roue est calée dans une position quelconque par un serrage exagéré de l'écrou de réglage, ou arrêtée par un obstacle. Il suffira de desserrer complètement et brusquement l'écrou, ou d'écarter l'obstacle, pour que la roue revienne d'un mouvement accéléré vers sa position d'équilibre, et oscille quelque temps autour d'elle avant de s'y fixer. Mais on peut, en modifiant le serrage de l'écrou, produire de légers frottements dont l'effet sera le suivant : la roue, amenée par exemple à 90° de sa position d'équilibre, puis abandonnée à elle-même, n'y reviendra pas exactement; elle s'arrêtera dans son mouvement de retour, lorsque le moment de la force motrice par rapport à l'axe qui devient de plus en plus faible à mesure que la valve descend, sera insuffisant pour vaincre la *résistance de frottement*. En desserrant progressivement l'écrou on pourra ramener le diamètre de la valve de plus en plus près de la verticale, c'est-à-dire arrêter la roue dans la position que l'on voudra. Mais son immobilité est alors due à l'intervention d'une *résistance passive* ayant uniquement pour effet d'annihiler la force motrice, qui est ici le poids de la valve. Nous dirons que la roue, soit calée, soit arrêtée par le frottement, est en état de *faux équilibre*.

3° Le *ludion* des cabinets de physique est en équilibre sous l'action de son poids et de la poussée du liquide; on conçoit qu'en modifiant convenablement la pression de l'air à la partie supérieure de l'éprouvette on puisse faire émerger plus ou moins le flotteur, mais, dans toutes les positions qu'il prend, il est en *équilibre vrai* sous l'action de deux forces égales, et reste capable de se mouvoir dans deux sens opposés, suivant que l'une ou l'autre devient prépondérante.

208. — 1° Au premier exemple correspondent l'eau ou sa

vapeur au-dessous de 1000°, des solutions de sulfate de baryum ou de chlorure de sodium; ce sont des systèmes parfaitement stables, au sein desquels aucune réaction ne saurait se produire tant que les conditions resteront les mêmes.

2° Au second exemple correspond un mélange formé d'oxygène et d'hydrogène au-dessous de 180°; il constitue un système *hors d'équilibre*, comme la roue calée ou bloquée; il se transforme intégralement en eau sous l'action d'une étincelle. Le même mélange chauffé entre 180° et 900° dans le tube de porcelaine rempli de fragments de porcelaine rappelle la roue mal réglée; il y a réaction jusqu'à ce que les résistances passives — dont nous ignorons la nature, mais qui sont diminuées par une élévation de température — annulent la vitesse de réaction; l'eau étant indestructible dans ces conditions, la transformation n'est possible que dans un seul sens. L'état stable pour le système H^2, O au-dessous de 1000° est *l'état d'eau*, solide, liquide ou gazeuse; les mélanges complexes obtenus entre 180° et 900° sont en état de *faux équilibre*, d'autant plus voisins de la stabilité que la température est plus élevée.

Le travail des forces qui amènent un système mécanique à l'état stable est toujours positif; de même une réaction qui fait passer un système chimique d'un état de faux équilibre à un état stable est toujours *exothermique*. Et de même que le travail à effectuer pour libérer un système mécanique gêné (déplacer une cale, par exemple) est hors de proportion avec le travail que donneront ces forces, de même la quantité de chaleur à fournir pour détruire les résistances passives qui cèdent devant l'élévation de la température est sans relation avec la chaleur que dégagera la réaction une fois déclenchée; c'est ainsi que la même étincelle pourra provoquer l'explosion de 18 milligrammes, ou de 18 grammes de mélange tonnant, correspondant à des dégagements de chaleur qui sont entre eux dans le rapport de 1 à 1000.

Nous rappellerons que les liquides surfondus, les solutions

sursaturées, sont également des systèmes à l'état de faux équilibre.

3° A l'exemple du ludion correspondent la vapeur d'eau ou le mélange H^2, O, chauffés au-dessus de 1000°; on a affaire à un *équilibre vrai*, dû à la limitation de deux réactions inverses, union des éléments d'une part, destruction de la vapeur d'eau d'autre part. Le rapport de la masse d'hydrogène libre à sa masse totale change avec la température, et croît en même temps qu'elle. L'éthérification d'un alcool donne également lieu à un équilibre vrai.

209. — Quand on soumet un système chimique à une série de températures graduellement croissantes, on observe

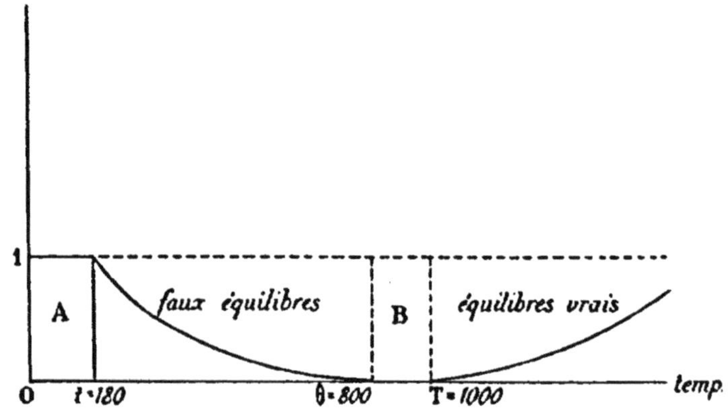

Fig. 20. — Combinaison de l'hydrogène et de l'oxygène. — Région A; les gaz ne se combinent pas; région B, la vapeur d'eau ne se décompose pas. — Pour l'oxygène et l'oxyde de carbone les phénomènes se passent d'une manière analogue : $t = 195°$.

souvent des phénomènes analogues à ceux qui ont été signalés pour le système H^2 et O, et qui peuvent être commodément représentés par une courbe (*fig.* 20) dont les abscisses figurent les températures, et les ordonnées le rapport de la masse libre de l'un des corps à sa masse totale.

Au-dessous du point de réaction *t* la réaction n'a pas lieu (région A); entre le point de réaction et une température θ plus élevée, il y a réaction partielle d'autant plus avancée que la température est plus élevée, *lorsque les conditions de l'expérience ne permettent pas à la température d'éprouver de variation brusque et importante;* s'il n'en est pas ainsi, la réaction peut devenir très rapidement totale (explosion) entre 0 et une température plus élevée T (région B), la réaction est irréversible et totale. Au-dessus de T°, elle est devenue réversible, et il se produit des équilibres vrais, dus à la possibilité de deux réactions inverses. Nous ne nous occuperons que des équilibres vrais.

DISSOCIATION

210. — On a appelé *dissociations* les décompositions de corps limitées par la recombinaison des éléments séparés.

Si les produits de la dissociation se séparent d'eux-mêmes grâce à une différence d'état physique (système *hétérogène*), elle est facile à constater; mais il n'en est pas de même si ses produits forment avec le corps initial un *mélange homogène*, gazeux ou liquide.

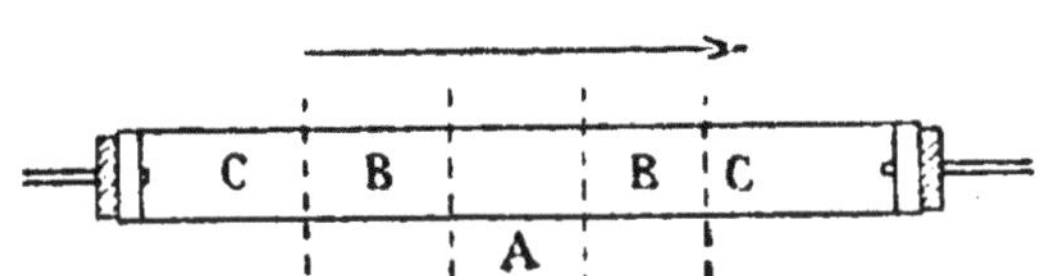

Fig. 21. — A, région de dissociation maxima; B, régions symétriques où la dissociation diminue quand on va vers les extrémités du tube; C, régions à dissociation nulle.

Si, par exemple, on se contente de faire passer un courant de vapeur d'eau dans un tube de porcelaine violemment chauffé dans un fourneau, les gaz sont bien séparés dans la partie médiane A du tube (*fig.* 21), mais, comme on a affaire en chaque point à un équilibre dépendant de la température qui y règne et s'établissant très rapidement, on voit que le mélange en approchant de la sortie du tube s'appauvrira en gaz libres jusqu'à n'en plus contenir C'est cette recombinaison des gaz par abaissement de température qu'il faut éviter.

Moyens de manifester la dissociation. *Séparation des produits par filtration.* **211.** — On fait passer de la vapeur d'eau entre un tube de porcelaine vernie et un tube de porcelaine poreuse qui en occupe l'axe (*fig.* 22) et reçoit un courant rapide de gaz carbonique; l'hydrogène, traversant

Fig. 22. — Appareil pour montrer la dissociation de la vapeur d'eau.

la paroi poreuse beaucoup plus vite que l'oxygène (**10**), sera entraîné par le gaz carbonique, et il restera dans l'espace annulaire de l'oxygène libre; on pourra recueillir les petites quantités de gaz ainsi isolées en faisant arriver les tubes abducteurs *t* et *t'* sous de longues éprouvettes dressées sur une cuve à potasse.

Refroidissement brusque. **212.** — Le courant de gaz à étudier traverse à très grande vitesse un tube de porcelaine bourré de fragments de porcelaine qui rendent la température à peu près uniforme dans tout l'espace chauffé; dans ces conditions, le refroidissement est assez brusque pour que les gaz mis en liberté n'aient pas le temps de se recombiner intégralement; le gaz carbonique qui a traversé cet appareil entraîne une petite quantité d'un mélange d'oxygène et d'oxyde de carbone.

Tube chaud et froid. **213.** — L'appareil a la même forme que celui de la figure 22, mais le tube central est en laiton mince, et parcouru par un courant d'eau froide extrêmement rapide; l'eau n'a pas le temps de s'échauffer, car sa masse est énorme relativement à celle du gaz chaud qui circule dans l'espace annulaire, et le tube métallique reste froid; on s'en assure en déposant sur ses parois une substance facilement altérable par la chaleur, comme la teinture de tournesol; elle ne subit aucune modification. On a donc réalisé dans un espace très réduit des températures très différentes, circonstance favorable au refroidissement rapide des gaz séparés; en disposant sur le tube des corps capables de s'unir à l'un des produits de la décomposition et inattaquables par le composé, on aura la preuve manifeste de la dissociation. C'est ainsi que le laiton amalgamé se recouvre de chlorure de mercure en présence de l'acide chlorhydrique, et le laiton argenté de sulfure d'argent en présence de l'anhydride sulfureux, bien que ces gaz n'attaquent pas à froid le mercure ou l'argent. Avec l'oxyde de carbone, on a sur le tube froid un dépôt de charbon.

Lois de la dissociation. — Les conditions qui régissent l'équilibre varient avec la constitution des systèmes complexes résultant de la dissociation.

Tension de dissociation. **214.** — Le cas le plus simple est celui d'un système hétérogène, tel que le fournit le carbonate de calcium qui, au-dessus de 500°, se détruit en chaux et gaz carbonique, en même temps que la chaux absorbe le gaz :

$$CaCO^3 \rightleftarrows CaO + CO^2.$$

Le carbonate chauffé en vase clos à température constante se détruit jusqu'à ce que la pression du gaz mis en liberté ait atteint une valeur déterminée, dépendant uniquement de la température et croissant avec elle, et que l'on appelle **pression** *ou* **tension de dissociation.**

A 547° la pression limite est 27^{mm}; elle est de 56^{mm} à 625°, de 760^{mm} à 812°, de 1 333^{mm} à 865°; l'équilibre est très lent à s'établir. Le vide étant fait à froid dans le tube (*fig.* 23), on le chauffe à 770°, par exemple, dans la vapeur de cadmium bouillant, la pression s'élève peu à peu et se fixe à 385^{mm}; si on enlève *rapidement* une certaine quantité de gaz sans faire varier la température, la pression remonte peu à peu à 385^{mm}, grâce à une décomposition nouvelle; si on refoule rapidement une certaine quantité de gaz, la pression baisse peu à peu jusqu'à 385mm, grâce à l'absorption de l'excès de gaz par la chaux. Si on élève rapidement la température, on voit la pression s'élever peu à peu et se fixer à une nouvelle valeur. L'équilibre persiste d'ailleurs si l'on vient à modifier d'une manière quelconque les masses de chaux et de carbonate en présence, et même la masse du gaz, à la condition que l'on fasse varier en même temps son volume de manière à maintenir sa pression constante. *L'équilibre est donc uniquement réglé, à chaque température, par la pression du gaz, c'est-à-dire la masse de gaz par unité de volume*, ou, comme on dit encore, par la *concentration du gaz.*

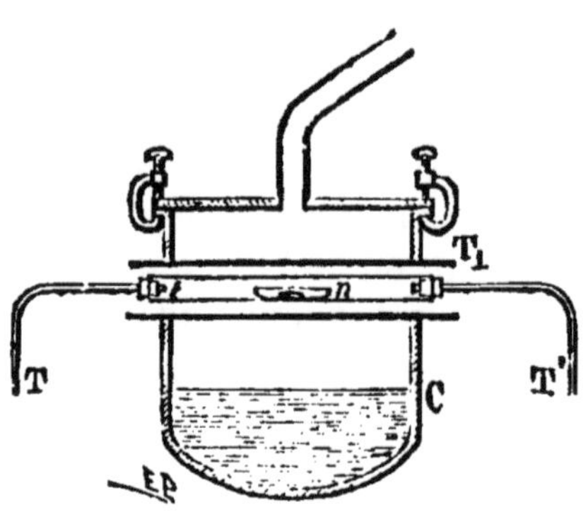

Fig. 23. — Dissociation du carbonate de calcium. — *n*, nacelle à carbonate de calcium; T¹, tube en fer; *t*, tube en porcelaine; T, va à la pompe à gaz; T', va au manomètre; C, chaudière contenant le corps dont l'ébullition réalisera la température constante à obtenir, et chauffée dans un fourneau.

Il est indépendant de la manière dont on l'obtient; le résultat est le même, que l'on chauffe $CaCO^3$, ou bien CO^2 et CaO séparés, seuls ou en présence $CaCO^3$.

Il est facile de représenter graphiquement la loi du phénomène. Chaque point de la courbe, appelée *courbe de dissociation*, correspond à un état particulier d'équilibre (*fig.* 24). Dans les conditions de température et de pression représentées par les coordonnées d'un point M à droite de la courbe, un système *chaux*, *carbonate*, *gaz carbonique* est le siège d'une destruction de carbonate; les coordonnées d'un point M' à gauche correspondent, au contraire, à une absorption de gaz par la chaux. On remarquera l'analogie de ces lois avec celles de la vaporisation dans le vide.

Elles s'appliquent à tous les systèmes comparables au précédent, tels que les hydrures KH, NaH que la chaleur détruit en dégageant de l'hydrogène, les composés du gaz ammoniac avec les chlorures métalliques, notamment avec le chlorure d'argent.

Chauffé dans un courant de gaz carbonique, le calcaire ne se détruirait qu'à une température supérieure à celle pour laquelle la tension de dissociation est égale à la pression atmosphérique (812°). Dans un courant d'air il se décompose à une température inférieure, parce que l'anhydride produit est constamment entraîné, et que l'équilibre ne peut pas s'établir. C'est là un fait général.

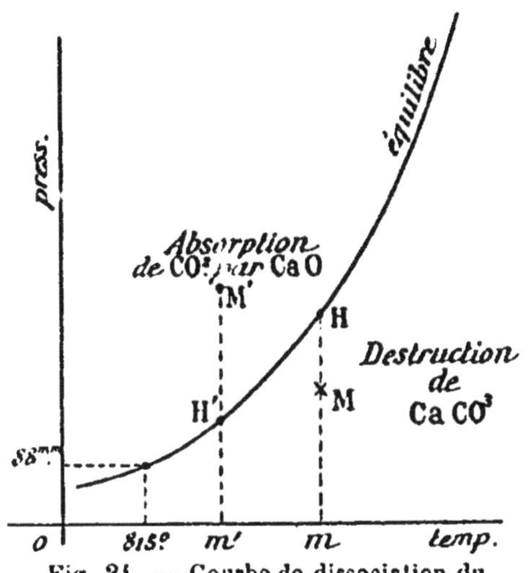

Fig. 21. — Courbe de dissociation du carbonate de calcium.

215. — L'*efflorescence* et la *déliquescence* (**104**) des hydrates salins sont des phénomènes de dissociation. En plaçant ces hydrates dans des récipients clos en relation avec une pompe à gaz et un manomètre, on reconnaît qu'ils perdent de l'eau sous forme de vapeur jusqu'à ce que la pression de la vapeur atteigne une limite qui est fonction de la température. Abandonnés à l'air libre, ils perdent de l'eau ou en absorbent suivant que la tension de dissociation est supérieure ou inférieure à la force élastique de la vapeur d'eau dans l'air; l'efflorescence et la déliquescence ne sont donc pas des propriétés spécifiques d'un sel donné. Et, en effet, tous les hydrates sont efflorescents dans le vide sec.

216. — Les phénomènes se compliquent si certains produits de la dissociation peuvent former soit entre eux soit avec le corps non dissocié des mélanges homogènes; il n'y n'a plus alors de tension fixe de dissociation. Ainsi, l'oxyde cuivrique chauffé donne lieu à la dissociation

$$2CuO \rightleftarrows Cu^2O + O.$$

Au-dessous de 1000° les oxydes, solides, restent séparés, il y a une tension fixe de dissociation. Mais, au-dessus, l'oxyde cuivrique fond et dissout l'oxyde cuivreux; la pression d'oxygène qui limite la décomposition dépend alors, à une température déterminée, de la composition du mélange liquide des oxydes.

Mélanges homogènes. **217.** — Lorsque les produits de la dissociation forment avec le corps non dissocié un mélange homogène, l'étude de l'équilibre devient plus difficile. Cependant, si l'on a affaire à une réaction assez lente, il sera possible d'analyser le système sans en modifier la composition d'une manière appréciable. C'est ce qui a lieu par exemple avec l'acide iodhydrique, qui se dissocie à partir de 180°.

$$2HI \rightleftarrows I^2 + H^2.$$

On met dans des ballons que l'on scelle ensuite, soit de l'iode et de l'hydrogène, soit de l'acide iodhydrique; après avoir chauffé un temps suffisant pour que l'équilibre soit établi (1), on refroidit brusquement le ballon à examiner en le plongeant dans l'eau bouillante; l'iode libre se solidifie, et on analyse le mélange gazeux en ouvrant le ballon sur une solution de sel marin, qui absorbe l'acide iodhydrique.

On a trouvé que : 1° *Le rapport de l'hydrogène libre à l'hydrogène total*, ou **fraction de dissociation,** *est le même que l'on parte du système* III *ou du système* I *et* II *séparés;*

2° *Ce rapport augmente avec la température et ne paraît pas influencé par la pression;*

(1) On s'en assure en chauffant à la fois plusieurs ballons identiques, et les examinant successivement à intervalles réguliers; si deux essais consécutifs donnent le même résultat, on peut admettre que l'équilibre est établi.

3° *Il est diminué par la présence d'un excès de l'un des éléments;*

4° *Le temps nécessaire à l'établissement de l'équilibre est d'autant plus court que la température est plus élevée; à une température donnée il est d'autant plus court que la pression est plus grande* (1).

218. — L'action d'un acide libre sur un alcool libre (*L.*, 333) donne également lieu à un équilibre homogène, l'éthérification étant limitée par la *saponification* de l'éther :

$$\text{alcool} + \text{acide} \rightleftarrows \text{éther} + \text{eau}.$$

Lorsqu'on met en présence les deux corps en proportions moléculaires, la limite est ici à peu près indépendante de la température; un excès d'alcool ou d'acide conduit à une éthérification plus avancée, un excès d'eau ou d'éther agit en sens inverse. La vitesse de transformation, très faible à froid, augmente quand la température s'élève, mais elle n'est jamais comparable à la vitesse de réaction d'un acide sur une base; un simple titrage acidimétrique permettra ici de suivre facilement la réaction.

Lois du déplacement de l'équilibre. **219.** — Les phénomènes d'équilibre sont régis par une loi très générale, que l'on peut énoncer de la manière suivante :

Toute modification dans les conditions auxquelles est soumis un système en équilibre développe dans le système des actions qui tendent à s'y opposer.

Elle conduit aux deux énoncés suivants :

1° *Si l'on fait varier d'une petite quantité la température d'un système en équilibre, on atteint un nouvel équilibre grâce à une réaction qui absorbe ou dégage de la chaleur*

(1) La combinaison ayant lieu sans variation de volume, la pression à une température quelconque est sensiblement égale au double de celle que prendrait dans le ballon la masse totale d'hydrogène, libre et combiné, qu'il renferme.

suivant que l'on a élevé ou abaissé la température (loi de Van t'Hoff).

La destruction de l'eau, du carbonate de calcium, absorbe de la chaleur ; l'élévation de la température élève le taux de la décomposition.

2° *Si l'on fait varier d'une petite quantité la pression à laquelle est soumis un système en équilibre, on atteint un nouvel équilibre grâce à une réaction qui diminue ou accroît le volume suivant que l'on a augmenté ou diminué la pression* (loi de Le Châtelier).

On remarquera qu'une diminution du volume du système correspond à une augmentation du volume de l'espace environnant, c'est-à-dire tend à y diminuer la pression. Un accroissement de pression dans un système *oxygène, hydrogène, vapeur d'eau* en équilibre augmente la proportion d'eau, la combinaison ayant lieu avec contraction ; de même l'augmentation de la pression dans le système *chaux, gaz carbonique, carbonate de calcium*, détermine la combinaison, qui correspond à une diminution du volume. La combinaison de l'iode et de l'hydrogène a lieu sans changement de volume, la pression n'influe pas sur la fraction de dissociation.

Autres exemples d'équilibre. 220. — La destruction au contact de l'eau du sulfate mercurique $HgSO^4$ en *sulfate basique* $HgSO^4,2HgO$, et acide sulfurique (**100**) aboutit à un équilibre qui est atteint lorsque la *concentration* de l'acide libre (c'est-à-dire la masse par unité de volume du liquide) a acquis une valeur déterminée fonction de la température, et qui à 12° est 67 grammes par litre. Une addition d'acide sulfurique fait repasser du sel basique à l'état de sel neutre jusqu'à ce que la limite soit de nouveau atteinte ; une addition d'eau détermine la précipitation d'une nouvelle quantité de sel basique, et la mise en liberté de la quantité d'acide nécessaire pour rétablir l'équilibre. Ces phénomènes exigent la présence simultanée du sulfate neutre, du sulfate basique et de l'eau ; on peut en effet étendre beaucoup une solution de sulfate mercurique dans l'eau acidulée sans faire apparaître le précipité jaune ; on a alors affaire à un faux équilibre analogue à une sursaturation.

Action des acides, des bases et sels sur les sels. 221. — On peut dire que ces réactions donnent toujours lieu à des équilibres, bien que dans certains cas, ceux où il se forme des précipités par exemple, elles semblent totales et irréversibles (précipitation de chlorure d'argent, sulfate de baryum, etc.). Il n'y a pas, en effet, de précipité *absolument insoluble*, et la réaction prend fin quand le liquide est *saturé* par rapport à la substance qui s'est déposée. Il peut d'ailleurs se produire des sursaturations, comme, par exemple, quand on traite un sel soluble de calcium par l'acide sulfurique ou un sulfate ou encore quand on traite par le chlorure de baryum une eau très peu séléniteuse; le dépôt du précipité peut tarder plus ou moins; on le provoque souvent en frottant la paroi du verre à expériences avec une baguette de verre. De plus, le sulfate de calcium, légèrement soluble, ne précipite jamais complètement. Mais lorsqu'il s'agit de corps tels que les sulfates de baryum et de plomb, le chlorure d'argent, le carbonate de baryum dans des liqueurs neutres, la proportion qui reste en solution est si faible qu'elle est *pratiquement négligeable* en analyse. Sous cette restriction, on pourra considérer comme complètes un assez grand nombre de précipitations.

D'une manière générale, les équilibres auxquels donnent lieu ces réactions s'établissent avec une très grande rapidité, et offrent par là un contraste remarquable avec l'éthérification. Cette rapidité, comparable avec la rapidité avec laquelle se mélangent deux gaz, par exemple, répond tout à fait à l'état de dissociation attribué aux solutions (**108**).

Lois de Berthollet. **222.** — On désigne ainsi les règles très simples auxquelles obéissent un grand nombre des réactions dont il s'agit, et qui sont comprises dans l'énoncé suivant :

Il y a réaction totale, quand on mélange un acide et un sel, une base et un sel, ou deux sels dissous, toutes les fois qu'il peut se former un corps insoluble ou volatil.

La précipitation de la silice par l'acide chlorhydrique, celle des hydrates métalliques par la potasse, des sulfures par l'acide sulfhydrique ou le sulfure d'ammonium; les doubles décompositions entre les sels solubles de baryum et les sulfates, entre l'azotate d'argent et les chlorures, les sels métalliques et les carbonates alcalins, répondent à la première condition; l'action de l'acide chlorhydrique sur le carbonate de sodium dissous, à la seconde (volatilité).

223. — Quand la double décomposition ne donne que des produits solubles (1), on a affaire à des équilibres homogènes.

Ainsi, avec l'acétate de strontium et l'azotate de potassium, on a la réaction

$$Sr(C^2H^3O^2)^2 + 2KAzO^3 \rightleftarrows Sr(AzO^3)^2 + 2KC^2H^3O^2;$$

elle est d'ailleurs assez lente; et, si au bout d'un temps suffisant on traite par un grand excès d'alcool éthéré qui dissout seulement les acétates, on trouve que 1/3 de l'acide azotique est sous forme de sel de strontium, 2/3 sous forme de sel de potassium.

Mais le plus souvent on ne peut pas analyser aussi simplement le système en équilibre. Il faut alors avoir recours à des méthodes physiques, dont nous donnerons un seul exemple. Soit, par exemple, à étudier l'action de l'acide azotique sur le sulfate de cuivre, que l'on peut représenter par

$$2HAzO^3 + CuSO^4 = mCu(AzO^3)^2 + mH^2SO^4 + (1-m)CuSO^4 + 2(1-m)HAzO^3.$$

On appelle *volume moléculaire* le volume occupé par la

(1) L'action d'un acide ou d'une base sur un sel est une véritable double décomposition comme le montrent les équations :

$$HCl + KC^2H^3O^2 = KCl + HC^2H^3O^2$$
$$KOH + AzH^4Cl = KCl + AzH^4OH.$$

solution qui, sous une masse de 1 kilogramme, contient une molécule-gramme de corps dissous; on le détermine aisément par des mesures de densité. Il est naturel d'admettre que le volume moléculaire du mélange de deux solutions *sans action réciproque* est égal à la somme des volumes des constituants; appelons v_1, v_2, v_3, v_4, dans l'ordre, les volumes moléculaires des quatre corps inscrits dans le second membre de l'équation; si on mélange deux solutions équivalentes de sulfate de cuivre et d'acide azotique, ou d'azotate de cuivre et d'acide sulfurique, la mesure de la densité donne pour les deux mélanges une même valeur V du volume moléculaire, qui n'est ni $v_3 + v_4$, ni $v_1 + v_2$. Il y a donc, dans les deux cas, action chimique, et le résultat est indépendant de l'ordre des opérations, ce qui est le caractère d'un véritable équilibre.

On aura m en résolvant l'équation

$$V = m(v_1 + v_2) + (1 - m)(v_3 + 2v_4)\ (1).$$

224. — D'une manière générale, on peut dire que deux acides de forces voisines se partagent une base, tandis qu'un acide fort détruit presque complètement un sel d'acide faible; de même un acide se partage entre deux bases de forces voisines, tandis qu'une base forte décompose presque complètement une base faible; quand un sel d'acide fort et de base faible est en présence d'un sel de base forte et d'acide faible; il y a échange presque intégral. Ainsi, quand on mélange des solutions d'acétate de sodium et de sulfate ferrique, on voit apparaître la coloration rouge de l'acétate ferrique.

225. — Sans insister sur ces faits dont l'étude détaillée ne peut être abordée ici, nous ferons remarquer qu'une simple solution offre déjà un équilibre entre les ions libres et la partie non dissociée; les réactions entre acides, bases et sels dissous sont intimement liées à leur état de disso-

(1) Il y a lieu de tenir compte d'une action que l'acide sulfurique (bibasique) exerce sur le sulfate de cuivre, et qui modifie un peu le résultat; l'expérience a donné : $m = 0,59$.

ciation, et dominées par les équilibres qui s'établissent dans ces milieux assez complexes.

Renversement des réactions. **226.** — Il arrive souvent qu'une simple addition d'eau renverse une réaction. Ainsi, le carbonate de calcium est attaqué par la potasse concentrée

$$CaCO^3 + 2KOH = K^2CO^3 + Ca(OH)^2,$$

tandis qu'en liqueur étendue c'est l'inverse qui a lieu (fabrication de la soude caustique, *L.*, 210).

De même, l'acide chlorhydrique concentré attaque à froid le sulfure d'antimoine pulvérisé, en dégageant de l'acide sulfhydrique, comme on le voit facilement en présentant un papier imbibé d'acétate de plomb au-dessus du verre où l'on fait la réaction.

$$Sb^2S^3 + 6HCl = 2SbCl^3 + 3H^2S.$$

Si on ajoute de l'eau, on voit apparaître un corps orangé, qui est du sulfure d'antimoine, dû à la réaction inverse, précipitation du chlorure d'antimoine dissous par l'acide sulfhydrique.

Ce sont encore les équilibres au sein des solutions qui règlent ces réactions.

Actions chimiques de l'électricité. 227. — On peut utiliser l'énergie électrique sous quatre formes différentes :

a) *L'étincelle.* — Elle agit vraisemblablement par sa température élevée et réalise les mêmes conditions que le tube chaud et froid, car la diffusion dans l'espace ambiant des gaz qui ont été en contact avec l'étincelle les refroidit très brusquement. En dehors de son pouvoir de provoquer l'explosion des mélanges gazeux, qui appartient aussi aux flammes, elle réalise des dissociations, et peut donner lieu à la production d'équilibres comme le montre la formation du peroxyde d'azote AzO^2 (*L.*, 140).

b) *L'arc électrique.* — C'est la plus puissante source de chaleur que l'on connaisse ; mais c'est aussi un courant de carbone gazeux ; les réactions qu'il détermine sont liées à la fois à la présence du carbone et à la température (synthèse de l'acétylène, réduction des oxydes ou des carbonates terreux avec formation de carbures métalliques...).

c) *L'effluve.* — C'est l'application à un système chimique d'un champ périodiquement variable et suffisamment intense ; les gaz soumis à l'effluve s'illuminent. Elle réalise des réactions endothermiques, comme la formation de l'ozone aux dépens de l'oxygène, mais donne rarement lieu à des équilibres véritables.

d) *Le courant.* — On ne peut le faire agir que sur les corps conducteurs, acides, bases et sels fondus ou dissous ; son action paraît purement destructive de l'équilibre établi entre les ions avant son passage ; des *actions secondaires* entre l'électrolyte, les électrodes et les ions donnent souvent naissance à des produits en apparence anormaux, tels que par exemple l'hypochlorite et le chlorate de potassium (*L.*, 74 et 75), l'éthane (*L.*, 278).

Actions chimiques de la lumière. 228. — Nous rappellerons la combinaison du chlore et de l'hydrogène, qui peut être également provoquée par la chaleur, la destruction des sels d'argent en présence des matières organiques, la réduction des sels ferriques dans les mêmes conditions. Nous citerons enfin l'action sur la *chlorophylle* des végétaux, qui aboutit à la destruction de l'anhydride carbonique et à la fixation du carbone dans les cellules. D'une manière générale, les réactions accomplies par l'énergie lumineuse sont des réactions irréversibles modérées, et la lumière intervient pour détruire les résistances passives ; la vitesse de réaction augmente avec l'intensité de la lumière.

Actions diverses. *Actions mécaniques.* **229.** — Ce sont encore des réactions irréversibles que déterminent certaines actions comme le choc, les vibrations, les frottements, qui n'interviennent ainsi que pour détruire des résistances passives. Nous citerons l'explosion des amorces, de la dynamite, du mélange de soufre et de chlorate de potassium sous l'action du choc ; l'anhydride hypochloreux Cl^2O détone si on frotte avec un archet le vase qui le contient ; le frottement d'une barbe de plume fait détoner l'*iodure d'azote* que l'on obtient en plaçant dans de l'ammoniaque concentrée de l'iode finement pulvérisé, laissant en contact pendant un quart d'heure environ, puis filtrant, débitant en petits fragments le filtre encore humide sur lequel est resté le produit, et laissant sécher doucement. De même on peut hâter la précipitation de certains corps qui restent facilement à l'état de sursaturation au moment de leur formation, comme le sulfate de calcium, en frottant avec une baguette de verre sur les parois du verre à expériences.

Actions catalytiques. **230.** — Un grand nombre de corps déterminent simplement par leur contact des réactions qui n'auraient pas lieu sans cela, ou activent des réactions lentes, sans subir eux-mêmes d'altération apparente ; on les appelle *catalyseurs*. Nous signalerons le platine, surtout à l'état finement divisé ou poreux (oxydation de l'alcool en présence du noir de platine, explosion d'un mélange détonant, combinaison de l'oxygène et de l'anhydride sulfureux au contact de la mousse de platine ou de la ponce platinée), un grand nombre d'oxydes métalliques (oxydes de manganèse ou de cuivre rendant régulière la destruction par la chaleur du chlorate de potassium). La plupart de ces actions n'ont pu encore être expliquées.

CHAPITRE IX

THERMOCHIMIE

231. — Dans l'ignorance où l'on est de la nature de l'énergie chimique, dont on sait seulement qu'elle peut se transformer en énergie électrique (dans les piles) ou en énergie calorifique (dans les combustions, par exemple), la seule méthode que l'on puisse appliquer à l'étude de cette énergie est la mesure des quantités de chaleur absorbées ou dégagées dans les réactions. Tel est l'objet de la *thermochimie.*

Méthodes thermochimiques. 232. — Les déterminations se font en effectuant les réactions au sein du calorimètre, toutes les fois que la chose est possible. On trouvera dans les traités de physique l'exposé des méthodes calorimétriques générales; nous nous bornerons à donner des exemples des principales opérations que l'on rencontre dans la calorimétrie chimique.

Il est commode de rapporter les quantités de chaleur mesurées aux masses qui figurent dans les équations chimiques, c'est-à-dire aux molécules-grammes. Si l'on prend comme unité la calorie-gramme, les nombres ainsi obtenus sont presque toujours très grands; et, comme l'approximation atteinte dans les mesures ne permet pas en général de compter sur l'exactitude du chiffre des unités, *on a pris l'habitude d'évaluer ces nombres en calories-Kg, les poids moléculaires étant toujours exprimés en grammes.*

233. — Le cas le plus simple est fourni par les réactions spontanées dans les conditions ordinaires, et dans lesquelles l'élévation de température des corps réagissants n'excède pas une dizaine de degrés. Soit, par exemple, à déterminer la chaleur de neutralisation de l'acide chlorhydrique par la soude, tous deux en solution très étendue. On commence par préparer deux solutions *équivalentes*, contenant par exemple, pour 2 litres de liquide, 36gr,5 d'acide et 40gr de soude ; on verse dans le calorimètre un volume connu de la solution acide, soit 200cm³, pesant p grammes, et dans une fiole en verre on met 200cm³ de la solution de soude, pesant p' grammes ; soient t et t' les températures des deux liquides, toujours très voisines ($t < t'$ par exemple). On vide ensuite la soude dans l'acide et on suit la marche du thermomètre ; soient T la température finale observée, c et c' les chaleurs spécifiques des solutions, P la capacité calorifique du calorimètre et de ses accessoires. En l'absence de tout phénomène thermique, la température finale aurait la valeur θ définie par la règle classique des mélanges :

$$p'c'(\theta - t) = (pc + P)(t' - \theta).$$

On a donc, en désignant par q la chaleur dégagée, qui a porté à T° la solution saline de chaleur spécifique c'' :

$$q = [(p + p')c'' + P](T - \theta).$$

Il n'y a plus qu'à multiplier par 10 le nombre trouvé pour avoir la chaleur dégagée rapportée à la molécule-gramme de chacun des corps.

S'il s'agit de la réaction d'un solide sur un liquide, ou de la détermination d'une chaleur de dissolution, le solide, pulvérisé, sera pesé et versé d'un seul coup dans le liquide placé d'avance dans le calorimètre ; on agitera constamment et on observera la marche du thermomètre. Le calcul se fait de la même manière.

Bombe calorimétrique. 234. — Les réactions qui développent une température élevée, comme les combustions, doivent être effectuées dans des appareils de construction spéciale, et placés dans le calorimètre. Le plus commode pour la détermination des chaleurs de combustion est la *bombe calorimétrique*, dont la figure 25 représente le modèle le plus simple. S'il s'agit d'un corps solide ou liquide, on le dispose au contact du fil *f*, puis on visse le couvercle, et on introduit de l'oxygène comprimé à 25 atmosphères (1); on place alors la bombe dans le calorimètre, et on provoque l'inflammation par une étincelle.

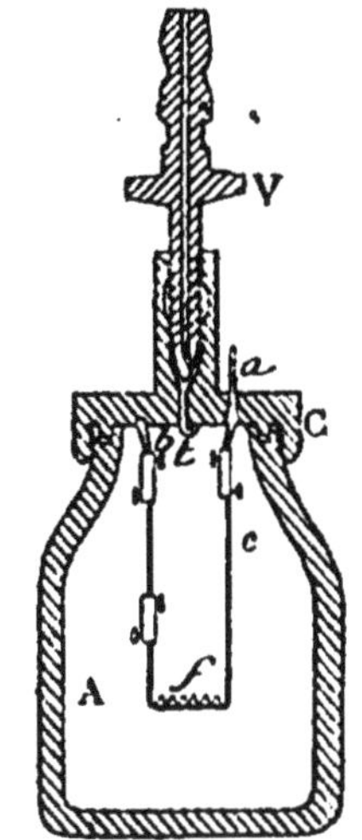

Fig. 25. — A, corps de la bombe, en acier émaillé intérieurement; C, couvercle vissé; V, robinet pointeau permettant de faire le vide et d'introduire des gaz; *a*, borne isolée des parties métalliques de l'appareil; *b*, *c*, fils de platine dont l'un *b* est soudé au couvercle; *f*, fil de fer très fin qui est porté au rouge et brûle quand on fait éclater une étincelle entre *a* et la bombe.

S'il s'agit d'un gaz, on l'introduit dans la bombe après y avoir fait le vide, puis on comprime l'oxygène et on fait détoner.

Nous verrons bientôt comment on arrive à connaître les quantités de chaleur mises en jeu dans les réactions, très nombreuses, que l'on ne peut effectuer dans le calorimètre.

Interprétation des résultats. 235. — Le nombre obtenu dans une expérience correspond à l'ensemble des transformations accomplies dans le calorimètre. En dehors de la réaction proprement dite, il a pu se produire des changements d'état physique, fusion, solidification, condensation de vapeurs..., qui tous donnent lieu à des phénomènes thermiques; on en tient compte en admettant que *la quantité de chaleur mesurée est la somme* **algébrique** *des quantités de chaleur correspondant aux diverses transformations considérées isolément* (2). Il est donc indis-

(1) Un excès d'oxygène est nécessaire pour que la combustion soit normale et complète, c'est-à-dire ne donne que des produits complètement oxydés; gaz carbonique et eau, par exemple, dans le cas d'une substance organique.

(2) C'est ce que l'on exprime quelquefois en disant que *la quantité de chaleur dégagée mesure la somme des travaux physiques et chimiques accomplis au sein du système*.

pensable de préciser très exactement l'état des divers corps du système avant et après la réaction, et de connaître les quantités de chaleur que mettent en jeu les transformations physiques d'un même corps (chaleurs de fusion, de vaporisation, etc.).

Ainsi, la combustion complète de l'hydrogène dans la bombe calorimétrique donne, pour 18 grammes d'eau formée, 69 calories-Kg. Mais à la fin de l'expérience l'eau a pris l'état liquide, tandis qu'au moment où elle s'est formée elle était gazeuse. Or, 18 grammes de vapeur d'eau dégagent environ 10 calories-Kg pour se transformer en eau à 15°. On en conclut que la formation de la vapeur d'eau dégage seulement 59 calories, et on écrit :

H^2 gaz + O gaz = H^2O gaz....... + 59 cal.
H^2 gaz + O gaz = H^2O liq........ + 69 cal (1).

Principe de l'état initial et de l'état final. — 236. — Ce principe, dont on peut admettre l'exactitude dans les conditions où s'effectuent d'ordinaire les réactions, s'énonce ainsi :

Si un système de corps pris dans des conditions déterminées éprouve des changements capables de l'amener dans un nouvel état sans donner lieu à aucun effet mécanique extérieur au système, la quantité de chaleur absorbée ou dégagée par l'effet de ces changements dépend uniquement de l'état initial et de l'état final du système ; elle est la même, quelles que soient la nature et la suite des états intermédiaires.

Il sert à calculer les quantités de chaleur correspondant aux réactions que l'on ne peut pas réaliser directement.

On en déduit immédiatement : 1° *Que la quantité de cha-*

(1) Il y aurait encore à considérer le travail mécanique accompli par la pression ou contre elle, dans les réactions à pression constante qui sont accompagnées d'une notable variation de volume (contraction pendant la combinaison de deux gaz, ou formation d'un gaz à partir de corps solides ou liquides, par exemple), mais la quantité de chaleur équivalente est généralement négligeable vis-à-vis de celle qui correspond aux réactions chimiques et aux changements d'état physique.

leur absorbée ou dégagée par la destruction d'un corps est exactement égale à la quantité dégagée ou absorbée par sa formation, pourvu que l'état initial dans le premier cas soit identique à l'état final dans le second, et réciproquement ;

2° *Que la quantité de chaleur dégagée dans une suite de réactions est la somme algébrique des quantités de chaleur dégagées dans chacune d'elles* (l'absorption d'une quantité $+q$ étant assimilée au dégagement de la quantité $-q$).

Exemples : on ne peut pas mesurer directement la chaleur de formation de l'oxyde de carbone, à côté duquel la combustion incomplète du charbon donne toujours du gaz carbonique, ni celles de l'acétylène et du protoxyde d'azote, ni la chaleur de transformation du carbone amorphe en diamant; mais on peut déterminer directement les chaleurs de combustion du charbon sous ses divers états, de l'acétylène, de l'oxyde de carbone, soit dans l'oxygène, soit dans le protoxyde d'azote. On agira alors ainsi :

Pour l'oxyde de carbone, par exemple, on prendra comme état initial C et O^2, et comme état final CO^2, et on passera de l'un à l'autre par les deux voies suivantes :

1° $C + O^2 = CO^2 \ldots + 94^{cal},3$;

2° $\left\{ \begin{array}{l} C_{diam} + O = CO \ldots + \quad x \\ CO + O = CO^2 \ldots\ldots + 68,2 \end{array} \right.$

d'après le principe, on a :

$$x + 68,2 = 94,3\,;$$

d'où :

$$x = + 26,1.$$

Pour l'acétylène, on ira du système initial C^2, H^2, 5O, au système $2CO^2$, H^2O par les deux voies suivantes :

1° $\left\{ \begin{array}{l} C^2 + H^2 = C^2H^2 \ldots\ldots\ldots\ldots\ldots\ldots\ldots\ldots \quad x \\ C^2H^2 + 5O = 2CO^2 + H^2O \ldots\ldots\ldots\ldots + 314,9 \end{array} \right.$

2° $C^2 + H^2 + 5O = \left\{ \begin{array}{l} 2CO^2 \ldots\ldots 2 \times 94,3 \\ + H^2O \ldots + \quad 69 \end{array} \right\} = 257,6\,;$

et on aura :

$$x + 314,9 = + 257,6,$$
$$x = - 57,3.$$

Pour le protoxyde d'azote, on ira du système Az^2, O, CO, au système Az^2, CO^2 :

$$1^o \begin{cases} Az^2 + O = Az^2O \dots\dots\dots\dots & x \\ Az^2O + CO = Az^2 + CO^2 \dots & +88,8 \end{cases}$$

$$2^o\ CO + O + Az^2 = CO^2 + Az^2 \dots + 68,2;$$

d'où :

$$x + 88,8 = +68,2,$$
$$x = -20,6.$$

Pour la transformation du carbone amorphe en diamant, on ira de C_{am} et O^2 à CO^2 :

$$1^o \begin{cases} C_{am} = C_{diam} \dots\dots\dots & x \\ C_{diam} + O^2 = CO^2 \dots & +94,3 \end{cases} \qquad 2^o\ C_{am} + O^2 = CO^2 \dots + 97,6;$$

d'où :

$$x + 94,3 = 97,6,$$
$$x = +3,3.$$

Enfin, on ne peut pas réaliser la synthèse directe de l'eau oxygénée, mais on peut déterminer au calorimètre la chaleur que dégage sa destruction en eau et oxygène, et on trouve +21,6 calories pour H^2, O^2. On imaginera alors que l'on aille de l'état initial eau, H^2O^2, à l'état final H^2O^2 dissoute.

$$1^o\ H^2 + O^2 + \text{eau} = H^2O^2 \text{ dissoute} \dots \quad x;$$

$$2^o \begin{cases} H^2 + O = H^2O_{liq.} \dots\dots\dots\dots & +69,0 \\ H^2O_{liq.} + O + \text{eau} = H^2O^2 \text{ dis.} & -21,6 \end{cases}$$

d'où :

$$x = 69,0 - 21,6 = +47,4.$$

La formation de l'eau oxygénée à partir des éléments, si elle était possible, dégagerait 47,4 calories.

237. — On peut utiliser les mesures calorimétriques pour l'étude des équilibres entre acides, bases et sels. Considérons deux sels MA et M'A' (M, M' A, A', désignent les métaux et les ions négatifs), dont les chaleurs de formation soient q et q'. Soient c et c' les chaleurs de formation des sels MA' et M'A; si la réaction

$$MA + M'A' = MA' + M'A$$

est complète, l'application du principe de l'état initial et de l'état final nous donnera pour la chaleur dégagée :

$$Q = c + c' - (q + q'),$$

car on peut raisonner comme si les premiers sels étaient d'abord détruits, leurs constituants se groupant ensuite autrement.

Si, en mélangeant les solutions, on trouve un dégagement de chaleur différent de Q, ce sera l'indice d'une réaction partielle, et on pourra calculer l'équilibre comme on l'a vu au paragraphe **221**. Tel est le principe de la méthode, dans l'application de laquelle il faudra naturellement tenir compte de toutes les circonstances de l'expérience.

Principe du travail maximum. 238. — Un grand nombre de réactions obéissent à une règle empirique très importante, qui porte le nom de principe du travail maximum, et peut s'énoncer de la manière suivante :

Les réactions qui se produisent d'elles-mêmes sont toujours exothermiques, et, quand plusieurs sont possibles, celle qui a lieu correspond au dégagement de chaleur maximum.

Il s'agit ici de réactions spontanées dans les conditions ordinaires de température et de pression, ou qui peuvent survenir *dans les systèmes hors d'équilibre* quand on a détruit les résistances passives, c'est-à-dire des *réactions irréversibles assez vives*. Il ne peut être question des équilibres; on se rappelle, en effet, que dans une réaction réversible, le phénomène thermique change de sens avec la réaction (**206**); par exemple, dans le système CaO, CO^2, $CaCO^3$, une diminution de la pression à température constante provoque la destruction du carbonate, réaction endothermique.

Avec ces restrictions, ce principe permet de prévoir, *en admettant par extension que toute réaction qui ne peut pas donner lieu à un équilibre se produira si elle dégage de la chaleur*, ce qui se passera dans des systèmes dont les constantes thermochimiques sont connues.

En voici des exemples : Mettons en présence les atomes-grammes Cl, Br, et K; trois réactions sont possibles; formation de KCl (+ 105,7 calories-Kg); 2° formation de KBr (+ 95,6 cal.); 3° formation des deux corps dans un certain rapport. D'après le principe, il ne se formera que KCl; c'est ce qui a lieu effectivement.

Mettons maintenant en présence une solution de bromure de potassium et 'u chlore. En appliquant le principe de l'état init ' et de l'état final à la réaction

$$\underset{90,4}{KBr\text{ dis.}} + Cl = \underset{101,2}{KCl\text{ dis.}} + Br.$$

et en admettant que la formation du chlorure est précédée de la destruction du bromure, on calculera pour la chaleur dégagée: 101,2 — 90,4 = 10,8 cal., car la formation de KBr dissous dégage + 90,4 cal., et celle de KCl dissous, 101,2.

L'acide sulfhydrique et l'oxygène mélangés, dans la proportion de 2 volumes du premier pour 3 du second, font explosion au contact d'une étincelle ou d'une flamme.

$$\underset{+4,8}{H^2S} + 3O = \underset{+58,2}{SO^2} + \underset{+69,2.}{H^2O.}$$

La réaction dégage 58,2 + 69,2 — 4,8 = 122,6 calories.

S'il n'y a pas assez d'oxygène, la réaction sera différente : les chaleurs de combustion *rapportées à 16 gr. d'oxygène* sont 29,1 pour le soufre et 69,2 pour l'hydrogène. C'est donc l'hydrogène qui doit brûler de préférence; la combustion incomplète donne lieu à la mise en liberté d'une certaine quantité de soufre.

230. — Les conditions d'application du principe sont en général les suivantes : réactions mettant en présence un petit nombre de substances, et dont les produits ont une certaine analogie avec les corps réagissants; vivacité assez grande des réactions, absence d'équilibres. Un grand nombre de réactions entre acides, bases et sels satisfont également à la règle, les précipitations notamment.

CHIMIE ORGANIQUE

CHAPITRE I

PRINCIPES DE L'ANALYSE ORGANIQUE. SYNTHÈSE.

Analyse qualitative. 240. — On a vu (*L.*, 269) comment l'on constate l'existence, dans une substance organique, du carbone, de l'hydrogène et de l'azote, qui sont, avec l'oxygène, les éléments fondamentaux de ces substances; mais ce ne sont pas les seuls. Nous nous bornerons à indiquer comment on peut y reconnaître le chlore et le soufre.

Le chlore des substances organiques ne précipite l'azotate d'argent que s'il y existe à l'état d'*ion;* c'est le cas des sels comme le chlorhydrate d'aniline, par exemple, et d'un très petit nombre d'autres corps; mais on pourra toujours utiliser l'azotate d'argent après avoir brûlé la substance, ce qui transforme le chlore en acide chlorhydrique, ou l'avoir chauffée avec un grand excès de chaux vive, ce qui donne du chlorure de calcium. Voici un autre caractère : si on chauffe un peu de la substance, du chloroforme, par exemple, avec de l'oxyde de cuivre sur un débris de ballon de verre bien propre, il se fera du chlorure de cuivre qui, volatilisé dans la flamme, lui donnera une coloration vert bleuâtre.

On reconnaîtra la présence du soufre en projetant une parcelle de la substance dans de l'azotate de potassium fondu dans une petite capsule de porcelaine; le soufre sera transformé en acide sulfurique, que l'on pourra caractériser par le chlorure de baryum après avoir dissous dans l'eau le contenu, refroidi, de la capsule.

Analyse élémentaire. 241. — Il s'agit de déterminer la composition centésimale de la substance. Le principe est très simple : la combustion d'un poids connu du corps transforme le carbone et l'hydrogène en gaz carbonique et en eau, que l'on recueille et que l'on pèse ; s'il y a de l'azote, il est mis en liberté, et on mesure son volume. Le chlore est dosé à l'état de chlorure d'argent, le soufre à l'état de sulfate de baryum. On ne dose pas l'oxygène ; son poids s'obtient toujours par différence.

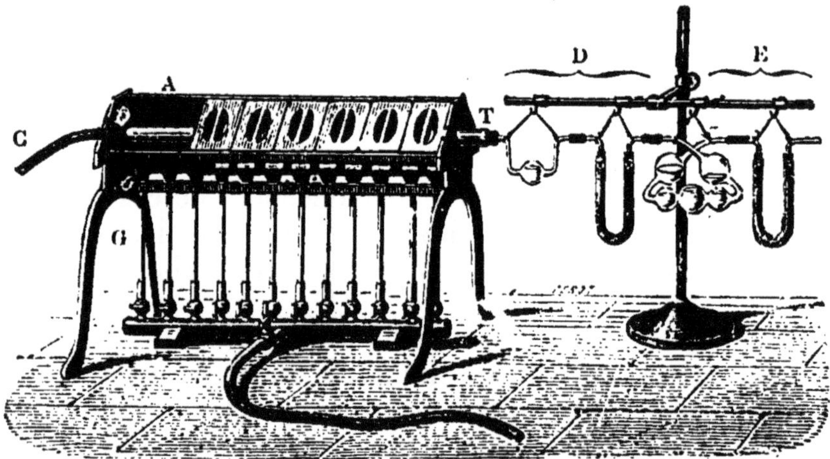

Fig. 26. — Analyse élémentaire d'une substance organique. — T, tube en verre peu fusible, terminé en A par une pointe effilée et scellée ; il contient la substance à analyser, mélangée d'oxyde de cuivre, et placée vers A ; il est complètement plein d'oxyde de cuivre ; si la substance est liquide, elle est placée dans une ampoule de verre, toujours vers A ; le tube est posé sur une rigole de clinquant ou de carton d'amiante ; G, grille à gaz ; D, tubes absorbants à acide sulfurique, pour l'eau ; E, tubes à potasse pour le gaz carbonique ; C, tube de caoutchouc servant à faire passer dans les appareils, après l'expérience, un courant d'oxygène *sec* qui balaiera les gaz restés dans le tube T.

a) Substance non azotée. — On opère sur une petite quantité, 3 ou 4 décigrammes environ ; l'expérience est disposée comme l'indique la figure 26. On règle le feu de manière à obtenir un courant lent et régulier de bulles gazeuses dans les tubes à boules D et E. La pesée de ces tubes, qui ont été arés avant l'expérience, fait connaître les poids d'eau et l'anhydride carbonique formés, dont le 1/9 et les 3/11 représentent respectivement les poids d'hydrogène et de carbone contenus dans la substance analysée.

b) *Substance azotée.*— On dose l'azote à part, après avoir effectué l'analyse précédente; on brûle encore la matière par l'oxyde de cuivre, et on fait passer les produits de la combustion sur de la planure de cuivre chauffée au rouge, pour détruire les oxydes de l'azote qui auraient pu se former. On

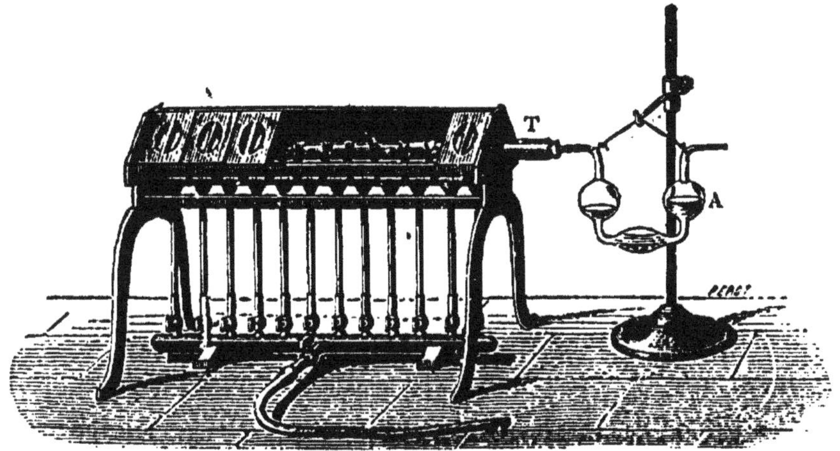

Fig. 27. — Dosage de l'azote à l'état de gaz ammoniac. — T, tube contenant la substance à analyser et de la chaux sodée; A, tube à acide sulfurique titré.

recueille l'azote sur la cuve à mercure, dans une éprouvette contenant une solution de potasse destinée à absorber le gaz carbonique; on mesure le volume du gaz recueilli, on en déduit son poids.

Si l'azote est engagé dans une combinaison analogue à l'ammoniac, on peut chauffer la substance avec de la chaux sodée; l'azote est mis en liberté à l'état d'ammoniac, que l'on reçoit dans un tube contenant une solution titrée d'acide sulfurique (*fig.* 27).

Pour être sûr de recueillir tout l'azote, on place au fond du tube de l'oxalate de potassium sec dont la destruction par la chaleur, à la fin de l'expérience, donnera un courant de gaz carbonique suffisant pour entraîner tout ce qui resterait dans le tube à analyse. On chauffe d'abord l'extrémité T et on pousse graduellement le feu jusqu'au fond.

On titre de nouveau la solution à la fin de l'expérience; les 14/17 du poids d'ammoniac qui équivaut à l'acide disparu donnent le poids de l'azote.

Détermination de la formule. 242. — Si on s'est adressé par exemple, à l'alcool ordinaire, on trouve que sur 100 parties d'alcool il y a :

$$\begin{array}{rl} 52{,}2 & \text{de carbone,} \\ 13{,}0 & \text{d'hydrogène,} \\ \hline 65{,}2 & \end{array}$$

d'où $100 - 65{,}2 = 34{,}8$ d'oxygène.

Rapportée à 1 d'hydrogène, la composition est :

Carbone, $\frac{52{,}2}{13} = 4$ ou $\frac{12}{3}$ ($C^{1/3}$); oxygène, $\frac{34{,}8}{13} = 2{,}67$ ou $\frac{16}{6}$ ($O^{1/6}$).

La formule brute est donc C^2H^6O, ou un de ses multiples. Comme la densité de vapeur de l'alcool est 1,6, le poids moléculaire est $1{,}6 \times 28{,}8 = 46{,}8$. C'est justement celui qui correspond à la formule C^2H^6O.

Si la substance n'est pas volatile, on fera une mesure cryoscopique. Par exemple, l'analyse du glucose donne :

$$\left.\begin{array}{lr} \text{Carbone,} & 40 \\ \text{Hydrogène,} & 6{,}6 \\ \text{Oxygène,} & 53{,}3 \end{array}\right\} \text{ou} \left\{\begin{array}{ll} 6{,}2 & (C^{1/2}). \\ 1 & H \\ 8 & (O^{1/2}). \end{array}\right.$$

La formule brute est CH^2O, correspondant à un poids moléculaire égal à 30.

Mais une solution de 10 grammes de glucose dans 100 grammes d'eau donne un abaissement de — 1°,03. La constante cryoscopique de l'eau étant 18 pour les non-électrolytes, on a pour la valeur m du poids moléculaire du glucose :

$$\frac{m}{10}=\frac{18}{1,03},$$

soit $m=180=6\times 30$, d'où on déduit la formule $C^6H^{12}O^6$.

L'acide acétique a la même composition centésimale que le sucre; il a donc la même formule brute CH^2O; il est d'ailleurs monobasique, et 60 grammes d'acide pur saturent 56 grammes de potasse; son poids moléculaire est donc $60=2\times 30$; la formule est $C^2H^4O^2$.

Dans chaque cas particulier, on choisira pour cette détermination la méthode qui paraîtra plus facile à appliquer. Si on le peut, on en emploiera plusieurs, qui se contrôleront mutuellement.

Principes immédiats. 243. — On a vu (*L.*, 268) comment l'analyse immédiate des substances organisées conduit aux *principes immédiats* ou corps organiques, dont nous venons d'apprendre à faire l'analyse élémentaire (1). L'étude de ces corps montre que l'on peut, au moyen de réactions successives, transformer les substances les plus complexes en individus chimiques de plus en plus simples, et arriver en fin de compte aux éléments eux-mêmes; réciproquement on peut, procédant en ordre inverse, réaliser à partir des éléments des composés de plus en plus complexes.

Transformations des principes immédiats. 244. — Nous rappellerons la transformation de l'amidon en glucose (*L.*, 349) par hydratation (2); celle du glucose $C^6H^{12}O^6$

(1) On range avec eux les nombreuses substances artificielles qui, bien que n'ayant jamais été rencontrées dans la nature, ont avec les substances organiques naturelles une analogie complète de composition ou de propriétés.

(2) On trouve comme intermédiaire la *dextrine*, substance pulvérulente d'un blanc jaunâtre, dont la solution aqueuse est utilisée comme colle; sa composition est exprimée, comme celle de l'amidon, par $C^6H^{10}O^5$, mais son poids moléculaire est moindre; la solution de dextrine donne avec l'iode une coloration fauve.

en alcool C^2H^6O par fermentation (*L.*, 323) ; enfin la destruction de l'alcool en éthylène C^2H^4 et eau (*L.*, 284), et la décomposition de l'éthylène qui, chauffé vers 1500°, donne du carbone et de l'hydrogène.

De même l'*acide oxalique*, dont un sel potassique existe dans l'oseille, est détruit par la chaleur en oxyde de carbone, gaz carbonique et eau (*L.*, 183, *a*).

En calcinant le formiate de baryum, sel de l'*acide formique* HCO^2H, que l'on rencontre dans les fourmis rouges, on a du formène, que l'on obtient encore à partir de l'acétate de calcium (*L.*, 275).

$$2Ba(CO^2H)^2 = CH^4 + 2BaCO^3 + CO^2.$$

Synthèses. — On peut remonter des éléments aux composés par deux voies principales, en partant des éléments eux-mêmes ou des éléments oxydés.

Synthèse à partir des éléments. **245.** — La synthèse fondamentale est celle des carbures, qui constituent en quelque sorte le squelette de tous les corps organiques.

On peut obtenir l'acétylène soit directement, en faisant passer un courant d'hydrogène dans un ballon où jaillit l'arc électrique, soit indirectement en décomposant le carbure de calcium par l'eau (*L.*, 292, 293). Dans le premier cas, on isole l'acétylène en faisant barboter le gaz dans une solution de chlorure cuivreux ammoniacal, recueillant le précipité formé (*L.*, 291, *c*) et le détruisant par l'acide chlorhydrique.

$$C^2HCu^2OH + 2HCl = C^2H^2 + 2CuCl + H^2O.$$

On peut, par des réactions appropriées, fixer de l'hydrogène sur l'acétylène et le transformer en éthylène C^2H^4, ou en éthane C^2H^6 ; sa polymérisation par la chaleur donne la benzine (*L.*, 298).

Nous rappellerons la formation de l'alcool à partir de l'éthylène (*L.*, 283) et de l'éthane (*L.*, 324), celle de l'acide acétique et de l'acide oxalique à partir de l'éthylène (*L.*, 282) ;

les synthèses du phénol et de l'aniline (*L.*, 361, 364) à partir de la benzine.

Synthèse à partir des éléments oxydés. **246.** — En chauffant pendant une centaine d'heures à 100°, en tube scellé, de l'oxyde de carbone avec de la potasse humide ou de l'hydrate de baryum, on obtient le formiate de potassium KCO^2H ou le formiate de baryum $Ba(CO^2H)^2$. Du premier on peut retirer l'*acide formique* en saturant par le carbonate de plomb une solution bouillante, et laissant refroidir pour obtenir la précipitation du formiate de plomb peu soluble à froid ; ce sel mis en suspension dans l'eau est ensuite décomposé par l'acide sulfhydrique.

Le second donne le formène (**241**), dont on a ainsi fait une synthèse indirecte. Le formène conduit à l'alcool méthylique (*L.*, 316). En dirigeant sur une toile de platine chauffée un courant de vapeur d'alcool méthylique mélangé d'air, on obtient l'*aldéhyde formique* ou *formol* CH^2O, qui est le plus simple des hydrates de carbone ; traité par la chaux ou la magnésie, le formol se polymérise et donne une substance appelée *acrose*, de formule $C^6H^{12}O^6$, et qui est un mélange à parties égales de *lévulose* et d'un sucre analogue au *glucose* (*L.*, 352).

247. — On sait aujourd'hui faire la synthèse d'un très grand nombre de corps naturels, parmi lesquels nous citerons l'indigo, la matière colorante de la garance, et de nombreuses essences végétales constituant les principes parfumés de fleurs ; un grand nombre de ces synthèses donnent lieu à des exploitations industrielles.

On peut affirmer, contrairement à une opinion ancienne, que toutes les *substances chimiques* produites par le jeu des phénomènes vitaux peuvent être construites de toutes pièces par des réactions de laboratoire.

CHAPITRE II

FONCTIONS CHIMIQUES. — FORMULES DÉVELOPPÉES

Classification des substances organiques. Fonctions chimiques. 248. — On connaît aujourd'hui plus de cent mille substances organiques, presque uniquement formées à partir du carbone, de l'hydrogène, de l'oxygène et de l'azote. La composition centésimale ne fournit sur elles que des données tout à fait insuffisantes, puisque deux corps aussi différents que le glucose et l'acide acétique ont la même composition (**242**).

De même, il existe toute une série de carbures formés de 85,7 p. 100 de carbone et 14,3 p. 100 d'hydrogène, ce qui est la composition de l'éthylène C^2H^4; ils sont tous polymères du corps inconnu CH^2.

L'étude de ces corps serait inextricable, s'ils ne se groupaient naturellement en séries homologues (*L.*, 273) et si ces séries elles-mêmes ne rentraient dans des cadres plus généraux correspondant aux *fonctions chimiques* des corps: chaque groupe ou fonction est défini par son origine et par un ensemble de réactions caractéristiques qui méritent le nom de *réactions fonctionnelles* (fonction alcool, *L.*, 324; fonction acide, *L.*, 331).

Isoméries; formules développées. 249. — On a vu (**242**) comment la détermination de la formule permet d'établir dans la représentation des corps de même composition centésimale une première différenciation. Mais cela ne suffit encore pas.

Il arrive souvent en effet que des corps dont la formule est la même diffèrent nettement par leurs propriétés. On dit qu'ils sont *isomères*. Il y a plusieurs modes d'isomérie.

Voici par exemple l'*éther ordinaire* des pharmacies et un homologue de l'esprit de vin, l'*alcool butylique* (*L.*, 324) qui ont la même formule $C^4H^{10}O$; ces deux corps ont des fonctions nettement différentes ; leur isomérie est purement accidentelle ; d'après la manière dont on les obtient (*L.*, 284, 324), on peut les différencier en écrivant leurs formules $(C^2H^5)^2O$ pour l'éther et C^4H^9OH pour l'alcool. $C^4H^{10}O$ est la *formule brute;* on a appelé les autres *formules développées.*

Mais on connaît quatre alcools répondant à la formule C^4H^9OH, dont les points d'ébullition sont respectivement 117°, 108°, 99°, 83° ; ils ont même fonction ou des fonctions voisines, leur isomérie est d'une autre espèce que la précédente ; c'est la véritable isomérie.

Nous signalerons encore l'existence d'un grand nombre de sucres, répondant soit à la formule du glucose $C^6H^{12}O^6$, soit à celle du saccharose $C^{12}H^{22}O^{11}$.

Groupements fonctionnels. 250. — Il est possible de représenter chacun de ces isomères par une formule distincte. On y parvient en mettant en évidence, dans les formules, des *groupes d'atomes*, *résidus* ou *radicaux*, que l'on appelle *groupements fonctionnels*, parce qu'ils indiquent la fonction des corps. C'est ainsi que, dans la chimie minérale, on marque au moyen de l'oxhydryle OH la basicité des acides; acides sulfurique H^2SO^4 ou $SO^2(OH)^2$, phosphorique H^3PO^4 ou $PO(OH)^3$, hypophosphoreux H^3PO^3 ou POH^2OH.

Etablissement des formules développées. 251. — Le choix des groupements fonctionnels n'a rien d'arbitraire ; il est imposé par l'expérience elle-même, c'est-à-dire par les relations qu'ont entre elles les différentes fonctions. Considérons le méthane, qui est le corps le plus simple de la chimie organique, les quatre valences du carbone y étant saturées chacune par un atome d'hydrogène.

$$\begin{array}{c} H \\ | \\ H-C-H \\ | \\ H \end{array}$$

Ses relations avec le *chlorure de méthyle* et l'*alcool méthylique* (*L.*, 316) donneront pour ces derniers :

$$\begin{array}{c} H \\ | \\ H-C-Cl \\ | \\ H \end{array} \quad \text{et} \quad \begin{array}{c} H \\ | \\ H-C-OH \\ | \\ H \end{array}$$

On ne connaît qu'un seul chlorure de méthyle et un seul alcool; on déduit de là l'identité absolue de fonction des quatre atomes d'hydrogène liés au carbone; c'est-à-dire *l'identité des quatre valences du carbone.*

Le radical qui reste quand on supprime un des atomes H est le *méthyle* [$-CH^3$], monovalent.

Chauffons avec du sodium l'*iodure de méthyle* CH^3I, qui correspond au chlorure ; nous aurons de l'iodure de sodium et de l'*éthane* C^2H^6 ; cette réaction fixe la formule de l'éthane. La combinaison de I avec Na laisse libre la valence du méthyle [$-CH^3$], qui est saturée par un groupe identique. Nous avons réalisé la substitution de CH^3 à H ; nous écrirons alors, pour l'éthane et ses dérivés, *chlorure d'éthyle* et *alcool éthylique* (*L.*, 318) :

$$\begin{array}{c} H\ \ H \\ |\ \ \ | \\ H-C-C-H \\ |\ \ \ | \\ H\ \ H \end{array}; \quad \begin{array}{c} H\ \ H \\ |\ \ \ | \\ H-C-C-Cl \\ |\ \ \ | \\ H\ \ H \end{array}; \quad \begin{array}{c} H\ \ H \\ |\ \ \ | \\ H-C-C-OH \\ |\ \ \ | \\ H\ \ H \end{array},$$

ou CH^3-CH^3; CH^3-CH^2Cl; CH^3-CH^2OH.

L'*éthyle* C^2H^5 a pour formule développée [CH^3-CH^2-]. On voit que les deux alcools ont en commun le groupe [$-CH^2OH$], fixé à H dans le premier qui peut être représenté alors par

H.CH^2OH, et à CH^3 dans le second; [-CH^2OH] nous apparaît comme le groupement fonctionnel des homologues de l'alcool méthylique.

252. — En chauffant avec du sodium un mélange d'iodures de méthyle et d'éthyle, CH^3I et C^2H^5I, on a de l'iodure de sodium et un gaz liquéfiable à — 45°, le *propane* C^3H^8, formé par la saturation réciproque des valences libres des radicaux C^2H^5 et CH^3. On peut encore dire, comme précédemment, que la réaction a substitué CH^3 à I dans l'iodure d'éthyle, c'est-à-dire à H dans l'éthane; nous aurons donc, comme formules développées pour le propane et ses dérivés l'*iodure de propyle* C^3H^7I (propyle : -C^3H^7) et l'*alcool propylique* C^3H^7OH :

```
  H H H          H H H          H H H
  | | |          | | |          | | |
H-C-C-C-H;     H-C-C-C-I;     H-C-C-C-OH
  | | |          | | |          | | |
  H H H          H H H          H H H
```

ou $CH^3-CH^2-CH^3$ $CH^3-CH^2-CH^2I$ $CH^3-CH^2-CH^2OH$.

Mais on connaît deux dérivés iodés, liquides, bouillant l'un à 102°, l'autre à 89°; traités par la potasse, chacun d'eux donne un alcool; le premier donne un alcool tout semblable à l'alcool ordinaire, et bouillant à 98°; le second alcool, qui bout à 87°, diffère en outre du premier par quelques propriétés chimiques; c'est l'alcool *isopropylique*. L'interprétation qui se présente naturellement à l'esprit est la suivante : l'atome d'iode substitué à H peut l'être soit dans l'un des groupes CH^3, qui ne se distinguent en rien l'un de l'autre, soit dans le groupe CH^2, et chacun des iodures donne naissance à un alcool. Les formules précédemment indiquées correspondent aux dérivés *propyliques normaux;* on aura, pour les dérivés *isopropyliques :*

$CH^3-CHI-CH^3$ et $CH^3-CHOH-CH^3$.

On a appelé *primaire* le carbone du groupe monovalent

[-CH^3], *secondaire* le carbone du groupe divalent [-CH^2-]. Le nouveau groupement fonctionnel [-CHOH-] caractérise une classe d'alcools dits *secondaires*, dont le type est l'alcool isopropylique.

Si l'on néglige la distinction de classe, le groupement caractéristique de la fonction alcool est OH.

253. — En traitant par le sodium un mélange d'iodures de méthyle et de propyle, on a de l'iodure de sodium et un gaz liquéfiable à + 1°, le *butane normal* C^4H^8 ; l'iodure d'isopropyle conduit à un autre gaz, liquéfiable à — 17°, l'*isobutane*. Il y a eu substitution à I du méthyle CH^3, ce qui nous donne pour les deux butanes les formules :

(1) $CH^3-CH^2-CH^2-CH^3$ (2) $CH^3-CH(CH^3)-CH^3$

En généralisant les considérations qui précèdent, nous sommes amenés à prévoir l'existence de deux alcools correspondant à chacun des deux butanes (1) :

(1) $CH^3-CH^2-CH^2-CH^2OH$ (3) $CH^3-CH(CH^3)-CH^2OH$

(2) $CH^3-CH^2-CHOH-CH^3$ (4) $CH^3-COH(CH^3)-CH^3$

Ils sont tous connus ; le premier bout à 117° ; le second à 99° ; le troisième à 108°, le quatrième à 83°. Ce dernier se distingue des autres par un certain nombre de caractères chimiques. C'est le type d'une troisième classe d'alcools ; le groupement fonctionnel correspondant est COH, où l'on rencontre encore le groupement plus général OH.

Le carbone du groupe trivalent [≡CH] a été appelé carbone *tertiaire ;* les alcools caractérisés par [≡COH], trivalent, sont dits *alcools tertiaires*.

(1) On doit considérer comme identiques, à cause de la symétrie de la formule, les deux CH^3 et les deux CH^2 du butane, les trois CH^3 de l'isobutane ; et, de fait, il n'existe que quatre alcools butyliques.

254. — En répétant sur les deux butanes la série de réactions déjà indiquées, on arrive aux *pentanes* C^5H^{10}, et le nombre des isoméries que l'on peut prévoir par des considérations semblables à celles qui précèdent augmente ; il y a lieu de remarquer que, si l'on n'a pas toujours réussi à préparer tous les isomères prévus (il y en a 18 pour C^8H^{18}, 802 pour $C^{13}H^{28}$), *jamais on n'a constaté l'existence d'un nombre d'isomères supérieur à celui que fait prévoir la théorie.*

255. — D'après ces quelques exemples, les formules développées nous apparaissent comme des assemblages de radicaux ; et, comme elles ne font que traduire les résultats de l'expérience, les réactions entre corps organiques nous apparaissent comme des échanges de radicaux, ou des réactions entre radicaux. Ces groupements atomiques incomplets deviennent dès lors les *véritables éléments* de la chimie organique, comme les corps simples sont les éléments de la chimie minérale. La diversité des propriétés des substances organiques s'explique par le grand nombre des radicaux et la multiplicité des combinaisons qu'ils peuvent former entre eux, accrue encore par ce fait qu'*un même radical entrant dans une molécule lui fait acquérir des propriétés différentes suivant la place qu'il occupe dans la molécule* (butanes, composés propyliques et isopropyliques). Il serait évidemment abusif d'affirmer que les formules développées représentent exactement la *constitution des molécules*, qui n'est pas connue ; mais l'existence de l'isomérie conduit nécessairement à admettre qu'*il y a un ordre défini d'arrangement des atomes dans la molécule, et que des modifications dans cet ordre se traduisent par des modifications dans les propriétés des corps.*

C'est cette notion fondamentale que traduisent les formules développées.

CHAPITRE III

CARBURES D'HYDROGÈNE. — DÉRIVÉS HALOGÉNÉS

256. — Les carbures sont les corps fondamentaux de la chimie organique ; ils servent de base à la synthèse, car on peut par des substitutions directes ou indirectes, ou même quelquefois par simple combinaison, greffer sur leur molécule, en quelque sorte, une fonction quelconque. Ainsi, les schémas

```
  |   |   |   |                      |   |   |
- C - C - C - C -        et        - C - C - C -
  |   |   |   |                      |   |   |
                                       - C -
                                         |
```

peuvent être considérés comme les squelettes de tous les corps se rattachant aux deux butanes.

CARBURES FORMÉNIQUES OU SATURÉS

257. — Ce sont les homologues du méthane CH^4 (1) ; ils répondent à la formule générale C^nH^{2n+2}, et on a vu (**251**-

(1) On les nomme en faisant précéder le suffixe **ane** d'un préfixe dérivé du grec et indiquant le nombre d'atomes de carbone ; exemple, **pentane** C^5H^{12} (*pente*, 5) ; **hexane** C^6H^{14} (*hexa*, 6) ; **hexadécane** $C^{16}H^{34}$ (*hekkaïdéka*, 16), etc. On a conservé les noms de **méthane, éthane, propane, butane,** correspondant à des corps qui avaient reçu leurs noms avant l'établissement de cette nomenclature. Ces noms s'appliquent spécialement aux carbures dits *normaux* dans lesquels la substitution de CH^3 à H est faite dans l'un des groupes CH^3 ou, comme l'on dit, à l'extrémité de la chaîne ; leur formule est CH^3-CH^2-..... CH^2-CH^3 ; pour nommer les isomères on a imaginé de numéroter les atomes de carbone à partir d'une extrémité, la droite par exemple, et on désigne le rang du groupe CH^2 dans lequel la substitution est faite. Par exemple, l'isobutane CH^3-CH(CH^3)-CH^3 sera appelé *méthyl-propane* 2. Le pentane résultant de la substitution de CH^3, dans le premier groupe CH^2 du butane, serait le *méthyl-butane* 2, CH^3-CH^2-CH(CH^3)-CH^3. La nomenclature se complique naturellement en même temps que la molécule. Nous nous bornerons à ces exemples.

254) comment ils peuvent être obtenus successivement à partir de CH^4 par substitution de [-CH^3] à H; ils sont tous saturés comme CH^4, c'est-à-dire qu'ils sont incapables de *s'unir par addition directe* à d'autres corps (comme HCl s'unit à AzH^3 par exemple); mais ils peuvent facilement donner lieu à des *réactions de substitution* (*L.*, 274, *c*).

Les carbures *normaux* sont gazeux jusqu'au butane C^4H^{10}; liquides et de moins en moins volatils depuis le pentane C^5H^{12} qui bout à 38° jusqu'à l'*heptadécane* $C^{17}H^{36}$; solides et de moins en moins fusibles à partir de l'*octadécane* $C^{18}H^{38}$ qui fond à 28°.

Ces carbures appelés *paraffines*, à cause de leur résistance à la combinaison (*parum*, peu), sont très répandus dans la nature (pétroles d'Amérique); ils se forment toutes les fois que l'on chauffe au rouge des matières organiques riches en hydrogène.

Dérivés halogénés. 258. — Ces carbures sont directement attaqués par le chlore, mais d'autant moins facilement que leur poids moléculaire est plus élevé. Le brome les attaque moins facilement que le chlore; les dérivés iodés ne peuvent être obtenus que par voie indirecte; le meilleur moyen consiste à traiter par l'iodure d'aluminium un dérivé chloré ou bromé. Par exemple,

$$Al^2I^6 + 6C^2H^5Cl = Al^2Cl^6 + 6C^2H^5I.$$

Les points d'ébullition des dérivés correspondants s'élèvent avec le poids atomique de l'halogène; ainsi C^2H^5Cl, C^2H^5Br, C^2H^5I, bouillent respectivement à 12°, 39°, 72°. La stabilité décroît des chlorures aux iodures; on a vu que CH^3Cl et C^2H^5Cl ne précipitent pas par l'azotate d'argent; ce corps attaque C^2H^5Br à chaud, et C^2H^5I à froid. (Destruction du composé par l'eau dans laquelle le sel est dissous, avec mise en liberté de HBr ou HI; ces corps sont, en effet, des éthers-sels) (*L.*, 334).

259. — On peut, à partir des dérivés halogénés, obtenir

les autres fonctions au moyen de réactions d'une application très générale. Ces réactions sont très importantes au point de vue de la synthèse organique, et aussi pour la fixation des formules développées dans un grand nombre de cas ; mais il ne faut pas croire qu'un *procédé de synthèse* soit forcément un *procédé pratique de préparation.*

Par exemple, il est beaucoup plus avantageux de se procurer l'alcool ordinaire en faisant fermenter du glucose, qu'en préparant de l'éthane, puis de l'iodure d'éthyle, et saponifiant ce corps par la potasse ; de même, pour avoir de l'alcool méthylique, on distille du bois, au lieu de traiter par la potasse le chlorure de méthyle ; bien plus, c'est en traitant l'alcool méthylique par l'acide chlorhydrique que l'on se procure le chlorure de méthyle, suivant ainsi la marche inverse de la marche synthétique. Dans ce qui va suivre, il s'agit uniquement de *méthodes synthétiques* qui, d'ailleurs, ont été réellement appliquées.

Dérivés monosubstitués ; alcools, amines. **260.** — On a vu que l'action de la potasse sur les dérivés monosubstitués de CH^4 et C^2H^6 donne un *alcool.* La réaction est absolument générale, et conduit à un alcool primaire, secondaire ou tertiaire suivant la nature de l'atome de carbone auquel est uni l'halogène (**251-252**). Inversement, on peut toujours passer d'un alcool au dérivé halogéné correspondant. La méthode la plus générale consiste à traiter l'alcool par le perchlorure de phosphore PCl^5 (1) :

$$2(C^2H^5OH) + 2PCl^5 = 2POCl^3 + 2(C^2H^5Cl) + 2HCl.$$

Oxychlorure de phosphore.

(1) PCl^5 est un solide jaune obtenu en faisant agir le chlore en excès sur le phosphore. Sous l'action de l'eau, il donne d'abord de l'*oxychlorure* $POCl^3$, liquide incolore, détruit lui-même par l'eau :

$$2PCl^5 + 2H^2O = 2POCl^3 + 4HCl$$
$$POCl^3 + 3H^2O = PO(OH)^3 + 3HCl.$$

acide phosphorique.

Ces deux corps sont des agents de substitution de Cl à OH.

261. — Si l'on chauffe à 100° en tube scellé de l'ammoniac avec l'iodure de méthyle, on a une réaction assez complexe sur laquelle nous reviendrons, et dont l'un des produits est la *méthylamine* $CH^3\text{-}AzH^2$, gaz dont les propriétés rappellent tout à fait celles de l'ammoniac.

$$H^3CI + Az\begin{matrix}H\\H\\H\end{matrix} = H^3C\text{-}Az < \begin{matrix}H\\H\end{matrix} + HI.$$

La réaction est très générale et, appliquée à un quelconque des homologues de CH^3I, donne des homologues de la méthylamine.

Dérivés disubstitués : dialcools, aldéhydes, acétones. **262.** — On peut concevoir les deux atomes d'halogène fixés sur le même atome de carbone, ou sur deux atomes différents. Le premier cas est le seul qui puisse se présenter avec le méthane. Mais il n'en est plus de même avec ses homologues.

Considérons d'abord $CH^2Cl\text{-}CH^2Cl$ liquide bouillant à 85°, qui est identique avec le corps déjà signalé sous le nom de *liqueur des Hollandais* (*L.*, 281). Au moyen de réactions tout à fait analogues à l'action de la potasse sur un monosubstitué, on le transforme en un liquide incolore, bouillant à 197°,5 ; c'est le *glycol* $CH^2OH\text{-}CH^2OH$, qui est un *dialcool* (encore appelé alcool *diatomique*) possédant deux fonctions *alcool* comme un acide divalent possède deux fonctions *acide;* à partir du propane, les isoméries apparaissent, les atomes de Cl substitués pouvant occuper des positions différentes comme $CH^2Cl\text{-}CH^2\text{-}CH^2Cl$ et $CH^3\text{-}CHCl\text{-}CH^2Cl$; le premier corps conduit à un dialcool entièrement primaire, le second à un dialcool qui est à la fois primaire et secondaire.

263. — Il y a un second dérivé disubstitué de l'éthane, le *chlorure d'éthylidène* $CH^3\text{-}CHCl^2$ bouillant à 65°. Traité par l'eau il se transforme en un corps de formule brute

C^2H^4O, l'*aldéhyde* dont nous aurons à reparler; O s'est substitué à Cl^2, et la formule développée est CH^3-CHO; ce corps ne doit pas être considéré comme contenant l'oxhydryle OH, car l'action du chlorure de phosphore ne substitue pas Cl à OH, ce qui donnerait le corps CH^3-CHCl, mais redonne le chlorure d'éthylidène (dont cette réaction constitue d'ailleurs la préparation normale, l'aldéhyde pouvant être facilement obtenu autrement).

$$CH^3\text{-}CHO + PCl^5 = CH^3\text{-}CHCl^2 + POCl^3.$$

Le groupement fonctionnel de l'aldéhyde est donc $-C\begin{smallmatrix}\nearrow O \\ \searrow H\end{smallmatrix}$, monovalent; celui de l'alcool tertiaire [≡C-OH], est trivalent. Tout dérivé dihalogéné dont les deux atomes halogènes sont liés à un même carbone primaire conduit à un aldéhyde.

264. — Si les deux atomes halogènes sont unis à un carbone secondaire, on a une nouvelle fonction. Ainsi, tandis que CH^3-CH^2-$CHCl^2$ conduit à l'*aldéhyde propylique* CH^3-CH^2-CHO isomère de l'aldéhyde, CH^3-CCl^2-CH^3 conduit à l'*acétone* CH^3-CO-CH^3, caractérisée par le groupement CO. Pratiquement, on obtient l'acétone autrement, comme nous le verrons; en la traitant par le chlorure de phosphore, on a le disubstitué du propane CH^3-CCl^2-CH^3.

Tout dihalogéné dont les atomes halogènes sont fixés à un même carbone secondaire conduit à une acétone, homologue de la précédente.

Dérivés trisubstitués; trialcools, acides, fonctions complexes. **265.** — Le méthane n'a qu'un dérivé disubstitué, qui est le chloroforme $CHCl^3$; mais déjà à partir de l'éthane apparaissent les isoméries, qui deviennent ensuite de plus en plus nombreuses. Nous ne considérerons que les cas les plus simples.

On a vu (*L.*, 309) que l'action de la potasse sur le chloroforme donne un sel, le *formiate de potassium*

$$H\text{-}C \equiv Cl^3 + 4KOH = H\text{-}C \lessgtr {}^{O}_{OK} + 3KCl + 4H^2O\,;$$

à Cl^3 ont été substitués O et OK ; l'acide formique a pour formule $H\text{-}C\lessgtr^{O}_{OH}$; le groupement fonctionnel des acides est le carboxyle [-COOH] ; l'existence de l'oxhydryle est accusée par la possibilité de substitution d'un métal à H. Le trisubstitué de l'éthane, $CH^3\text{-}CCl^3$, conduit à l'acide acétique $CH^3\text{-}COOH$. La réaction est générale.

$CH^2Cl\text{-}CHCl^2$ conduirait à un *alcool aldéhyde ;* c'est l'*aldéhyde glycolique* $CH^2OH\text{-}CHO$, qui a réellement été préparé. Ce corps a deux fonctions différentes (les sels acides en ont déjà fourni des exemples) ; on dit qu'il a une *fonction complexe.*

266. — Considérons le dérivé $CH^2Cl\text{-}CHCl\text{-}CH^2Cl$ du propane. En le traitant par l'eau à 60°, on obtient la *glycérine* $CH^2OH\text{-}CHOH\text{-}CH^2OH$, qui est un *trialcool* (ou *alcool triatomique*).

Il va de soi que les autres dérivés trihalogénés du propane conduisent à des corps à fonction complexe. Nous n'insisterons pas sur ces considérations, dont on voit suffisamment la généralité et l'intérêt.

CARBURES ÉTHYLÉNIQUES

267. — Ce sont les homologues de l'éthylène C^2H^4. Ils sont assez rares dans la nature ; on n'en trouve guère que dans les pétroles du Caucase, et en faible quantité. Il s'en produit dans l'action d'une température élevée sur les matières assez riches en carbone, comme les résines, le caoutchouc (1).

Ils ont pour formule générale C^nH^{2n}, et ne sont pas saturés; leur molécule fixe facilement 2 atomes d'hydrogène ou d'un halogène, ou un radical divalent.

La stabilité de ces carbures ne permet pas de croire qu'il puisse y avoir dans leur molécule deux valences libres. On admet que dans C^2H^4, par exemple, les deux atomes C ont échangé deux valences, ce qui lui donne pour formule

$$\begin{matrix} H \\ H \end{matrix} > C = C < \begin{matrix} H \\ H \end{matrix}$$

La double liaison cède facilement sous l'action de l'hydrogène, d'un halogène ou d'autres corps, et l'on obtient alors des corps saturés, comme l'indiquent les équations suivantes :

$$\begin{matrix} H \\ H \end{matrix} > C = C < \begin{matrix} H \\ H \end{matrix} + \begin{matrix} H \\ | \\ H \end{matrix} = \begin{matrix} H \\ H \end{matrix} > \begin{matrix} C - C \\ | \quad | \\ H \quad H \end{matrix} < \begin{matrix} H \\ H \end{matrix}$$

$$H^2C = CH^2 + \begin{matrix} Cl \\ | \\ Cl \end{matrix} = \begin{matrix} H^2C - CH^2 \\ | \quad\quad | \\ Cl \quad Cl \end{matrix}$$

$$H^2C = CH^2 + (OH)^2SO^2 = \begin{matrix} H^2C - CH^2 \\ | \quad\quad | \\ H \quad O - SO^2 - OH \end{matrix}$$

Le groupe caractéristique de la *fonction éthylénique* est $>C=C<$.

Le moyen le plus pratique de les obtenir consiste, en général, à chauffer l'alcool correspondant avec l'acide sulfurique ou le chlorure de zinc, qui lui enlèvent les éléments de l'eau. (Voir la préparation de l'éthylène; *L.*, 284.)

$$CH^3 - CH^2.OH = CH^2 = CH^2 + HOH.$$

A chaque carbure forménique correspondra donc un car-

(1) On les nomme en remplaçant **ane** par **ène** dans le nom du carbure saturé ayant le même nombre d'atomes de carbone. Exemples : **éthène**, C^2H^4; **propène**, C^3H^6; **butène**, C^4H^8; **pentène**, C^5H^{10}.

bure éthylénique; au *propane* correspond le *propène*, auquel conduisent les deux propanols.

$$CH^3-\underset{\underset{H}{|}}{\overset{\overset{H}{|}}{C}}-CH^2OH = CH^3-\underset{\underset{H}{|}}{C}=CH^2 + H-OH$$

$$CH^3-\underset{\underset{H}{|}}{\overset{\overset{OH}{|}}{C}}-CH^2-H = CH^3-\underset{\underset{H}{|}}{C}=CH^2 + H-OH$$

Les isoméries sont encore plus nombreuses que dans la série forménique, car la place de la *double liaison* influe sur les propriétés.

Ces carbures sont gazeux jusqu'à C^4H^8 ; les **pentènes** ou *amylènes* C^5H^{10} et les homologues supérieurs sont liquides jusqu'au *cétène* ou **hexadécène** $C^{16}H^{32}$ qui bout à 260° ; les suivants sont solides.

268. — Le caractère essentiel des carbures éthyléniques est de donner des composés saturés par fixation d'*un* atome ou d'un radical *divalent*, ou de *deux* atomes ou radicaux *monovalents*.

Ainsi, ils se transforment en carbures saturés quand on les chauffe en tube scellé à 280° avec une solution saturée d'acide iodhydrique (qui fournit de l'hydrogène). Ils fixent directement Cl^2, ou Br^2, et se transforment en dérivés disubstitués de carbures saturés.

En fixant une molécule d'hydracide, ils donnent des monosubstitués de carbures saturés.

Un certain nombre d'entre eux peuvent également s'unir à l'acide sulfurique en donnant des corps analogues à l'acide éthylsulfurique.

Enfin ils peuvent être transformés en acides par les agents d'oxydation (*L.*, 282).

$$H^2C=CH^2 + O^2 = H^3C-CO.OH.$$

$$2(H^2C=CH^2) + 5O^2 = 2\begin{pmatrix} CO-OH \\ | \\ CH-OH \end{pmatrix} + 2H^2O.$$

acide oxalique.

CARBURES ACÉTYLÉNIQUES

269. — Homologues de l'acétylène, ils ont pour formule générale C^nH^{2n-2} (1). Ils sont très rares dans la nature ; il s'en forme dans les combustions incomplètes de corps organiques et dans l'action de la chaleur sur ces corps.

Le fait que l'acétylène peut fixer jusqu'à 4 atomes monovalents a fait admettre que les deux atomes C ont échangé 3 valences, et on écrit sa formule $HC{\equiv}CH$.

Le groupement caractéristique de la fonction acétylénique est [-C≡C-]. L'attaque par l'hydrogène, ou le chlore, conduit d'abord à des composés du type éthylénique, puis du type forménique.

$$HC{\equiv}CH + \underset{Cl}{\overset{Cl}{|}} = \underset{Cl\ \ Cl}{\overset{}{HC{=}CH}}\ ; \qquad \underset{Cl\ \ Cl}{HC{=}CH} + \underset{Cl}{\overset{Cl}{|}} = H-\underset{Cl}{\overset{Cl}{C}}-\underset{Cl}{\overset{Cl}{C}}-H$$

L'*allylène* a pour formule CH^3-C≡CH.

Les carbures acétyléniques peuvent fixer $2H^2$, $2Br^2$, $2I^2$, 2HCl, 2HBr, 2HI. Ils sont facilement oxydables ; l'acétylène est transformé en acide oxalique par une solution concentrée de permanganate de potassium.

$$CH{\equiv}CH + 2O^2 = \begin{matrix} CO.OH \\ | \\ CO.OH \end{matrix}$$

Les carbures supérieurs donnent dans les mêmes conditions deux acides au lieu d'un.

270. — Ils ont, comme l'acétylène, une grande tendance à la polymérisation (*L.*, 290), et donnent alors des carbures se rattachant à la benzine.

(1) On les nomme en remplaçant le suffixe **ane** des carbures forméniques par **ine.** Exemples : **éthine** ou (*acétylène*), C^2H^2; **propine** (ou *allylène*), C^3H^4.

On obtient des carbures acétyléniques en traitant par une solution alcoolique de potasse, qui enlève 2HCl, un disubstitué dont les deux atomes halogènes sont unis au même atome de carbone.

$$CH^3\text{-}CH^2\text{-}CHCl^2 + 2KOH = 2KCl + 2H^2O + \underset{\text{allylène.}}{CH^3\text{-}C \equiv CH.}$$

271. — Les dérivés halogénés par substitution des carbures incomplets sont peu connus ; ils conduisent à des corps incomplets. — Les dérivés par addition, quand la réaction est poussée assez loin, reproduisent des composés forméniques.

CHAPITRE IV

ALCOOL ÉTHYLIQUE ET CORPS QUI S'Y RATTACHENT

272. — **L'alcool éthylique** ou **éthanol** (1) est le type des alcools *primaires*, caractérisés dans les formules par le groupement CH^2OH. L'hydrogène de l'oxhydryle est appelé l'*hydrogène actif* de l'alcool. Voici ses réactions fonctionnelles générales.

Ethylates. 273. — Le sodium attaque l'alcool à froid en dégageant l'hydrogène actif, auquel il se substitue pour donner un composé de formule C^2H^5ONa, que l'eau détruit en donnant de la soude et de l'alcool.

$$2C^2H^5OH + 2Na = 2.C^2H^5ONa + H^2.$$

$$C^2H^5ONa + H^2O = C^2H^5OH + NaOH.$$

Ce composé, que son mode de formation rapproche des sels, est appelé *éthylate de sodium;* mais son instabilité le distingue des véritables sels.

On utilise ces réactions pour déshydrater l'alcool; on le met en contact avec une quantité de sodium (bien débarrassé d'huile de naphte) en rapport avec l'eau qu'il contient et on laisse réagir: en distillant ensuite le mélange d'alcool, de soude et d'éthylate, on recueille de l'*alcool absolu.*

(1) Les alcools sont nommés en ajoutant le suffixe **ol** au nom du carbure correspondant, et indiquant le rang de l'atome auquel est uni l'oxhydryle. Ainsi, l'*alcool propylique* normal est le **propanol 1.**, CH^3-CH^2-CH^2OH; l'*alcool isopropylique* CH^3-$CHOH$-CH^3 est le **propanol 2.**

Ether ordinaire ou **Oxyde d'éthyle. 274.** — L'acide sulfurique attaque l'alcool dès la température ordinaire en dégageant une grande quantité de chaleur (*L.*, 334), et donne l'*acide éthylsulfurique* ou *sulfate monoéthylique* $C^2H^5\text{-}O\text{-}SO^2\cdot OH$, à la fois éther et acide, car l'eau le saponifie (*L.*, 283), et il forme avec les bases des sels parfaitement définis. Ce corps chauffé au-dessous de 160° avec un excès d'alcool, donne de l'*oxyde d'éthyle* (*éther ordinaire* des pharmacies).

$$SO^2\begin{cases} O - C^2H^5 \\ OH \end{cases} + C^2H^5 - OH = SO^2\begin{cases} OH \\ OH \end{cases} + \begin{matrix} C^2H^5 \\ C^2H^5 \end{matrix}\Big\rangle O$$

Pour préparer une petite quantité d'éther, on mélange

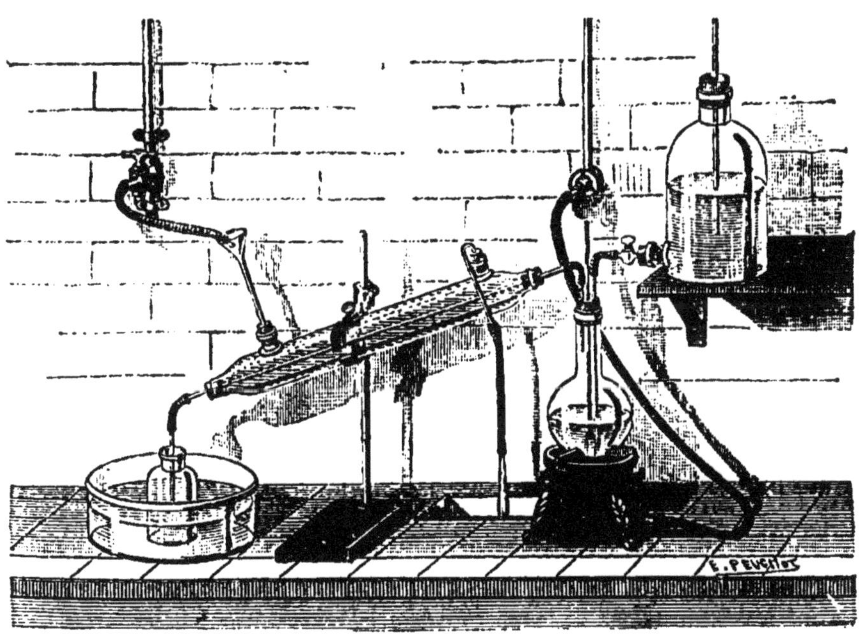

Fig. 28. — Préparation de l'éther.

peu à peu, dans un ballon refroidi, 7 parties d'alcool ordinaire à 10 d'acide sulfurique, et on chauffe doucement à 140°. On fait passer dans un réfrigérant les vapeurs qui se dégagent, et on les condense dans un vase entouré d'eau froide. Pour une préparation continue, on relie le ballon B, où l'on a fait le mélange, à un flacon contenant de l'alcool à 95° et muni d'un tube à robinet permettant de laisser tomber l'alcool goutte à goutte dans le ballon (*fig.* 28); une quantité limitée d'acide sulfurique permet la transformation d'une quantité indéfinie d'alcool.

Il se forme en même temps un peu d'anhydride sulfureux; pour purifier l'éther, on le laisse digérer pendant 24 heures avec un lait de chaux, qui absorbe SO^2; on lave à l'eau l'éther qui surnage, ce qui entraîne l'alcool en excès, et on distille sur du chlorure de calcium.

275. — C'est un liquide incolore, très mobile, d'une odeur spéciale agréable; sa densité est voisine de 0,7. Il cristallise à —31° et bout à 35° sous 76^{cm}.

A la température ordinaire l'eau peut dissoudre jusqu'à 0,1 de son volume d'éther; si on ajoute de l'éther en excès, il reste à la surface de l'eau, mais en même temps il dissout jusqu'à 0,02 de son volume d'eau, après quoi l'équilibre est établi entre les deux liquides. L'éther dissout l'iode, le brome, le soufre, les graisses, et se mélange à l'alcool en toutes proportions.

Sa vapeur est très inflammable, ce qui le rend dangereux; il brûle avec une flamme fuligineuse, car sa combustion complète nécessite une assez grande quantité d'oxygène. Il s'oxyde lentement à la température ordinaire, plus rapidement en présence du platine; une spirale de platine chaude, suspendue au voisinage de la surface de l'éther contenu dans un vase ouvert, devient incandescente (1).

Il n'est décomposable ni par l'eau ni par les alcalis.

Il possède des propriétés anesthésiques.

Ethers oxydes. 276. — Ce sont des corps analogues au pré-

(1) Il est bon de couvrir le vase pour éviter l'inflammation de la vapeur d'éther, qui se produit toujours en vase ouvert. L'eau n'éteint pas l'éther, qui surnage.

cèdent, et qui sont formés de deux radicaux hydrocarbonés monovalents réunis par un atome d'oxygène. Leur nom vient de leur analogie de constitution avec les oxydes tels que K^2O. Ils sont liquides ou solides, sauf l'*oxyde de méthyle* $CH^3\text{-}O\text{-}CH^3$ qui est gazeux, et peu solubles dans l'eau. A l'inverse des éthers-sels, ils ne sont détruits ni par l'eau, ni par les bases. Mais l'acide iodhydrique les décompose en donnant un alcool et un iodure alcoolique.

$$C^2H^5\text{-}O\text{-}CH^3 + HI = C^2H^5OH + CH^3I.$$

Oxyde de méthyle et d'éthyle. — Iodure de méthyle.

L'action de l'acide sulfurique sur un alcool donne un éther-oxyde *symétrique;* par exemple, avec le propanol C^3H^7OH, on a l'oxyde de propyle $C^3H^7\text{-}O\text{-}C^3H^7$. On obtient les oxydes à radicaux différents en faisant agir un iodure alcoolique sur un alcool sodé.

$$C^2H^5O\boxed{Na + I}C^2H^3 = C^2H^5\text{-}O\text{-}CH^3 + INa$$

Oxydation de l'alcool. 277. — On a déjà vu (*L.*, 321) comment on passe, par oxydation, de l'alcool à l'acide acétique. Si l'action oxydante est faible, comme par exemple celle du noir de platine en présence de l'air, la molécule d'alcool perd simplement H^2, et donne l'**aldéhyde ou éthanal** (1), que nous avons déjà obtenu par une autre voie (**262**).

$$CH^3\text{-}\underset{H}{\overset{H}{C}}\text{-}OH + O = CH^3\text{-}C\begin{matrix}\diagup O \\ \diagdown H\end{matrix} + H^2O$$

Tous les alcools *primaires*, sous une influence oxydante faible, donnent un aldéhyde; les atomes d'hydrogène qui disparaissent appartiennent au groupe [-CH^2OH], qui devient [-CHO]. Ainsi, le **propanol 1.** $CH^3\text{-}CH^2\text{-}CH^2OH$ se transforme en **propanal** $CH^3\text{-}CH^2\text{-}CHO$.

278. — En oxydant avec ménagement un alcool *secondaire* tel que le **propanol 2.** $CH^3\text{-}CHOH\text{-}CH^3$, on obtient

(1) Le suffixe **al** sert à nommer les aldéhydes; au *propanol*, au *butanol*, par exemple, correspondent le *propanal*, le *butanal*.

non plus un aldéhyde, mais une *acétone* (1), la **propanone** CH^3-CO-CH^3.

279. — Quant aux alcools tertiaires, ils ne donnent par oxydation ni aldéhyde, ni acétone ayant le même nombre d'atomes de carbone ; ils se détruisent en composés moins riches en carbone.

Aldéhyde ordinaire ou **Ethanal. 280.** — On le prépare en oxydant l'alcool par le dichromate de potassium et l'acide sulfurique. Le dichromate concassé est placé dans une cornue tubulée que l'on chauffe légèrement ; on y verse régulièrement un mélange d'alcool et d'acide sulfurique ; l'aldéhyde se dégage mélangé à des produits beaucoup moins volatils, que l'on condense à peu près complètement dans un réfrigérant ascendant maintenu à 40° ; on le recueille dans un vase entouré de glace ; pour le purifier, on profite de la propriété qu'il a de former avec l'ammoniaque une combinaison cristallisée que l'on décompose avec précaution par l'acide sulfurique (2).

281. — C'est un liquide incolore, d'une odeur assez agréable, de densité 0,8 ; il est soluble dans l'eau, l'alcool et l'éther, et bout à 21°.

La chaleur le décompose en produits complexes, parmi lesquels on trouve de l'oxyde de carbone, de l'acétylène et de l'alcool. Il brûle facilement. En présence de traces de chlorure de zinc, il se *polymérise* en donnant du *paraldéhyde*

(1) Le suffixe **one** caractérise les acétones, appelées encore *cétones* ou *kétones*. — La nomenclature est d'ailleurs la même que pour les carbures (ou alcools) correspondants.

(2) On peut se procurer rapidement de l'aldéhyde impur en versant sur quelques cristaux de dichromate placés dans un petit ballon un mélange à volumes égaux d'alcool à 90°, d'eau et d'acide sulfurique. On doit attendre que le mélange soit froid, car la réaction, qui se produit dès la température ordinaire, serait beaucoup trop violente. On adapte un tube de dégagement recourbé plongeant dans un tube d'essai entouré d'eau froide.

$(C^2H^4O)^3$, liquide bouillant à 125° auquel on attribue la formule

```
         O
       /   \
CH³-HC       CH-CH³
    |         |
    O         O
     \       /
      CH - CH³
```

282. — D'après son origine, l'aldéhyde est un corps *incomplet*, formant facilement des combinaisons par addition. Ses propriétés les plus importantes sont les suivantes :

1° Sous l'action de l'hydrogène naissant (amalgame de sodium et eau) il se transforme en alcool par fixation de H^2 ; c'est la réaction inverse de celle qui sert à le préparer.

2° Il s'oxyde lentement à froid au contact de l'air et se transforme en acide acétique ; l'oxydation peut être réalisée rapidement par les oxydants usuels.

$$CH^3-C\lesssim^{O}_{H} + O = CH^3-C\lesssim^{O}_{OH}$$

L'oxydabilité de l'aldéhyde en fait un réducteur énergique; les sels cuivriques sont réduits avec dépôt d'oxyde cuivreux Cu^2O, les sels d'argent avec dépôt d'argent métallique ; on argente facilement un tube d'essai en y chauffant pendant quelques minutes à 30 ou 40° une solution d'azotate d'argent à laquelle on a ajouté juste assez d'ammoniaque pour dissoudre le précipité formé d'abord, et quelques gouttes d'aldéhyde.

3° *Avec les bisulfites alcalins* l'aldéhyde forme des composés cristallisables qui, chauffés avec des solutions aqueuses d'acide sulfurique, d'alcalis ou de carbonates alcalins, laissent dégager l'aldéhyde; réaction commode, utilisée soit pour purifier l'aldéhyde, soit pour l'extraire d'un mélange.

$$CH^3-CHO + \underset{\text{Bisulfite de sodium.}}{\begin{matrix} NaO \\ HO \end{matrix}\!>SO} = CH^3-CH<\begin{matrix} OH \\ O-SO-ONa \end{matrix}$$

L'aldéhyde ajouté à une solution de fuchsine décolorée par l'acide sulfureux fait peu à peu réapparaître la couleur; c'est une réaction caractéristique de la fonction.

Aldéhydes. 283. — Ce sont les homologues de l'éthanal, tous capables : 1° de passer à l'état d'alcool par hydrogénation;

2° D'être transformés en acides par oxydation. Ils sont réducteurs, et forment des combinaisons cristallisées avec les bisulfites alcalins. Ils recolorent la solution de fuchsine décolorée par l'acide sulfureux.

Parmi eux nous signalerons le *méthanal*, aldéhyde formique ou formol (**246**), gaz instable, se polymérisant spontanément avec la plus grande facilité. On l'emploie comme antiseptique; en solution aqueuse il est employé comme réducteur dans l'argenture du verre (*L.*, 263).

On rencontre dans la nature un grand nombre d'aldéhydes; l'alcool *brut* de betterave et de pommes de terre contient de l'éthanal; l'essence d'amandes amères contient l'*aldéhyde benzylique*, qui se rattache à un homologue de la benzine. La majeure partie des matières sucrées sont des *aldéhydes-alcools;* un grand nombre d'essences végétales contiennent des *aldéhydes-phénols*, comme la *vanilline* (essence de vanille), l'*aldéhyde salicylique* (essence de reine des prés).

Acétone ordinaire ou **Propanone. 284.** — Le procédé pratique de préparation de l'acétone consiste à décomposer par la chaleur l'acétate de calcium;

$$\begin{matrix} CH^3\text{-}CO\text{-}O \\ CH^3\text{-}CO\text{-}O \end{matrix}\!\!>Ca = CaCO^3 + CH^3\text{-}CO\text{-}CH^3$$

il faut employer une cornue en grès ou un vase en fer, la température nécessaire étant très élevée; on condense les vapeurs dans un flacon entouré d'eau.

C'est un liquide d'odeur éthérée, de densité 0,81, bouillant à 56°, miscible à l'eau, à l'alcool et à l'éther.

285. — L'acétone se rapproche de l'aldéhyde par les propriétés suivantes :

L'amalgame de sodium et l'eau la transforment en alcool isopropylique.

Elle est oxydée par le dichromate de potassium et l'acide sulfurique ; mais, au lieu de donner l'acide *propionique* (correspondant au propane), comme le ferait son isomère le *propanal* $CH^3\text{-}CH^2\text{-}CHO$, elle donne de l'*acide acétique* et de l'*acide formique.*

$$\underset{}{CH^3\text{-}CO\text{-}CH^3} + 3O = \underset{\text{A. formique.}}{H\text{-}CO.OH} + \underset{\text{A. acétique.}}{CH^3\text{-}CO.OH}.$$

Elle forme avec le sulfite monosodique, comme l'aldéhyde, une combinaison cristallisée qui peut être détruite par la potasse. On utilise cette propriété pour purifier l'acétone.

286. — Elle se distingue de l'aldéhyde par les caractères suivants :

Elle n'est pas réductrice. Elle ne recolore pas la solution de fuchsine décolorée par l'acide sulfureux.

En versant quelques gouttes d'acétone dans une solution de potasse dans laquelle on a dissous un peu d'iode, on obtient un abondant précipité d'iodoforme CHI^3.

Acétones. 287. — Ce sont les homologues de la propanone ; elles sont isomères des aldéhydes. On les obtient en calcinant un sel de calcium (les radicaux unis par [-CO-] sont identiques), ou un mélange de sels de calcium (les radicaux unis par [-CO-] sont différents). Exemple :

$$\underset{\text{Propionate.}}{\begin{matrix} C^3H^5\text{-}CO\text{-}O \\ C^3H^5\text{-}CO\text{-}O \end{matrix} > Ca} + \underset{\text{Acétate.}}{\begin{matrix} CH^3\text{-}CO\text{-}O \\ CH^3\text{-}CO\text{-}O \end{matrix} > Ca} = \underset{\text{Méthyl-propanone.}}{2\,[C^3H^5\text{-}CO\text{-}CH^3]} + 2\,CO^3Ca.$$

L'hydrogénation d'une acétone donne l'alcool secondaire correspondant; son oxydation *donne deux acides.* Un certain nombre d'entre elles s'unissent au sulfite monosodique. *Celles qui contiennent le groupe* [CH^3-CO-] *donnent de l'iodoforme en présence de l'iode et de la potasse.*

Méthylamines. 288. — Nous avons signalé (**201**) l'action de l'iodure de méthyle sur la solution alcoolique d'ammoniac en tube scellé.

$$CH^3I + AzH^3 = CH^3\text{-}Az{<}{}^{H}_{H} + HI.$$

Méthylamine.

Mais la réaction ne s'arrête pas là ; la méthylamine est elle-même attaquable par l'iodure de méthyle et donne de la *diméthylamine* $(CH^3)^2{=}Az\text{-}H$, qui en vertu de la même réaction donne la *triméthylamine* $(CH^3)^3{\equiv}Az$. Ces corps s'unissant aux hydracides comme AzH^3, on obtient un mélange, de composition variable avec les proportions des corps réagissants et les conditions de l'expérience, des *iodures* de *mono*, *di*, et *triméthylammonium*

$$I\text{-}Az{\lessgtr}\begin{matrix}CH^3\\H\\H\\H\end{matrix} \qquad I\text{-}Az{\lessgtr}\begin{matrix}CH^3\\CH^3\\H\\H\end{matrix} \qquad I\text{-}Az{\lessgtr}\begin{matrix}CH^3\\CH^3\\CH^3\\H\end{matrix}$$

On a également enfin de l'*iodure de tétraméthylammonium*

$$I\text{-}Az{\equiv}(CH^3)^4.$$

En traitant par la potasse on chasse les méthylamines (comme on chasse AzH^3 de AzH^4Cl), tandis que l'iodure de tétraméthylammonium reste inaltéré.

La séparation des méthylamines ne peut être faite que par distillation fractionnée ; elle est longue et pénible, les points d'ébullition étant voisins.

En traitant par l'hydrate d'argent l'iodure de tétraméthylammonium, purifié par cristallisation, on a l'*hydrate de tétraméthylammonium*.

$$I\text{-}Az{\equiv}(CH^3)^4 + AgOH = Az(CH^3)^4OH + AgI.$$

280. — Les méthylamines sont tout à fait analogues par leur fonction à l'ammoniac ; elles sont très solubles dans l'eau, les solutions ont une réaction basique d'autant plus accusée que la substitution de CH^3 à H est plus avancée. Elles s'unissent aux acides, pour donner des sels cristallisés. Leurs solutions précipitent en bleu les sels cuivriques et redissolvent le précipité en donnant une liqueur bleue.

La monométhylamine CH^3-AzH^2 est un gaz liquéfiable un peu au-dessous de 0° ; la diméthylamine bout à + 8°, la triméthylamine à + 9°.

La distillation en vase clos des vinasses de betterave donne de grandes quantités de triméthylamine.

L'hydrate de tétraméthylammonium est un solide blanc cristallin, déliquescent, caustique, absorbant le gaz carbonique, en tout semblable à la potasse et à la soude.

Amines. 200. — La réaction qui donne les méthylamines est très générale; dans les amines appelées *secondaires* et *tertiaires* (à *deux* ou *trois radicaux* substitués) les radicaux hydrocarbonés peuvent être différents. Ainsi, en traitant la monométhylamine par l'iodure d'éthyle C^2H^5I, on obtient la *méthyléthylamine* CH^3-AzH-C^2H^5.

Les amines sont d'autant moins solubles dans l'eau que leur poids moléculaire est plus élevé; les propriétés basiques augmentent avec le nombre des radicaux substitués.

On trouve dans la nature un très grand nombre d'amines ou de composés doués d'une fonction analogue (*alcaloïdes, L.*, 368-371); nous signalerons l'existence de la triméthylamine dans la saumure de harengs et la levure putréfiée, la formation de la monométhylamine dans la distillation d'un grand nombre de matières azotées.

La fonction amine se trouve souvent superposée à d'autres fonctions dans une même substance; ainsi les *lécithines* de la matière cérébrale et du jaune d'œuf sont des combinaisons complexes d'un corps qui est à la fois hydrate d'ammonium quaternaire et alcool, la *choline*, avec d'autres corps parmi lesquels l'acide phosphorique et la glycérine. L'*aniline* est une amine.

CHAPITRE V

ACIDE ACÉTIQUE ET SES DÉRIVÉS. — ÉTHERS-SELS. AMIDES

291. — L'acide acétique ou **éthanoïque** (1) CH^3-COOH, auquel conduit l'oxydation de l'*éthanol* et de l'*éthanal*, est tout à fait comparable aux acides minéraux par son action sur les bases; il est monobasique, et un peu moins fort que les acides azotique, chlorhydrique et sulfurique, qui décomposent les acétates.

La définition de la fonction acide par l'action des métaux ou des bases, suffisante en chimie minérale, ne l'est plus en chimie organique, car les alcools, qui sont des corps neutres, répondraient aussi à cette définition (**271**). *On appelle acide tout corps dérivant d'un aldéhyde par addition d'oxygène.* La fonction acide est indiquée dans les formules par le groupe $-C{\scriptstyle\lt}^{O}_{OH}$, dont l'hydrogène est remplaçable par les métaux. Au point de vue expérimental les acides sont caractérisés par les réactions suivantes, dont la première les distingue nettement des alcools.

A) Chlorure d'acétyle (2). — **Chlorures d'acides. — Anhydrides. 292.** — En faisant tomber goutte à goutte de l'oxychlorure de phosphore sur de l'acétate de sodium et distillant avec précaution, on obtient un liquide

(1) Le suffixe **oïque**, ajouté au nom du carbure, sert à désigner les acides : on supprime même souvent le mot acide. Exemple : **propanoïque** = *acide propionique*.

(2) Le radical de l'acide acétique, [CH^3-CO], est appelé *acétyle* ou *éthanoyle*.

incolore, fumant, qui est le résultat de la substitution de Cl à OH dans l'acide acétique.

$$3[CH^3-CO-ONa] + PCl^3O = Na^3PO^4 + 3[CH^3-CO-Cl].$$

C'est le *chlorure d'acétyle*, bouillant à 55°, type d'une classe de corps qu'on appelle *chlorures d'acides* et que l'on peut également obtenir en traitant l'acide acétique par le perchlorure de phosphore. (On a vu (**260**) qu'un *alcool* traité par le perchlorure de phosphore donne un dérivé monochloré *qui est un éther-sel*.)

$$CH^3-COOH + PCl^5 = PCl^3O + HCl + CH^3-COCl.$$

Le chlorure d'acétyle se décompose au contact de l'eau en régénérant l'acide acétique.

$$CH^3-COCl + H^2O = CH^3-COOH + HCl.$$

Traité par l'acétate de sodium sec, il donne du chlorure de sodium et un liquide bouillant à 138°, qui, mis en contact avec l'eau, ne s'y mélange pas tout d'abord, mais finit cependant par s'y dissoudre en régénérant l'acide acétique. C'est l'*anhydride acétique*, résultant de l'union de deux molécules d'acide avec élimination d'une molécule d'eau.

$$CH^3\text{-}COCl + NaO\text{-}CO\text{-}CH^3 = NaCl + \begin{matrix} CH^3-CO \\ CH^3-CO \end{matrix}\!\!>O$$

anhydride acétique

$$\left.\begin{matrix} CH^3\text{-}CO\text{-}OH \\ CH^3\text{-}CO\text{-}OH \end{matrix}\right\} = H^2O + \begin{matrix} CH^3-CO \\ CH^3-CO \end{matrix}\!\!>O$$

Le chlorure acétique traité par le gaz ammoniac donne un corps sur lequel nous reviendrons, et qui est le type des composés appelés *amides*, qui sont aux acides ce que les amines sont aux alcools.

$$CH^3-CO-Cl + AzH^3 = CH^3-CO-Az<^H_H + HCl.$$

Acétamide.

Ces réactions sont tout à fait générales ; à chacun des homologues de l'acide acétique correspond un chlorure d'acide doué des propriétés qui viennent d'être indiquées, et un anhydride.

B) Acides acétiques chlorés. 293. — En faisant passer un courant de chlore dans de l'acide acétique étendu d'eau et exposé au soleil, on obtient des composés résultant de la substitution pure et simple de Cl à H dans le radical hydrocarboné CH^3. Ce sont les *acides chloracétiques*

$CH^2Cl\text{-}COOH$; $CHCl^2\text{-}COOH$; $CCl^3\text{-}COOH$,

tous trois acides monobasiques forts, dont les sels sont très bien cristallisés ; la permanence de la fonction acide justifie ces formules et montre *qu'une substitution qui laisse intact le groupement fonctionnel n'altère pas les caractères essentiels des corps.*

294. — S'il est facile de passer de l'aldéhyde à l'acide acétique, la transformation inverse ne peut se faire que par une voie détournée, l'acide acétique n'étant pas réductible.

C) Ethers-sels. 295. — On a déjà précisé les conditions dans lesquelles l'acide acétique agit sur l'alcool pour donner l'*acétate d'éthyle* ou *éther éthylacétique* (1), et indiqué la propriété fondamentale des éthers-sels d'être *saponifiés* par l'eau et les bases.

$$CH^3\text{-}CO\text{-}OH + CH^3\text{-}CH^2\text{-}OH \rightleftharpoons CH^3\text{-}CO\text{-}CH^2\text{-}CH^2O + H^2O$$

acide acétique éthanol acétate d'ethyle

Un éther-sel peut être considéré comme résultant soit de la substitution d'un résidu alcoolique tel que [$CH^3\text{-}CH^2\text{-}O$-] à OH dans un acide, soit de la substitution d'un radical d'acide tel que l'acétyle [$CH^3\text{-}CO$-] à H dans un alcool ; la formule de l'acétate d'éthyle peut en effet se lire des deux ma-

(1) Le premier de ces noms est celui de la nomenclature régulière.

nières ; la première est plus commode pour la représentation des éthers d'acides polybasiques, la seconde pour les éthers des polyalcools, tels que la glycérine.

Par exemple, on connaît deux éthers éthyliques de l'acide oxalique, le premier *éther-acide*, le second *éther neutre*

$$\begin{matrix} CO-OH & CO-OC^2H^5 & CO-OC^2H^5 \\ | & | & | \\ CO-OH & CO-OH & CO-OC^2H^5 \end{matrix}$$

Ac. oxalique. — oxalates d'éthyle.

On connaît trois éthers acétiques de la glycérine, que l'on appelle *acétines* (1). Leurs formules sont

$$\begin{matrix} CH^2O-CO-CH^3 & CH^2O-CO-CH^3 & CH^2O-CO-CH^3 \\ | & | & | \\ CHOH & CHOH & CHO-CO-CH^3 \\ | & | & | \\ CH^2OH & CH^2O-CO-CH^3 & CH^2O-CO-CH^3 \end{matrix}$$

Monoacétine. — Diacétine. — Triacétine.

Il y a même des éthers dans lesquels figurent des radicaux acides différents, comme par exemple l'*acétodichlorhydrine* (CH^2O-CO-CH^3-$CHCl$-CH^2Cl) [Cl remplace OH].

206. — Nous rappellerons que les éthers des acides minéraux peuvent être facilement obtenus par action directe, tandis qu'avec les acides organiques la réaction est très lente ; on la rend beaucoup plus rapide et presque complète en ajoutant de l'acide sulfurique, qui s'empare de l'eau formée pendant l'éthérification.

Un procédé très général et très pratique de préparation des éthers à acide organique consiste à chauffer un chlorure acide avec un alcool.

$$CH^3-COCl + CH^3-CH^2OH = HCl + \underset{\text{Acétate d'éthyle.}}{C^2H^5O-CO-CH^3}.$$

(1) La terminaison *ine* ajoutée au nom d'un acide a servi au début à nommer les éthers de la glycérine par analogie avec la stéarine, la palmitine, etc.

On voit aisément que cette réaction réalise les substitutions indiquées.

207. — On a déjà signalé (**218**) les caractères principaux de la réaction d'un acide sur un alcool. Nous nous bornerons à ajouter que la limite d'éthérification est à peu près indépendante de la nature de l'acide et de celle de l'alcool (au moins avec les alcools primaires), et correspond à la transformation des deux tiers de l'acide.

Quant à la vitesse de transformation qui croît avec la température, elle est pour un même acide sensiblement indépendante de la nature de l'alcool; pour un même alcool, au contraire, elle est d'autant plus faible que le poids moléculaire de l'acide est plus élevé.

Les alcools secondaires et tertiaires peuvent, comme les alcools primaires, donner des éthers avec les acides, et la réaction fournit un moyen de caractériser la nature d'un alcool, car les vitesses et les limites d'éthérification ne sont plus les mêmes. Si l'on fait agir l'acide acétique sur un alcool en proportions équivalentes, on constate que 0,68 environ de l'alcool ont été éthérifiés s'il est primaire, 0,58 s'il est secondaire, 0,01 à 0,06 s'il est tertiaire.

Relations des aldéhydes, des acétones et des acides avec les carbures. 208. — La préparation des corps précédents à partir des dérivés halogénés des carbures peut être assimilée à une véritable saponification. Rappelons qu'en traitant par la potasse le **chloropropane 1.** $C^2H^5-CH^2Cl$ qui est l'éther chlorhydrique du **propanol 1.** $C^2H^5CH^2OH$, on obtient cet alcool.

On peut considérer le **dichloropropane 1.** $C^2H^5-CHCl^2$, comme l'éther neutre d'un *dialcool* spécial très instable, $C^2H^5-CH(OH)^2$. L'action de l'eau ou de la potasse tend à produire l'alcool qui *se déshydrate* spontanément au moment où il prend naissance, et donne l'aldéhyde.

$$C^2H^5-CH\begin{matrix} OH \\ OH \end{matrix} = H^2O + C^2H^5-C\begin{matrix} H \\ O \end{matrix}$$

Et de fait, si l'on n'a pas préparé ces alcools, on en connait des éthers. Ainsi, l'on trouve dans les produits de l'action de la chaleur sur l'aldéhyde un corps nommé *acétal*, qui est un véritable éther-oxyde, d'après son mode de préparation à partir du **dichloropropane 1** (**276**).

$$C^2H^5-CH<^{Cl}_{Cl} + \left.\begin{matrix}NaO-C^2H^5\\NaO-C^2H^5\end{matrix}\right\} = 2NaCl + C^2H^5-CH<^{OC^2H^5}_{OC^2H^5}$$

Ethylate de sodium. Acétal.

De même, le **dichloropropane 2**, $CH^3-CCl^2-CH^3$, serait l'éther du dialcool instable $CH^3-C(OH)^2-CH^3$ dont la déshydratation conduit à la **propanone**, $CH^3-CO-CH^3$.

De même, un dérivé trichloré tel que $H-CCl^3$ peut être considéré comme l'éther du trialcool $H-C(OH)^3$, inconnu, mais dont on connait des éthers oxydes préparés de la même manière.

$$H-C\begin{matrix}Cl\\Cl\\Cl\end{matrix} + \left.\begin{matrix}NaO.C^2H^5\\NaO.C^2H^5\\NaO.C^2H^5\end{matrix}\right\} = 3NaCl + H-C\begin{matrix}OC^2H^5\\OC^2H^5\\OC^2H^5\end{matrix}$$

Chloroforme. Ether orthoformique.

La déshydratation du corps $H-C\begin{matrix}OH\\OH\\OH\end{matrix}$ conduit à $H-C\leqslant^{O}_{OH}$.

Acétamide ou **Ethanamide. 299.** — Ce corps, déjà mentionné (**203**, 3°), est un solide blanc cristallin, fondant à 82°, bouillant à 222°, soluble dans l'alcool et l'éther.

Chauffé avec de l'eau, il donne de l'acétate d'ammonium (1).

$$CH^3-CO-Az<^{H}_{H} + H^2O = CH^3-C\leqslant^{O}_{OAm}$$

Chauffé avec de l'anhydride phosphorique, il perd les éléments de l'eau et se transforme en une substance possédant une fonction nouvelle, l'*acétonitrile* ou **éthane nitrile**, $CH^3-C\equiv Az$.

$$CH^3-CO-Az<^{H}_{H} = CH^3-C\equiv Az + H^2O$$

(1) Le symbole Am désigne AzH^4.

L'acétamide peut d'ailleurs être obtenu par l'action de l'anhydride phosphorique ou du chlorure de zinc, substances déshydratantes, sur l'acétate d'ammonium. On le prépare d'ordinaire en chauffant à sec l'acétate d'ammonium cristallisé; il passe vers 200-220°. On peut donc le considérer comme le premier degré de déshydratation de ce sel.

L'acétamide, corps incomplet, peut s'unir par addition aux acides, pour donner des sortes de sels instables; il peut en même temps subir la substitution d'un métal à l'un des H d'un groupement AzH^2. Il se comporte donc comme un corps *indifférent*.

Amides. 300. — La déshydratation de tout sel ammoniacal à acide organique conduit à un *amide*. Ces corps, comme les amines, contiennent le groupe AzH^2, mais uni à un radical d'acide, à la place d'un radical hydrocarboné. Leurs modes de production synthétique sont d'ailleurs tout à fait parallèles (**202**, 3°). Ils peuvent être déshydratés et se transforment alors en *nitriles*, caractérisés par le groupe [-C≡Az]. Ils sont indifférents.

La fonction amide peut exister plusieurs fois dans un corps, et coexister avec d'autres fonctions. Par exemple, en déshydratant l'oxalate monoammonique, on peut préparer l'*acide oxamique*, qui est un *amide-acide;* l'oxalate neutre conduit à l'*oxamide* qui est un *diamide*.

$$\begin{matrix} CO-O-AzH^4 \\ | \\ CO-OH \end{matrix} = \underset{\text{Ac. oxamique.}}{\begin{matrix} CO-AzH^2 \\ | \\ COOH \end{matrix}} + H^2O. \qquad \begin{matrix} CO-O-AzH^4 \\ | \\ CO-O-AzH^4 \end{matrix} = \underset{\text{Oxamide.}}{\begin{matrix} CO-AzH^2 \\ | \\ CO-AzH^2 \end{matrix}} + H^2O.$$

La déshydratation du carbonate d'ammonium conduit à l'*urée*, qui est un *diamide*.

$$CO<\begin{matrix} OAzH^4 \\ OAzH^4 \end{matrix} = \underset{\text{Urée.}}{CO<\begin{matrix} AzH^2 \\ AzH^2 \end{matrix}} + H^2O.$$

Urée. 301. — C'est à l'état d'urée que les transformations subies dans les tissus amènent finalement les matières azotées contenues dans l'organisme. L'urée est un produit de *désassimilation*, que l'on retrouve en particulier dans l'urine et dans la sueur.

C'est une substance cristallisable en longs prismes incolores, solubles dans leur poids d'eau à 19°, et dans cinq fois leur poids d'alcool; elle fond à 132°, puis se décompose en produits assez nombreux, parmi lesquels nous signalerons le *biuret* $H\text{-}Az < \begin{matrix} COAzH^2 \\ COAzH^2 \end{matrix}$, que l'on peut caractériser par la couleur violacée qui se développe quand on le traite par le sulfate de cuivre, puis la potasse; la réaction se fait facilement en chauffant une petite quantité d'urée dans le fond d'un tube d'essai, et ajoutant quelques gouttes des réactifs.

L'urée est détruite par les hypobromites; tout son azote est mis en liberté, et le carbone passe à l'état de gaz carbonique.

$$CO < \begin{matrix} AzH^2 \\ AzH^2 \end{matrix} + 3NaOBr = 3NaBr + 2H^2O + Az^2 + CO^2.$$

Cette réaction est constamment utilisée pour doser l'urée dans l'urine; on ajoute le réactif à un volume connu d'urée, et on mesure le volume d'azote dégagé. On voit facilement que 1^{gr} d'urée, représentant 1/20 de la quantité rejetée en 24 heures, en moyenne, donne environ 370^{cm^3} d'azote.

La fonction amide de l'urée est établie par les réactions suivantes :

1° *Chauffée à 140° en tube scellé avec de l'eau, elle se transforme en gaz carbonique et ammoniac.* Cette transformation peut être également accomplie par un organisme microscopique, le ferment de l'urée ou *micrococcus ureæ*; c'est ainsi que le carbonate d'ammonium apparaît dans les eaux-vannes.

2° *On peut l'obtenir en chauffant le chlorure de carbonyle avec de l'ammoniac, réaction générale* (**202**, 3°) :

$$COCl^2 + 4AzH^3 = 2AzH^4Cl + CO < \begin{matrix} AzH^2 \\ AzH^2 \end{matrix}$$

L'urée se combine avec les acides pour former des sels dont les amides portent le nom d'*uréides*, et parmi lesquels nous signalerons l'*acide urique*, dérivé de l'*acide lactique*, très abondant dans les excréments des oiseaux et des serpents ; cet acide existe aussi en faible quantité, à l'état d'urate alcalin, dans l'urine normale de l'homme.

L'urée a été obtenue synthétiquement pour la première fois en chauffant le *cyanate d'ammonium* $AzH^4\text{-}C\genfrac{}{}{0pt}{}{\nearrow Az}{\searrow O}$, qui en est un isomère. C'est le premier exemple de synthèse d'un produit de la vie.

En dehors des procédés de préparation signalés, on peut encore retirer l'urée de l'urine, qui traitée par l'acide azotique donne de l'*azotate d'urée;* la solution de cet azotate, en présence du carbonate de baryum, donne de l'urée et de l'azotate de baryum, que l'on sépare en ajoutant de l'alcool, dans lequel l'azotate n'est pas soluble.

CHAPITRE VI

CYANOGÈNE. — ACIDE CYANHYDRIQUE. — CYANURES

302. — On a vu que la déshydratation d'un amide donne un *nitrile*, caractérisé par le groupement fonctionnel (-C≡Az), résultant de la disparition des éléments de l'eau dans le groupe -CO-AzH^2.

On peut revenir directement des nitriles aux sels ammoniacaux en les traitant par les acides forts ou les bases alcalines, qui agissent comme hydratants; dans le premier cas on obtient l'acide organique auquel se rattache le nitrile et un sel ammoniacal de l'acide fort employé; dans le second, un sel alcalin de l'acide organique, et de l'ammoniac.

Le plus simple de tous les nitriles est celui qui dérive de l'acide formique ou du formiate d'ammonium, H-CO-$OAzH^4$. Sa formule est H-C≡Az. On l'avait préparé et étudié sous le nom d'*acide prussique* ou *cyanhydrique* longtemps avant d'en avoir établi la vraie nature.

A l'acide oxalique, bibasique, correspond un *dinitrile* résultant de la déshydratation de l'oxalate neutre d'ammonium $\begin{matrix} \text{C-O-AzH}^4 \\ | \\ \text{C-O-AzH}^4 \end{matrix}$, et qui a pour formule $\begin{matrix} \text{C}\equiv\text{Az} \\ | \\ \text{C}\equiv\text{Az} \end{matrix}$. C'est le *cyanogène*, également préparé et étudié avant que l'on ne connût sa place exacte parmi les corps organiques (1).

(1) L'acide cyanhydrique fut retiré du *bleu de Prusse* en 1782 par le grand chimiste suédois Sheele, d'où son nom initial d'acide prussique : le cyanogène fut isolé par Gay-Lussac en 1811. C'est seulement en 1847 que Dumas, en collaboration avec deux autres chimistes, montra les relations des nitriles avec le cyanogène.

$$\text{Cyanogène}\ \begin{matrix}C\equiv Az\\ |\\ C\equiv Az\end{matrix},\ \text{ou}\ (CAz)^2,\ \text{ou}\ Cy^2.$$

Propriétés. 303. — C'est un gaz incolore, dont l'odeur rappelle celle des amandes amères. Sa densité par rapport à l'hydrogène, 26, lui assigne comme poids moléculaire 52; sa densité par rapport à l'air est 1,8, son poids spécifique 2,3.

L'eau en dissout 4 fois son volume à 20°; l'alcool 23 fois son volume; la solution aqueuse s'altère à la longue.

Sa température critique est 124°, il est donc très facile à liquéfier; le liquide bout à — 20° sous la pression normale.

304. — Il est très stable; la chaleur le polymérise sans le détruire; chauffé au-dessus de 440°, il se transforme en une matière solide d'un brun noir, spongieuse, insoluble dans l'eau, appelée *paracyanogène*. Chauffé en vase clos à température constante, le paracyanogène donne du cyanogène jusqu'à ce que la pression du gaz ait acquis une valeur déterminée (*tension de transformation*) qui croît avec la température. La transformation est *réversible*, comme la vaporisation d'un corps en présence de sa vapeur saturante. Au-dessous de 500° la tension de transformation (ou tension de vapeur du paracyanogène) est extrêmement faible. Elle s'élève très rapidement; sa valeur est 54^{mm} à 502°, et $1\,310^{mm}$ à 640°.

305. — Il est détruit par l'étincelle en azote et charbon. Il brûle avec une belle flamme pourpre caractéristique.

$$\underset{2\text{ vol.}}{(CAz)^2} + \underset{4\text{ vol.}}{2O^2} = \underset{4\text{ vol.}}{2CO^2} + \underset{2\text{ vol.}}{Az^2}.$$

La chaleur de combustion de C^2Az^2 surpasse de 74,6 cal.-kg celle de 24 gr. de carbone; la formation d'une molécule de cyanogène absorbe donc 74,6 cal.

Sa fonction de nitrile est établie : 1° *par le fait qu'on peut le préparer en chauffant de l'oxalate d'ammonium avec de l'anhydride phosphorique* ; 2° *par l'altération de la solution aqueuse*, qui avec le temps se détruit en produits complexes, parmi lesquels l'*oxalate d'ammonium* $(AzH^4)^2C^2O^4$.

306. — Dans un grand nombre de cas, le cyanogène se comporte à la manière d'un corps simple analogue au chlore, ce qui lui a fait attribuer le symbole Cy ; sa formule est alors Cy^2. Ainsi à 500° il se combine à l'hydrogène sec volume à volume pour donner l'*acide cyanhydrique* HCAz ou HCy. Il attaque rapidement à chaud le potassium, en donnant le cyanure de potassium K-C≡Az ou KCy ; de même il attaque le zinc lentement à froid, plus rapidement à chaud [cyanure de zinc, $Zn(CAz)^2$ ou $ZnCy^2$].

Il est absorbé par la solution de potasse, comme le chlore

$$Cy^2 + 2KOH = KCy + \underset{\text{Cyanate de potassium.}}{KCyO} + H^2O.$$

$$Cl^2 + 2KOH = KCl + KClO + H^2O.$$

Mais l'*acide cyanique* HCAzO n'est nullement comparable à l'acide hypochloreux ; il appartient au groupe des *imides*, corps résultant de la substitution à H^2 d'un radical divalent d'acide bibasique dans AzH^3. C'est le *carbimide* CO=AzH.

Préparation. 307. — On prépare le cyanogène en chauffant du cyanure de mercure *bien sec* dans un tube ou une petite cornue ; il faut chauffer de suite assez fort, pour éviter la formation d'une trop grande quantité de paracyanogène. On recueille le gaz sur la cuve à mercure. Si le cyanure de mercure employé est humide, le gaz est souillé d'anhydride carbonique, d'acide cyanhydrique et d'ammoniac.

$$(CAz)^2 + 2H^2O = HCAz + CO^2 + AzH^3.$$

308. — On détermine la composition du cyanogène dans l'eudiomètre. On met un excès d'oxygène, et on ajoute du gaz tonnant (mélange de 2 vol. d'hydrogène et de 1 vol. d'oxygène recueilli par électrolyse) destiné à faciliter la détonation ; en analysant le résidu formé de gaz carbonique, d'azote et d'oxygène, on trouve que le volume du gaz carbonique est double du volume de l'azote, ce qui, en rapportant

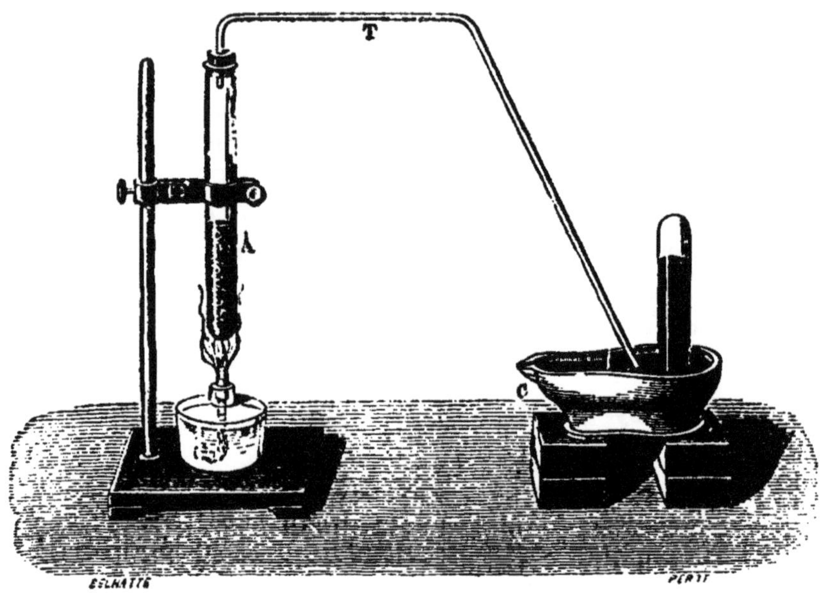

Fig. 29. — Préparation du cyanogène.

la composition à 12 de carbone, correspond à 14 d'azote. La composition centésimale est donc représentée par CAz ; on a vu que la formule est $(CAz)^2$.

Production des composés du cyanogène. 309. — En dehors des réactions générales déjà signalées, il se produit des composés cyaniques dans un grand nombre de circonstances, notamment lorsque l'azote et charbon se trouvent en présence de bases ou de carbonates alcalins ou alcalino-terreux à une température très élevée.

C'est ainsi que l'on obtient du *cyanure de baryum*, $Ba(CAz)^2$, ou du *cyanure de potassium*, KCAz, en faisant passer un courant d'air sur un mélange chauffé au rouge de charbon et de carbonate de baryum, de carbonate de potassium, ou de potasse.

$$4C + Az^2 + BaCO^3 = Ba<^{CAz}_{CAz} + 3CO.$$

On a encore du cyanure de potassium en calcinant à très haute température des matières azotées (sang, corne, cuir, poils, tendons) avec du carbonate de potassium. En ajoutant des rognures de fer, on obtient le *cyanure jaune* ou *ferrocyanure de potassium*, corps soluble et cristallisable qui est un sel de potassium dont l'anion complexe $Fe(CAz)^6$, le *ferrocyanogène*, correspond à un acide *ferrocyanhydrique* $H^4Fe(CAz)^6$ que l'on a pu isoler.

Le cyanure et le ferrocyanure de potassium peuvent servir à préparer tous les autres composés du cyanogène. Ainsi, c'est en traitant le cyanure de potassium par l'oxyde de mercure, que l'on obtient le *cyanure de mercure* $Hg(CAz)^2$.

ACIDE CYANHYDRIQUE

Propriété. 310. — C'est un liquide incolore, de densité 0,7, bouillant à 26°, se solidifiant à — 14° ; c'est à lui que les amandes amères, l'eau distillée de laurier-cerise et le kirsch doivent leur odeur spéciale. Il se mélange à l'eau en toute proportion. La densité de vapeur par rapport à l'hydrogène est 27.

C'est un poison foudroyant.

311. — La chaleur détruit l'acide cyanhydrique en acétylène et azote.

$$2HCAz = C^2H^2 + Az^2.$$

Il brûle avec une flamme bordée de pourpre, et sa vapeur forme avec l'oxygène des mélanges explosifs

$$4HCAz + 5O^2 = 2H^2O + 4CO^2 + 2Az^2.$$

Le chlore l'attaque à froid en donnant du chlorure de *cyanogène*, solide rouge cristallisé, et de l'acide chlorhydrique.

312. — Il est détruit par les métaux alcalins avec dégagement d'hydrogène et formation de cyanures. Il est de même absorbé par les alcalis étendus en donnant des cyanures et de l'eau

$$2HCAz + 2K = H^2 + 2KCAz.$$

$$HCAz + KOH = KCAz + H^2O.$$

Il forme des cyanures avec un certain nombre d'oxydes métalliques.

Ces caractères le rapprochent de l'acide chlorhydrique et lui ont fait donner son nom. Il possède en effet une fonction acide, d'ailleurs très faible, et sa solution colore le tournesol en rouge vineux. Il est monobasique.

313. — Le caractère nitrile de l'acide cyanhydrique est très net. En effet, 1° *On peut l'obtenir en déshydratant le formiate d'ammonium;*

2° *Sa solution aqueuse s'altère lentement* et finit par contenir du *formiate d'ammonium*. Chauffé avec de la potasse *concentrée*, il donne du formiate de potassium et de l'ammoniac; avec de l'acide chlorhydrique concentré, il donne de l'acide formique et du chlorure d'ammonium (**302**).

Préparation. 314. — On obtient l'acide cyanhydrique en chauffant un mélange de cyanure de mercure et d'acide chlorhydrique. Le gaz passe dans un tube contenant du carbonate de calcium (pour arrêter l'acide chlorhydrique) et du chlorure de calcium (pour arrêter la vapeur d'eau); on condense dans un mélange réfrigérant (*fig.* 30).

On peut également chauffer au bain de sable 10 parties de ferrocyanure de potassium auquel on a ajouté un mélange fait d'avance de 7 p. d'acide sulfurique et 14 p. d'eau. Le tube abducteur, dirigé d'abord vers le haut, se recourbe en-

Fig. 30. — Préparation de l'acide cyanhydrique.

suite vers le bas (*fig.* 31), et son extrémité plonge dans le col d'une fiole entourée d'un mélange réfrigérant.

Il se forme de l'acide cyanhydrique dans la fermentation d'un grand nombre de substances végétales; il résulte de l'altération d'une matière azotée, l'*amygdaline*, qui est un glucoside (*L.*, 367).

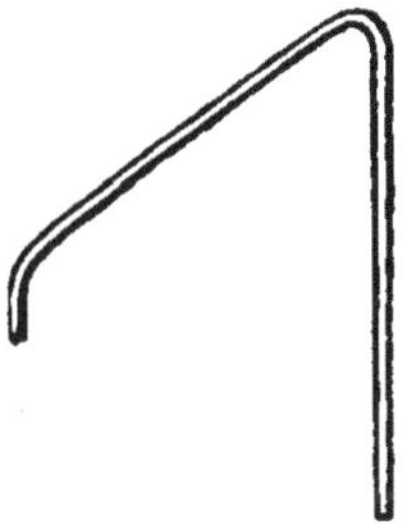

Fig. 31.

315. — On détermine la composition de l'acide cyanhydrique par la méthode générale d'analyse des substances organiques.

Caractères. 316. — On caractérise l'acide cyanhydrique par son odeur, ou par les réactions suivantes. L'acide dissous et ses sels donnent avec l'azotate d'argent un précipité blanc de *cyanure d'argent* AgCAz soluble dans le cyanure de potassium; avec un mélange de sulfate ferreux et de sulfate ferrique, on a un précipité vert bleuâtre, qui chauffé avec de l'acide chlorhydrique donne du *bleu de Prusse;* le précipité était un mélange de ce corps avec de l'hydrate ferrique, que l'acide chlorhydrique dissous.

Composés métalliques. Cyanures. 317. — Les cyanures sont des sels bien définis ; ceux des métaux alcalins et alcalino-terreux sont seuls solubles ; les autres, insolubles dans l'eau, peuvent se dissoudre dans le cyanure de potassium en donnant des sels doubles.

318. — Le cyanogène forme avec le fer deux radicaux ou ions complexes positifs, le *ferrocyanogène*, tétravalent, $Fe(CAz)^6$, et le *ferricyanogène* $Fe^2(CAz)^{12}$, hexavalent, dont les combinaisons avec les métaux sont de véritables sels. Les sels de potassium, le *cyanure jaune* ou ferrocyanure $K^4Fe(CAz)^6$ et le *cyanure rouge* ou ferricyanure $K^6Fe^2(CAz)^{12}$, sont cristallisés ; *leurs solutions ne donnent pas les réactions du fer ;* ils donnent avec les sels métalliques des précipités de ferro et ferricyanures métalliques dont les couleurs sont souvent caractéristiques.

Leurs sels de plomb, mis en suspension dans l'eau et traités par l'acide sulfhydrique, donnent du sulfure de plomb et des solutions qui sont de véritables hydracides, car on peut, en les faisant agir sur les bases, reproduire les cyanures complexes [acide *ferrocyanhydrique* H^4FeCAz^6, acide *ferricyanhydrique* $H^6Fe^2(CAz)^{12}$].

Le *cyanure jaune* donne avec les sels *ferriques* un précipité bleu de *bleu de Prusse*, qui est le ferrocyanure ferrique.

$$3[K^4Fe(CAz)^6] + 2.Fe^2Cl^6 = 12KCl + (Fe^2)^2[Fe(CAz)^6]^3.$$

Le *cyanure rouge* donne le même précipité avec les sels *ferreux*.

Les ferrocyanures et les ferricyanures ne sont pas vénéneux.

CHAPITRE VII

GLYCÉRINE. — ACIDE OXALIQUE. — ACIDE LACTIQUE

DÉRIVÉS DE LA GLYCÉRINE

310. — La glycérine ou **propanetriol** (*L.*, 337-340) dérive du propane. Nous avons déjà vu (**266**) comment on peut en faire la synthèse à partir de ce corps. C'est un trialcool à deux fonctions primaires et une fonction secondaire; sa formule est $CH^2OH\text{-}CHOH\text{-}CH^2OH$, justifiée par sa synthèse et ses réactions, qui sont exactement ce que l'on peut attendre de cette constitution. Ainsi elle conduit à des acides-alcools, des acides-aldéhydes, des alcools-éthers, etc...

De plus, la molécule peut perdre quelques-uns de ses éléments, ce qui conduit à des corps incomplets. Telle est l'*acroléine*, qui donne à la friture son odeur désagréable, et résulte de l'action de la chaleur sur la glycérine. C'est un *aldéhyde incomplet* se rattachant au **propène** $CH^2{=}CH\text{-}CH^3$ et à l'*alcool allylique* ou **propénol** (1), $CH^2{=}CH\text{-}CH^2OH$, également incomplet, que l'on peut considérer comme résultant d'une déshydratation et d'une réduction simultanées de la glycérine, car il régénère la glycérine en fixant 2OH quand on le traite par le permanganate de potassium dissous.

$$CH^2{=}CH\text{-}CH^2OH + H^2O + O = CH^2OH\text{-}CHOH\text{-}CH^2OH.$$

(1) L'*essence d'ail* est l'éther sulfhydrique du propénol.

320. — Nous ne reviendrons pas sur les éthers-sels de la glycérine, qui ont été précédemment étudiés.

Les dérivés d'oxydation possibles sont extrêmement nombreux, mais on n'en a préparé qu'un petit nombre. L'action du noir de platine donne l'*aldéhyde glycérique* CH^2OH-$CHOH$-CHO, dont la formule brute est $C^3H^6O^3$ et dont l'importance est très grande, car *il se polymérise au contact des bases fortes pour donner les* **acroses**, *isomères du glucose* $C^6H^{12}O^6$, et qui servent de point de départ à la synthèse des sucres.

321. — L'acide azotique *étendu* oxyde la glycérine en donnant l'*acide glycérique* ou **propanedioloïque** (dérivé du propane, deux fois alcool, une fois acide) CH^2OH-$CHOH$-$COOH$, puis l'acide *tartronique* ou **propanoldioïque** alcool et acide bibasique $COOH$-$CHOH$-$COOH$. Il n'est pas possible d'obtenir à partir de la glycérine d'acide de basicité supérieure à 2, car l'oxydation du groupe *central* $CHOH$ donnerait une acétone.

On voit par ces exemples, et par ceux qui ont été déjà donnés, la variété des corps dont l'existence est *tout au moins concevable*. En effet, les méthodes générales de transformation indiquent la voie à suivre pour obtenir des corps encore inconnus, et dont on peut prévoir l'existence; la sûreté de ces méthodes a été maintes fois démontrée par le succès qui a suivi leur application.

ACIDE OXALIQUE

$$H^2C^2O^4 = \begin{array}{l} CO\text{-}OH \\ | \\ CO\text{-}OH \end{array}$$

Propriétés. 322. — Ce corps, appelé encore **éthanedioïque**, est un dérivé de l'éthane CH^3-CH^3, et du glycol CH^2OH-CH^2OH; nous avons signalé sa formation par oxydation de l'éthylène (**268**).

L'acide ordinaire se présente en cristaux incolores, de formule $H^2C^2O^4,2H^2O$, de densité 1,64, solubles à 0° dans 20 fois leur poids d'eau; la solubilité augmente un peu avec la température. Ils subissent la fusion aqueuse à 98°, et peuvent être sublimés.

L'acide oxalique est vénéneux.

323. — La chaleur le décompose d'une manière assez complexe; mais, chauffé avec de l'acide sulfurique, il donne de l'oxyde de carbone et, avec la glycérine, de l'acide formique; dans les deux cas, du gaz carbonique.

$$CO^2H-CO^2H = CO^2 + CO + H^2O$$
$$CO^2H-CO^2H = CO^2 + HCO^2H.$$

Il se produit en réalité des transformations assez compliquées dans lesquelles les corps auxiliaires, qui paraissent ne pas s'altérer, jouent au contraire un rôle essentiel.

L'action prolongée de l'hydrogène naissant (zinc et acide sulfurique) le transforme en *acide glycolique* ou **éthanoloïque** $CH^2OH-COOH$, acide-alcool dérivé de l'éthane.

Il tend à se transformer en gaz carbonique, aussi fonctionne-t-il souvent comme réducteur; c'est ainsi qu'il réduit le permanganate de potassium en présence d'un excès d'acide sulfurique (qui aide à la réaction en s'emparant de l'oxyde manganeux), les sels d'argent et les sels d'or.

324. — L'acide oxalique est bibasique; il donne donc deux séries de sels. Contrairement à ce qui a lieu pour les acides minéraux (**102**), les deux valences sont presque égales; une molécule de potasse, agissant sur une molécule d'acide pour donner l'oxalate monopotassique HKC^2O^4 ou COOH-COOK, dégage 13,8 cal-kg.; une seconde molécule, donnant l'oxalate neutre, dégage 14,8 cal-kg. L'acide oxalique est donc un acide fort. Il déplace l'acide acétique.

325. — Les oxalates alcalins sont seuls solubles; en plus des deux oxalates de potassium normaux on connaît un *quadroxalate* $HKC^2O^4,H^2C^2O^4,4H^2O$, qui, mélangé à l'oxalate monopotassique, existe dans le *sel d'oseille* du commerce.

La formation de l'*oxalate de calcium* sert à caractériser soit l'acide oxalique, soit les sels de calcium. Tandis que le *sulfate* de calcium est précipité par l'acide oxalique, le *chlorure* ne l'est pas, car l'oxalate de calcium est soluble dans l'acide chlorhydrique; mais *la précipitation du chlorure devient possible en présence d'un acétate ;* dans ces conditions, en effet, c'est l'acide acétique, moins fort que l'acide chlorhydrique et sans action sur l'oxalate de calcium, qui est mis en liberté (**224**); ce fait est important à connaître pour la recherche des sels de calcium dans les eaux de source. Tous les sels de calcium précipitent par les oxalates alcalins, et par l'oxalate d'ammonium.

A l'acide oxalique correspondent deux séries d'éthers, d'amides et de nitriles, et de nombreux corps à fonction complexe.

La solution d'acide oxalique dissout le bleu de Prusse, et forme avec lui une belle encre bleue souvent utilisée.

326. — L'acide oxalique peut être obtenu synthétiquement de bien des manières. Nous indiquerons les suivantes :

1° Oxydation de l'éthylène et de l'acétylène par le permanganate de potassium ;

2° Action de la potasse à chaud sur l'éthane hexachloré (réaction générale, **265**)

$$\begin{matrix} CCl^3 \\ | \\ CCl^3 \end{matrix} + KOH = \begin{matrix} COOK \\ | \\ COOK \end{matrix} + 6KCl.$$

3° Oxydation du glycol $CH^2OH\text{-}CH^2OH$, ou de ses deux aldéhydes $CHO\text{-}CH^2OH$ (*aldéhyde glycolique*) et $CHO\text{-}CHO$ (*glyoxal*).

L'acide oxalique se rencontre fréquemment dans la nature, soit libre, soit à l'état de sels alcalins (oseille, amarante, racines de rhubarbe, de gentiane, de valériane, certaines espèces de champignons). Un minéral, la *Humboldtine*, est un oxalate de fer.

327. — On obtient presque toujours des oxalates quand on oxyde une matière organique par l'acide azotique ou par le permanganate de potassium en présence d'une grande quantité d'alcali. Les procédés pratiques de préparation sont les suivants.

1° On fait bouillir de l'amidon (100 p.) avec de l'acide azotique de densité 1,38 (825 p.) jusqu'à ce qu'il ne se dégage plus de vapeurs nitreuses; on concentre et on fait cristalliser;

2° On chauffe vers 200° une pâte faite avec de la sciure de bois et une solution alcaline à 38° Baumé, et contenant deux parties de soude pour une de potasse; il se forme des oxalates alcalins que l'on traite par un lait de chaux à l'ébullition; l'oxalate de calcium formé est ensuite décomposé par l'acide sulfurique.

ACIDE LACTIQUE (PROPANOLOÏQUE)

$CH^3-CHOH-COOH$.

328. — L'acide *lactique* ou **propanoloïque**, qui constitue l'un des produits de la fermentation du lait, est un acide-alcool secondaire dérivé du *glycol isopropylique* ou **propanediol 1.2**, $CH^3-CHOH-CH^2OH$. On peut en effet obtenir synthétiquement ce corps par les réactions suivantes :

1° En faisant agir le brome sur l'acide propanoïque CH^3-CH^2-COOH dans des conditions spéciales, on obtient l'acide *bromopropanoïque* $CH^3-CHBr-COOH$; ce corps est un éther de l'acide lactique, qu'on en tire par saponification au moyen de la potasse.

2° On oxyde avec ménagement le glycol isopropylique.

Propriétés. 329. — Quand on achève sa préparation, c'est un sirop épais, incolore, que l'on peut déshydrater entièrement et faire cristalliser en le refroidissant suffisamment; les cristaux fondent à 18°.

Sous l'action de la chaleur, il s'éthérifie lui-même en quelque sorte; maintenu quelque temps à 130°, il se déshydrate et se transforme en *acide dilactique*, appelé aussi *lactate de lactyle*, parce que c'est *un véritable éther*, saponifiable par l'eau bouillante avec régénération de l'acide lactique; il est de plus acide et alcool secondaire, comme l'indique sa formule qui contient les groupes [-CHOH-] et [-COOH].

$$2CH^3-CHOH-COOH = [CH^3-CHOH-CO]OCH \begin{matrix} < CH^3 \\ < COOH \end{matrix} + H^2O.$$

Si l'on chauffe plus fortement, il subit une nouvelle déshydratation et se transforme en un éther neutre, qui n'est plus ni acide, ni alcool, le *lactide*.

$$CH^3-CHOH-COO-CH \begin{matrix} CH^3 \\ COOH \end{matrix} = H^2O + \begin{array}{ccc} CH^3-CH-CO & & \\ O & & O \\ & CO-CH & \\ & & CH^3 \end{array}$$

Lactide.

(L'oxhydryle de la fonction alcool et l'hydrogène de la fonction acide ont formé de l'eau, les radicaux restants se sont unis par les valences ainsi libérées.)

330. — La possibilité de former avec les alcools des éthers-oxydes, et avec les acides des éthers-sels, qui sont en même temps acides monobasiques, le classe comme alcool. Il forme de même avec les alcools des éthers-sels qui sont en même temps alcools. Comme l'acide acétique, il a des dérivés chlorés, qui sont acides monobasiques, tel l'acide *trichlorolactique* $CCl^3-CHOH-COOH$, dont l'amide réagit sur l'urée en donnant l'*acide urique* (**301**).

Enfin, on connaît des *lactates*, tous solubles dans l'eau, et que l'on peut obtenir soit en déplaçant CO^2 des carbonates, soit en faisant agir le lactate de calcium sur les sulfates métalliques dissous.

Préparation. 331. — L'acide dit *ordinaire* ou *de fermentation* se forme par l'action sur le glucose, *qui a même composition et un poids moléculaire double*, d'un ferment spécial extrêmement petit, le ferment lactique (*fig.* 32). On le prépare en abandonnant une solution de glucose à une température de 30-35° avec de la craie, du vieux fromage et du lait aigri (on se procure ainsi le ferment qui s'est développé aux dépens du glucose résultant de l'interversion du sucre que contient le lait). Il se forme du lactate de calcium que l'on purifie par cristallisation, et que l'on décompose par l'acide sulfurique. On obtient, en concentrant, un liquide sirupeux bouillant à 120°.

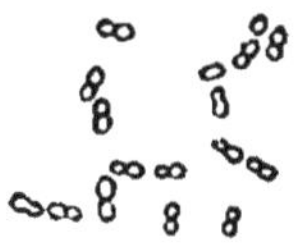

Fig. 32. Ferment lactique.

Isomères. 332. — On connaît 3 isomères de l'acide lactique du lait :

1° L'*acide sarcolactique* ou *paralactique*, qui existe dans le suc musculaire, surtout dans les muscles fatigués ; on le retire de l'extrait de viande par l'action de l'eau alcoolisée ; l'acide sarcolactique brut est transformé en sel de zinc, que l'on purifie par cristallisation et que l'on décompose par l'acide sulfhydrique.

2° Un autre acide se forme dans la fermentation de la plupart des sucres et de la glycérine en solution aqueuse, par l'action d'un ferment différent du ferment lactique ; la température la plus favorable est 36°.

Leurs propriétés chimiques sont les mêmes que celles de l'acide de fermentation, dont ils diffèrent seulement par leurs propriétés physiques (voy. Note, p. 236).

C'est toujours l'acide lactique ordinaire que donnent les procédés de synthèse.

3° L'acide *hydracrylique*, acide-alcool primaire, dérivé du **propanediol 1.3**, et dont la formule est $CH^2OH\text{-}CH^2\text{-}COOH$; la chaleur le dédouble en eau et en *acide acrylique*, corps incomplet se rattachant au propène.

$$CH^2OH\text{-}CH^2COOH = CH^2{=}CH\text{-}COOH + H^2O.$$

CHAPITRE VIII

CARBURES BENZÉNIQUES. — PHÉNOL. — ANILINE

BENZINE

333. — On a exposé (*L.*, 295-296) les propriétés physiques et chimiques de la benzine, et signalé ce fait remarquable, que le chlore peut former directement avec elle des composés de substitution, comme avec les carbures forméniques, et des composés d'addition, comme avec les carbures incomplets. Ce double caractère est spécial à la benzine et à ses homologues. C'est à froid, sous l'action des rayons solaires, que l'on a l'*hexachlorure de benzine* cristallisé, $C^6H^6Cl^6$, et à l'ébullition, en présence de l'iode, que l'on obtient la série des *benzines chlorées*, de C^6H^5Cl à C^6Cl^6 (*chlorure de Julin*), également cristallisé. Ces derniers corps peuvent encore fixer du chlore sous l'influence des rayons solaires; les produits obtenus, traités par les alcalis, perdent les éléments de l'acide chlorhydrique et donnent une seconde série de benzines chlorées, isomères des précédentes.

334. — En chauffant en tube scellé, à 280°, un carbure incomplet avec une solution concentrée d'acide iodhydrique, on fixe sur lui de l'hydrogène ; ce traitement appliqué à la benzine avec certaines précautions, donne successivement les carbures C^6H^8, C^6H^{10}, C^6H^{12} et C^6H^{14} ; mais il est très remarquable que les trois premiers peuvent éprouver *directement* des substitutions, et se comportent à ce point de vue comme des composés saturés. Ainsi le carbure C^6H^{12} *n'est pas un carbure éthylénique ;* l'ensemble de ses propriétés rappelle bien plutôt celles de l'hexane.

Formule de la benzine. 335. — Ces curieuses propriétés ont fait attribuer à la benzine une structure spéciale, qui d'ailleurs est tout à fait compatible avec sa formation synthétique à partir de l'acétylène (*L.*, 290). La rupture d'une des liaisons rend libres deux valences,

$$^{H}{>}C=C{<}^{H}$$

Si chacune d'elles est satisfaite par une valence d'un groupe semblable, ce qui correspond à la soudure de trois molécules d'acétylène, on obtient, pour représenter la benzine, le schéma

```
     HC ═══ CH
    /         \
  HC           CH
    \\        //
     HC ─── CH
```

lans lequel les six atomes de carbone sont réunis alternativement par une simple et par une double liaison (1).

Les carbures dans lesquels les atomes de carbone forment ainsi une *chaîne fermée* sont appelés *carbures cycliques.* Pour abréger, on figure souvent la benzine par un hexagone, ont chacun des sommets représente un groupe CH.

La symétrie de la formule, dans laquelle aucun des atomes e carbone ne se distingue des autres, est justifiée par le ait qu'on ne connaît pas d'isomères aux dérivés monosubtitués de la benzine. Par exemple, on ne connaît qu'une

(1) Ce schéma, aujourd'hui universellement adopté, parce qu'il a permis e représenter correctement tous les dérivés de la benzine, a été proposé ès 1866 par le chimiste allemand Kékulé.

benzine monochlorée C^6H^5Cl, que l'on représente par

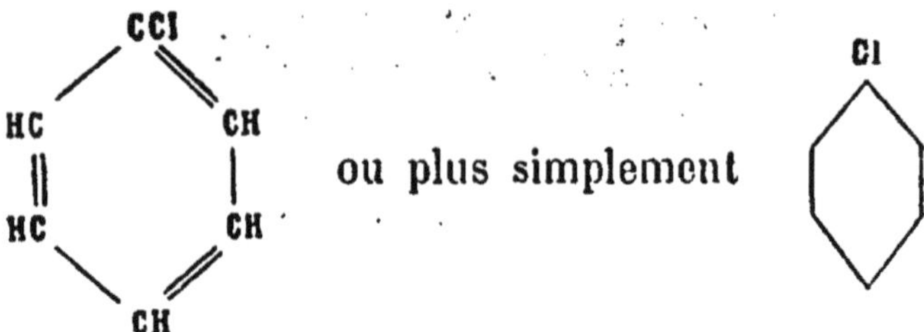

étant entendu qu'un radical placé à côté d'un des sommets de l'hexagone est *supposé tenir la place d'un atome d'hydrogène.*

336. — L'existence des composés d'addition s'explique alors par la rupture des doubles liaisons. Les formules du chlorure de Julin et du carbure C^6H^{12} formé par l'hydrogénation de la benzine, le *cyclohexane*, sont alors

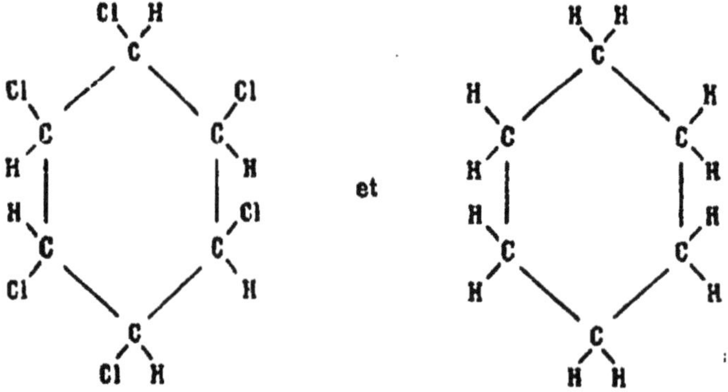

Les pétroles de Roumanie et du Caucase renferment un certain nombre de ces *carbures cycliques*, isomères des carbures éthyléniques et comparables aux carbures forméniques.

L'action hydrogénante poussée à fond rompt une des liaisons entre deux C, et donne alors le corps

$$\begin{array}{ccccccccccccc} & & H & & H & & H & & H & & H & & H \\ & & | & & | & & | & & | & & | & & | \\ H & - & C & - & C & - & C & - & C & - & C & - & C & - & H \\ & & | & & | & & | & & | & & | & & | \\ & & H & & H & & H & & H & & H & & H \end{array}$$

qui est identique à l'hexane normal.

Le groupe hexavalent :

a reçu le nom de *noyau benzénique* ou *noyau aromatique*, parce qu'on le retrouve dans tous les dérivés de la benzine ou *composés aromatiques* (*L.*, 273).

Isoméries dans les dérivés de la benzine. 337. — On connaît trois benzines dichlorées, et trois seulement; on les a distinguées par les préfixes *ortho*, *méta* et *para;* les deux premières sont des liquides bouillant respectivement à 179° et 172°; la troisième est un solide fondant à 56° et bouillant à 173°. L'isomérie de ces trois corps tient la place dans la molécule des atomes qui ont subi la substitution. L'existence de trois dérivés seulement montre que les cinq combinaisons que l'on peut imaginer

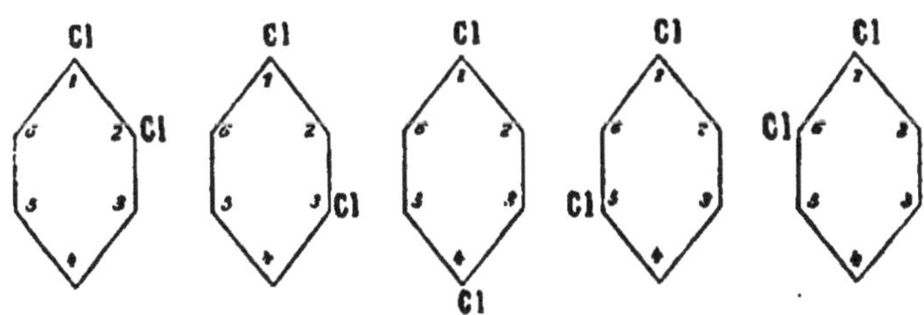

ne sont pas distinctes; 1.5 et 1.6 sont identiques à 1.3 et 1.2, ce que l'on comprend facilement, les 6 atomes de carbone étant identiques. On est convenu de faire correspondre le préfixe *ortho* (O) à la position 1.2; le préfixe *méta* (M) à la position 1.3, et le préfixe *para* (P) à la position 1.4.

Quels que soient les radicaux substitués à H dans la

benzine, du moment qu'il y en a deux, identiques ou différents, on retrouve les trois isomères.

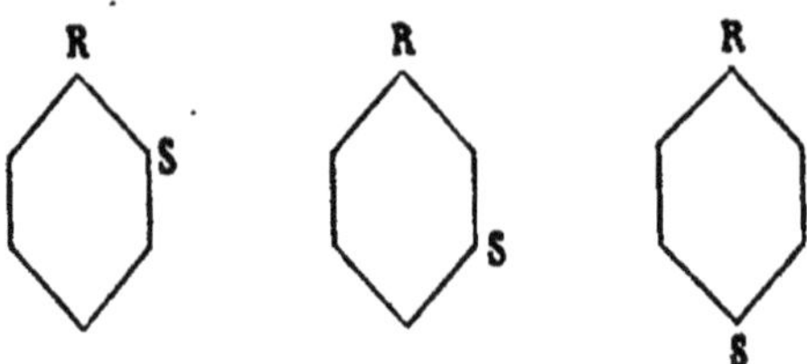

C'est une des raisons les plus décisives en faveur du schéma hexagonal.

Il y a de même trois isomères trisubstitués, correspondant aux positions 1.2.3, 1.2.4, 1.3.5.

Phénol. 338. — On a déjà décrit le phénol C^6H^5OH. Sa formule développée est :

COH
HC CH
HC CH
CH

Comme les alcools tertiaires, il est caractérisé dans les formules par le groupe [≡ C-OH,] mais relié à deux C différents et non à trois, comme par exemple dans l'*alcool butylique*

$$\begin{matrix} H^3C \\ H^3C \\ H^3C \end{matrix} \Big\rangle C - OH.$$

Le phénol présente avec les alcools des ressemblances et des dissemblances qui le caractérisent nettement comme type d'une fonction spéciale.

Il s'éthérifie comme les alcools, et la limite d'éthérification est voisine de celle des alcools tertiaires. Nous citerons comme éther-sel l'*acétate de phényle* CH^3-CO-O-C^6H^5 (le radical C^6H^5 a été appelé *phényle*), qui se saponifie facilement ; le phénol donne également des éthers-oxydes.

Il donne avec les métaux alcalins des dérivés substitués,

tels que le phénol sodé C^6H^5ONa ; mais ces corps, au lieu d'être détruits par l'eau, sont solubles et cristallisables ; ils se forment avec un dégagement de chaleur notable par l'action directe des alcalis sur le phénol, ce qui a fait donner à ce corps la dénomination, d'ailleurs incorrecte, d'*acide phénique*, car il est neutre aux réactifs des acides, et n'est pas un électrolyte :

$$C^6H^5OH + NaOH = C^6H^5ONa + H^2O.$$

Comme les alcools tertiaires, le phénol ne donne par oxydation ni aldéhyde, ni acétone, ni acide à même nombre d'atomes de carbone.

Mais le phénol diffère des alcools en ce qu'*il ne donne pas de carbure par déshydratation*. (Cf. Ethylène.)

L'acide *phénylsulfureux* (*L.*, 295, *e*) $C^6H^5SO^3H$ est le type de corps très importants que l'on appelle des *acides sulfonés*, et dont la formation *est caractéristique de l'action de l'acide sulfurique sur le noyau benzénique*. Ils sont extrêmement stables, et ne peuvent être détruits que par la potasse en fusion. L'acide phénylsulfureux n'est donc pas un éther du phénol, *dont la synthèse diffère par là de celle de l'alcool*. (*L.*, 283, 361.) La formule de l'acide phénylsulfureux est :

$$C^6H^5-S\begin{cases}=O\\=O\\-O\end{cases}$$

dans laquelle S est hexavalent.

Phénols. 330. — Aux homologues de la benzine correspondent des *phénols* ayant les mêmes propriétés que le phénol ordinaire. De même qu'il y a des polyalcools, il y a des polyphénols, que l'on peut obtenir par synthèse. Ainsi, le phénol forme avec l'acide sulfurique un dérivé sulfoné qui, traité par la potasse en fusion, donne un *diphénol*. Il y a trois diphénols de formule $C^6H^4(OH)^2$ correspondant à la benzine ; ils sont tous trois solides ; l'O-diphénol ou *pyrocathéchine* fond à 104° et bout à 240°, le M-diphénol ou *résorcine* fond à 118° et bout à 276°, le *P-diphénol* ou *hydroquinone* fond à 169°.

Ces corps peuvent donner des éthers-phénols et des éthers neutres. Tous trois sont réducteurs ; la pyrocathéchine et l'hydroquinone sont utilisés comme révélateurs en photographie. Les diphénols peuvent recevoir des substitutions diverses, en particulier des substitutions qui introduisent un radical forménique tel que CH^3, C^2H^5, etc., dans lequel on pourra ensuite réaliser de nouvelles substitutions, ce qui conduit à des corps à fonction très complexe. L'*acide pyrogallique* ou *pyrogallol* également employé comme révélateur, est un triphénol, $C^6H^3(OH)^3$.

Aniline. 340. — L'*aniline* ou *phénylamine* $C^6H^5AzH^2$ ou (noyau benzénique portant AzH^2) est l'amine du benzène. On a indiqué (*L.*, 364-365) ses propriétés et sa préparation. Il n'est pas possible de l'obtenir au moyen du phénol par la méthode qui donne les méthylamines à partir du méthanol (**260**), ce qui la distingue nettement des amines dites *alcooliques*.

L'aniline s'unit directement aux acides et donne des sels bien cristallisés, comme le chlorhydrate d'aniline $AzH^2C^6H^5HCl$

$$\begin{matrix} C^6H^5 \searrow & & \swarrow H \\ & Az & \leftarrow H \\ Cl \nearrow & & \nwarrow H \end{matrix}$$

analogue au chlorure de méthylammonium; mais sa solution ne bleuit pas le tournesol rougi; ses propriétés basiques sont beaucoup moins nettes que celles des amines alcooliques.

Ces dernières, sous l'action de l'acide azoteux, peuvent donner l'alcool correspondant, tandis que le chlorhydrate d'aniline, traité par l'azotite de sodium en présence d'un excès d'acide et à une température voisine de zéro, donne un corps extrêmement important, le *chlorure de diazobenzène*, qui est le type d'une série de corps appelés *diazoïques*, et auxquels se rattachent un très grand nombre de matières colorantes.

$$C^2H^5\text{-}Az\boxed{H^2 + O}Az\text{-}OH = Az^2 + H^2O + C^2H^5OH$$

Ethylamine. acide Ethanol.

$$C^6H^5\text{-}AzH^3\text{-}Cl + NaAzO^2 = C^6H^5\text{-}Az{=}Az\text{-}Cl + H^2O + NaOH.$$

Chlorhydrate d'aniline. Chlorure de diazobenzène.

Ce n'est qu'en poursuivant l'action de l'acide azoteux que l'on peut arriver au phénol.

Anilines. 341. — L'aniline est le type d'une série d'ammoniacs composés se rattachant aux homologues de la benzine, obtenus comme elle par réduction de substitués nitrés, et possédant les mêmes propriétés générales.

HOMOLOGUES DE LA BENZINE

Toluène. 342. — Dans les produits de la distillation des goudrons de houille on recueille en même temps que la benzine, dont on peut le séparer par distillation ou mieux par congélation fractionnée (son point de congélation est extrêmement bas), un carbure bouillant à 110°, et de formule C^7H^8 ; c'est le *toluène*, homologue supérieur de la benzine, et possédant les mêmes propriétés générales.

On peut l'obtenir par synthèse en traitant la benzine monobromée par l'iodure de méthyle, d'où le nom de méthylbenzène qu'on lui donne également ($C^6H^5\text{-}CH^3$).

$$C^6H^5Br + ICH^3 + 2Na = NaI + NaBr + C^6H^5\text{-}CH^3$$

Le toluène peut servir à préparer par la même méthode des homologues supérieurs. Mais il y a trois bromotoluènes, car ces corps sont des disubstitués de la benzine.

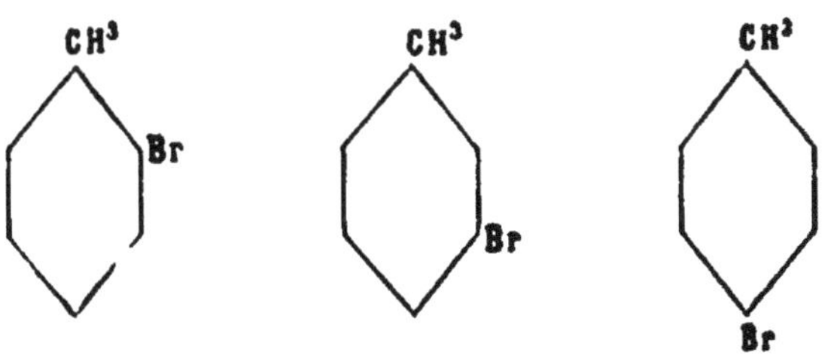

O. bromotoluène. M. bromotoluène. P. bromotoluène.

On aura donc trois carbures de formule $C^6H^4(CH^3)^2$ ou

C^8H^{10} ; ce sont les *diméthylbenzènes* ou *xylènes*. On peut de même substituer à H dans la benzine, ou dans le toluène, un radical forménique quelconque, une ou plusieurs fois, ou même plusieurs radicaux forméniques à la fois.

Dérivés du toluène. 343. — Au toluène se rattachent *deux séries de dérivés, suivant que les substitutions se font dans le noyau méthylique ou dans le noyau aromatique*. Nous nous bornerons à en signaler quelques-uns.

On connaît quatre toluènes chlorés :

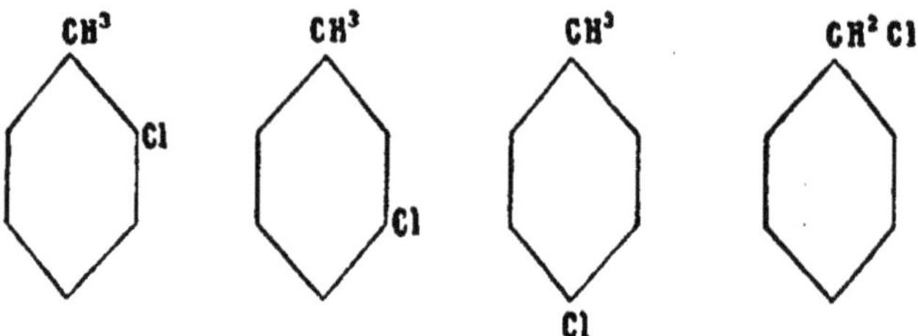

Les trois premiers sont analogues à la benzine chlorée et sans action sur la potasse ; le quatrième est un *éther-sel* qui saponifié par la potasse donne l'*alcool benzylique* ou **benzèneméthylol**. C'est un alcool primaire, possédant tous les dérivés des alcools, notamment un aldéhyde, l'*essence d'amandes amères*, et un acide, l'*acide benzoïque* (que l'on retire du benjoin).

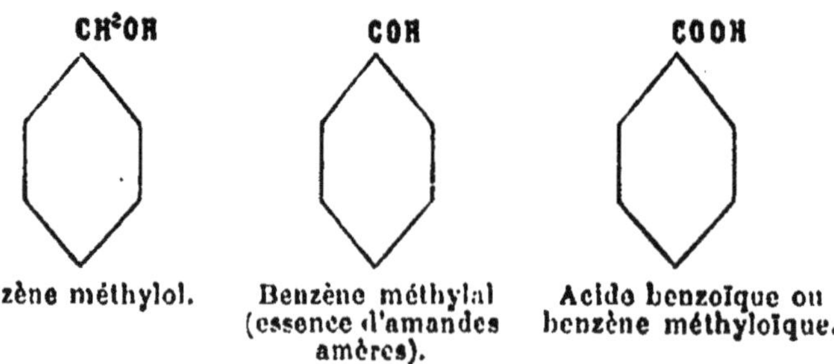

Benzène méthylol. Benzène méthylal (essence d'amandes amères). Acide benzoïque ou benzène méthyloïque.

Les dérivés oxhydrylés des trois premiers chlorotoluènes *sont des phénols* ayant toutes les propriétés des phénols ordinaires ; on les appelle *toluols* ou *crésols*.

De même, on connaît quatre substances ayant pour formules $C^7H^7AzH^2$:

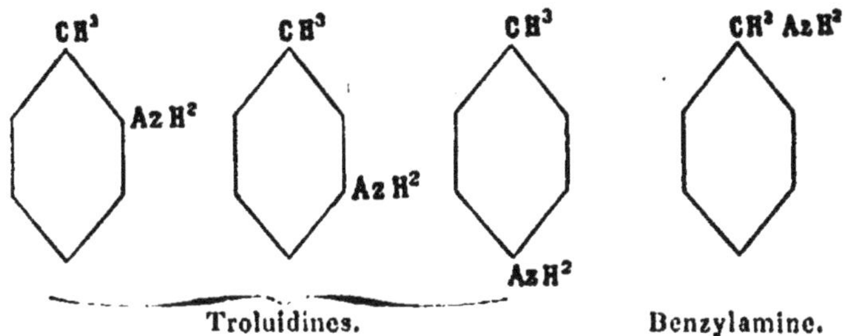

Troluidines. Benzylamine.

Les trois premières sont des anilines, que l'on obtient constamment en même temps que l'aniline ordinaire en traitant par l'acide azotique la benzine ordinaire, toujours mélangée de toluène, et réduisant ensuite les dérivés nitrés obtenus. La quatrième est une amine, à propriétés basiques beaucoup plus nettes que les premières, et que l'on peut préparer à partir de l'*iodure de benzyle* C^7H^7I (benzyle C^7H^7 ou $[C^6H^5\text{-}CH^2\text{-}]$) et de l'ammoniac (1).

344. — Sans insister sur ce sujet, nous remarquerons seulement que sur les carbures aromatiques on peut greffer, outre les fonctions spéciales qui les caractérisent, les mêmes fonctions que nous avons déjà rencontrées dans l'étude des autres carbures, et cela en effectuant, par les méthodes générales, des substitutions dans les radicaux hydrocarbonés soudés au noyau benzénique. On a là un exemple remarquable de la généralité des méthodes de la chimie organique.

Carbures benzéniques. 345. — En dehors des homologues de la benzine, on peut obtenir d'autres carbures benzéniques, caractérisés par la coexistence de plusieurs noyaux aromatiques. Ainsi, en chauffant avec du sodium le

(1) On en connaît même une cinquième, la *méthylaniline* $C^6H^5\text{-}AzH\text{-}CH^3$, qui est une *diamine*, et qu'on obtient en traitant l'aniline par l'iodure de méthyle.

benzène monobromé, on obtient un carbure à deux noyaux, le *diphényle* $C^{12}H^{10}$ ou C^6H^5-C^6H^5

$$2\,C^2H^5Br + 2\,Na = 2\,NaBr + C^6H^5\text{-}C^6H^5.$$

La naphtaline $C^{10}H^8$ (*L.*, 297) est un carbure de cette espèce, à laquelle on attribue la formule

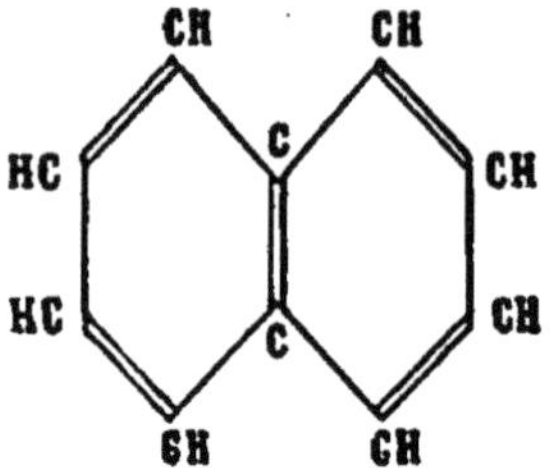

CH CH
HC C CH
HC C CH
CH CH

340. — Les carbures benzéniques se forment d'une manière constante dans l'action de la chaleur sur les matières organiques. On a vu comment on retire de la distillation de la houille la benzine, le toluène, la naphtaline; on en retire également d'autres, de formule plus complexe.

CHAPITRE IX

SUBSTANCES ORGANIQUES AZOTÉES. — ALBUMINE

347. — Si l'on appelle *substances azotées* celles qui contiennent de l'azote, on trouve parmi elles les fonctions les plus diverses, comme des éthers de l'acide azotique (nitroglycérine, nitrocelluloses) caractérisés dans les formules par le groupe [-AzO^2], des corps comme la nitrobenzine, contenant le même groupement, les amides, les amines auxquelles se rattachent les alcaloïdes (*L.*, 368-371), les nitriles.

Mais on réserve souvent ce nom d'une manière plus spéciale à des corps extrêmement complexes, très altérables, donnant, quand on les chauffe avec de la potasse, un dégagement d'ammoniac, preuve qu'ils se rapprochent soit des amides, soit des amines, et qui constituent la partie principale des tissus animaux, ainsi qu'un des éléments essentiels des jeunes végétaux. La composition élémentaire de ces substances varie peu de l'une à l'autre. Elles sont formées en général de 52 à 54 p. 100 de carbone, 6 à 7 d'hydrogène, 15 à 16 d'azote, 22 à 23 d'oxygène, avec de petites quantités de soufre, de phosphore et de matières minérales.

Albumine. 348. — A ce groupe de corps appartient l'albumine du blanc d'œuf. C'est un corps solide d'un blanc jaunâtre et d'apparence cornée, de densité 1,26. Elle se dissout dans l'eau en donnant un liquide filant, qui se coagule par la chaleur. La coagulation complète se fait en plusieurs fois, et débute à 57°,5; elle n'a plus lieu si l'on étend l'albumine de l'œuf de deux ou trois fois son volume d'eau. La présence de sels métalliques abaisse la température de coagulation. L'albumine coagulée ne se dissout plus dans l'eau, mais elle peut se dissoudre dans les alcalis.

Vers 150 à 200°, l'albumine se détruit en dégageant un très grand nombre de produits, parmi lesquels des amines, de l'acide formique..., et laissant comme résidu un charbon impur, riche en azote.

Les acides minéraux concentrés coagulent en général l'albumine. Une trace d'acide azotique forme avec elle un précipité insoluble, et la réaction est assez sensible pour qu'on l'utilise à la recherche de l'albumine dans les liquides de l'économie. Les acides ortho et pyrophosphorique ne la coagulent pas; l'acide acétique, pas davantage. L'acide chlorhydrique dilué la dissout et la transforme en *syntonine*, substance dont les solutions acides ne sont pas coagulables par la chaleur.

Les sels métalliques forment avec l'albumine des composés appelés *albuminates*, insolubles dans l'eau, mais solubles dans un excès d'albumine et dans les alcalis concentrés (1).

L'alcool précipite l'albumine.

L'oxydation de l'albumine donne naissance à de nombreux acides gras volatils.

L'albumine sèche se conserve indéfiniment. Mais, en présence de l'eau, elle est attaquée par un certain nombre de ferments et détruite avec dégagement de produits fétides (putréfaction). Elle est attaquée par les diastases des sucs digestifs qui la transforment en substances directement assimilables, les *peptones*.

Par hydratation, l'albumine se détruit en principes immédiats plus simples, se rattachant tous aux amines-acides

(1) C'est cette propriété qui justifie l'emploi du blanc d'œuf comme contrepoison du sublimé corrosif $HgCl^2$; mais les chlorures d'ammonium et de sodium, qui existent normalement dans les sucs de l'estomac, rendant soluble l'albuminate formé, il faut provoquer les vomissements après avoir administré l'albumine.

ou aux amides-acides; mais on n'a pu encore réussir à reproduire l'albumine à partir de ces principes.

Préparation. **349.** — L'albumine peut être séparée par osmose des matières étrangères qui l'accompagnent dans le blanc d'œuf; on met dans un *dialyseur* (*fig.* 33) (vase fermé par une feuille de papier parchemin) du blanc d'œuf étendu d'eau, et additionné d'acide acétique; les substances étrangères passent dans l'eau du vase extérieur, que l'on doit renouveler de temps en temps; on évapore ensuite dans le vide ou dans l'air au-dessous de 40° la liqueur qui reste dans le vase A.

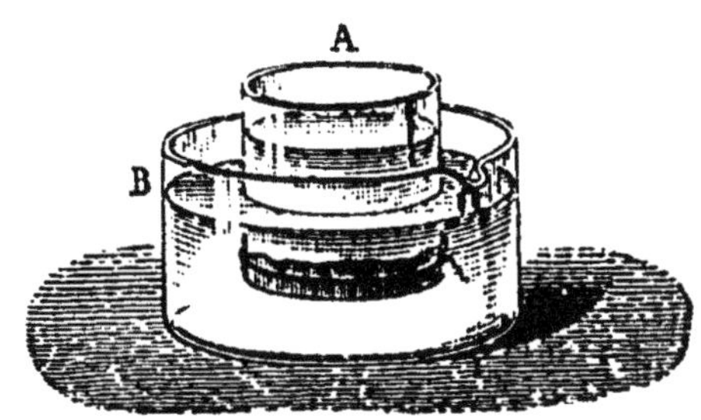

Fig. 33. — Dialyseur.

L'albumine est employée pour clarifier les vins et les sirops; en se coagulant elle entraîne les impuretés en suspension.

Matières albuminoïdes. 350. — Ces substances, appelées encore *protéiques* à cause de la multiplicité de leurs transformations, sont extrêmement nombreuses. Elles présentent les caractères généraux de l'albumine, et doivent également être considérées comme des mélanges de principes immédiats plus simples, que l'on peut séparer par hydratation. Elles se détruisent de la même manière que l'albumine au-dessus de 150°, en répandant l'odeur de corne brûlée; un grand nombre d'entre elles sont attaquées par les diastases du tube digestif; elles fermentent avec la plus grande facilité, et dans les produits de leur fermentation existent des *toxines* (leucomaïnes et ptomaïnes), auxquelles sont dus les accidents fréquemment causés par les matières alimentaires avariées.

Réactif. 351. — On a indiqué un grand nombre de réactions capables de caractériser les albuminoïdes. Une des plus sensibles est la suivante; ils donnent, lentement à froid, plus rapidement à chaud, une coloration rouge avec le *réactif de Millon*, que l'on obtient en dissolvant du mercure dans son poids d'acide azotique concentré, ajoutant deux volumes d'eau, et décantant au bout de vingt-quatre heures la liqueur clarifiée.

352. — Parmi les groupes assez nombreux dans lesquels on a divisé les albuminoïdes, nous signalerons les suivants :

1° Les *albumines;* solubles dans l'eau, coagulables par la chaleur; type, l'albumine de l'œuf.

2° Les *caséines;* insolubles dans l'eau pure, solubles sans altération en présence des sels neutres, des acides et des alcalis, et pouvant être précipitées de ces solutions; c'est à la coagulation d'une caséine par la chaleur en présence de l'air qu'est due la pellicule qui apparaît à la surface du lait quand on le chauffe. Le *caillé*, dû à l'action de la *présure* (1) sur le lait écrémé, est de la caséine; la fermentation de la caséine donne les fromages. La *légumine* des graines de légumineuses est une caséine.

3° Les *fibrines;* substances insolubles quand elles sont pures, mais qui peuvent être transformées en produits solubles.

La fibrine des muscles, obtenue comme résidu du lavage à grande eau de la chair musculaire, est transformée en *syntonine* (**348**) par une solution d'acide chlorhydrique au centième; elle est assimilable par l'organisme quand elle a subi l'action des diastases du suc gastrique.

La fibrine du sang se rassemble en longs filaments quand on bat du sang frais avec un agitateur; débarrassée des globules rouges par un lavage à l'eau et des matières grasses par l'alcool et l'éther, elle est blanche et élastique à l'état frais, mais s'altère très rapidement. Elle n'est pas assimilable par l'organisme.

(1) Substance riche en diastases, et extraite de la *caillette* ou quatrième estomac des veaux.

Le *gluten* des céréales contient une caséine et une fibrine.

4° Les *gélatines;* elles sont insolubles dans l'eau froide, et transformées par l'eau chaude en substances capables de se prendre en gelée par le refroidissement.

On obtient la gélatine ordinaire en traitant par l'eau à 120°, dans une autoclave, l'*osséine* des os, le derme, les tendons, les ligaments; les solutions aqueuses de gélatine sont précipitées par le chlorure mercurique, l'alcool concentré, le tanin, avec lequel la gélatine forme une combinaison imputrescible; cette propriété a son application dans le *tannage* des peaux.

La gélatine additionnée de dichromate de potassium ou d'ammonium et exposée à l'action de la lumière devient insoluble dans l'eau; cette propriété sert de base à de nombreux et importants procédés photographiques.

La gélatine pure est employée pour faire des gelées alimentaires; on l'emploie également, à la place de l'albumine, pour *coller* les vins.

La *colle de poisson* est une gélatine extraite de la vessie natatoire de l'esturgeon; la colle-forte, une gélatine impure obtenue à partir de débris de peaux fraîches et de rognures de cuirs.

353. — Il est intéressant de remarquer que les substances qui constituent les tissus des êtres vivants, matières grasses et albuminoïdes, sont toutes des mélanges très complexes de principes immédiats souvent beaucoup plus simples.

NOTE

NOTATION STÉRÉOCHIMIQUE

On a vu que les trois acides lactiques (**332**) ont les mêmes propriétés chimiques. La seule différence entre eux est la suivante : Une solution d'acide sarcolactique, traversée par un faisceau de lumière polarisée, fait tourner *vers la droite* le plan de polarisation. Une solution de même concentration du troisième acide, traversée sous la même épaisseur, fait tourner le plan de polarisation *du même angle*, mais *vers la gauche*; on l'appelle **acide lactique gauche**. L'acide de fermentation n'agit pas sur la lumière polarisée; il en est de même d'un mélange à parties égales des deux acides actifs.

Dans les formules développées que nous avons indiquées jusqu'à présent, rien ne permet de distinguer ces trois acides; or ce mode d'isomérie purement physique est très fréquent dans les corps organiques. On est parvenu à le représenter au moyen de formules que l'on a appelées *stéréochimiques* parce qu'elles sont *développées dans l'espace* (*stéréos*, solide). Elles reposent sur une notion introduite dans la science par les travaux de Pasteur (1) (1861) sur les acides *tartriques*, que l'on extrait du tartre des vins et qui présentent des relations analogues, et développée séparément en 1874 par MM. le Bel et Van t'Hoff, la notion du *carbone asymétrique*.

On a reconnu que tout corps agissant sur la lumière polarisée contient au moins un atome de carbone dont les quatre valences sont satisfaites par quatre radicaux différents, R_1, R_2, R_3, R_4 (*carbone asymétrique*) ; on les suppose placés au sommet d'un tétraèdre *régulier* (2), l'atome de carbone occupant le centre de gravité de la molécule ainsi constituée. Il existe alors deux tétraèdres dont l'un peut être amené à coïncider avec l'image de l'autre dans un miroir (*fig.* 34). Si deux des quatre radicaux sont identiques, on voit facilement que l'asymétrie n'existe plus, car les deux tétraèdres précédents deviennent superposables.

Si l'asymétrie des molécules actives est analogue à celle des formules qui les représentent, on conçoit que, la molécule A faisant tourner à droite d'un angle α le plan de polarisation de la lumière, la molécule B fasse tourner ce plan du même angle α, mais à gauche. Les deux isomères pourront être représentés abréviativement

(1) Pasteur (1822-1895). (*L.*, II, note.)

(1) Les quatre valences du carbone sont identiques.

par $C.\ R_1R_2R_3R_4$ et $C.\ R_1R_2R_4R_3$, à la condition d'attacher une signification réelle à l'ordre dans lequel les radicaux sont disposés.

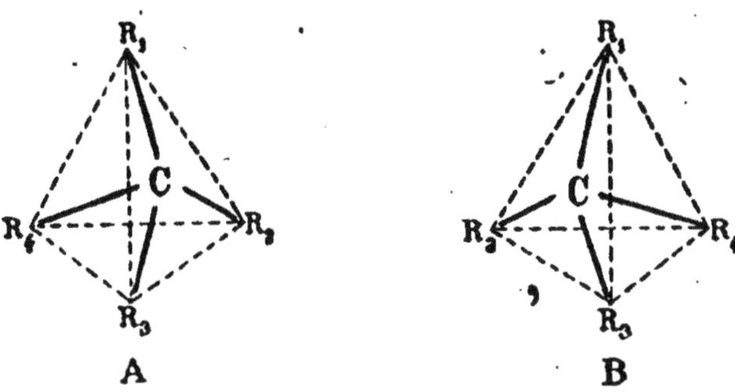

Fig. 31.

Pour les acides lactiques, par ex., on aura : $C.CH^3.OH.H.CO^2H$ et $C.CH^3.OH.CO^2H.\ H$, abréviation de

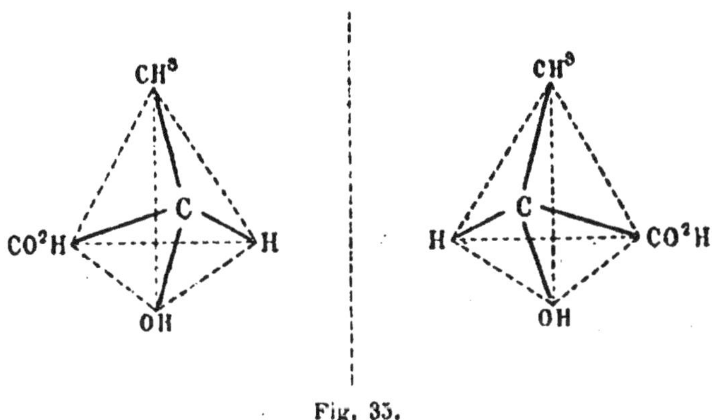

Fig. 33.

Chacune de ces dernières formules est identique à l'image de l'autre dans un miroir.

L'acide hydracrylique est inactif. Dans sa formule, deux des radicaux liés au carbone sont identiques, les deux H.

$$CH^2OH\text{-}CH^2\text{-}COOH = CH^2OH\text{-}\overset{\displaystyle H}{\underset{\displaystyle H}{C}}\text{-}COOH.$$

Quel que soit le nombre des atomes de carbone contenus dans la molécule, il suffit que l'un d'eux soit asymétrique pour que des *stéréoisomères* soient possibles. La complication des formules devient naturellement très grande, quand il y a plusieurs carbones asymétriques. Nous nous bornerons à ces indications.

On conçoit que le mélange d'un nombre égal de molécules de deux isomères inverses donne un isomère inactif, par *compensation;* c'est ce qu'on appelle un *racémique* (1); l'acide lactique de fermentation est un racémique. Les procédés de synthèse des corps ayant des variétés actives donnent toujours des variétés inactives (acide lactique de fermentation), parce que l'on obtient des racémiques; on conçoit en effet que les procédés chimiques donnent des quantités égales de chacun des isomères inverses, *puisque ces derniers ne se distinguent par aucun caractère chimique.*

Ces racémiques peuvent d'ailleurs être dédoublés par des procédés d'une application très générale. Nous nous bornerons aux exemples suivants :

1° L'alcool amylique de fermentation, qui répond à la formule

$$\begin{array}{c} \quad\quad\quad\quad\quad H \\ \quad\quad\quad\quad\quad | \\ CH^2OH-C-C^2H^5, \\ \quad\quad\quad\quad\quad | \\ \quad\quad\quad\quad\quad CH^3 \end{array}$$

a un carbone asymétrique. On connaît deux isomères actifs et un racémique, que l'on peut dédoubler en ses composants en le mettant en contact avec une moisissure spéciale qui détruit l'isomère gauche beaucoup plus rapidement que l'isomère droit.

2° Il existe des bases organiques optiquement actives, comme la strychnine; la solubilité des sels qu'elles forment avec les deux variétés inverses d'un acide actif n'est pas la même; en transformant l'acide lactique racémique en lactate de strychnine, on a un mélange des deux lactates, dont le gauche est moins soluble que le droit; si donc l'on fait cristalliser, on obtiendra d'abord le lactate gauche, et à partir du lactate on isolera l'acide. On agira de même avec le lactate droit resté en solution.

Nous ajouterons que le mélange à parties égales des acides lactiques droit et gauche, traité par l'hydrate de zinc, donne un sel identique à celui que fournit l'acide ordinaire.

Les formules stéréochimiques permettent de représenter les nombreuses isoméries des corps de la famille des sucres; elles font prévoir l'existence de 16 glucoses isomères, on en connaît 11.

Il serait sans doute excessif de soutenir que les atomes sont réellement groupés dans les molécules comme on les groupe dans les formules stéréochimiques; mais il faut reconnaître qu'un mode de représentation permettant de schématiser des phénomènes moléculaires d'un ordre aussi délicat que l'activité optique et les isoméries qui s'y rapportent, constitue un puissant moyen d'investigation et marque un réel progrès dans la connaissance des propriétés de la matière.

(1) Le premier corps auquel on ait reconnu cette constitution est un isomère de l'acide tartrique que l'on avait appelé *acide racémique.*

NOTICES HISTORIQUES

I. — Les corps simples.

Les anciens admettaient l'existence de quatre éléments : l'eau, l'air, la terre, le feu : quelques-uns en ajoutaient un cinquième, l'éther. Au moyen âge, les philosophes étaient divisés; certains acceptaient les quatre éléments antiques, d'autres (les alchimistes) n'en admettaient que trois : le mercure, le soufre et le sel. D'ailleurs, personne n'attachait à ce mot *élément* la signification qu'on lui donne aujourd'hui : on considérait les éléments comme les types de certains états et de certaines propriétés ; on croyait à la possibilité de transformer (*transmuer*) les éléments les uns dans les autres ; les métaux étaient considérés comme formés d'éléments différemment associés, et on cherchait la *pierre philosophale*, substance capable de transmuer les métaux dans les plus simples d'entre eux, l'or et l'argent; on cherchait encore la *panacée universelle*, qui devait guérir tous les maux. Ce n'est guère qu'à partir du dix-septième siècle que ces idées furent sérieusement combattues. Van Helmont (1) nie la transmutabilité de l'eau en l'air; Boyle (2) conteste la nature élémentaire des quatre éléments, pense qu'on en découvrira bien d'autres, que ces éléments, s'associant différemment, peuvent produire des corps différents et qu'il peut y avoir des corps n'ayant aucun élément commun, *comme il y a des mots n'ayant aucune lettre commune*. Boyle a donc entrevu la notion de corps simple. Mais il faut arriver jusqu'à Lavoisier (3), pour trouver des idées nettes et précises. La notion de corps simple, telle que nous la concevons aujourd'hui, résulte de ses recherches et de celles de ses contemporains. Mais il eut le mérite de la préciser, de reconnaître et d'affirmer la nature élémentaire des métaux, méconnue ou simplement soupçonnée jusqu'à lui, de définir comme corps simples les corps dont on ne peut tirer qu'une seule espèce de matière, à quelques forces qu'on les soumette, et d'indiquer que la potasse, la chaux, qui n'avaient pu être encore décomposées, renfermaient sans doute un métal. Davy (4) devait découvrir ces métaux (1807).

II. — Les lois de la chimie.

La loi de la permanence du poids dans les réactions constitue la base même de la chimie moderne, et son auteur, Lavoisier, doit être considéré comme le véritable créateur de cette science; il l'a

(1) Van Helmont (1577-1644), célèbre médecin flamand.
(2) Boyle (1626-1691), physicien et chimiste anglais.
(3) Lavoisier (1743-1794) (*L.*, 9, note).
(4) Davy (1778-1829), physicien et chimiste anglais, inventeur de la lampe de sûreté employée dans les mines de houille.

dotée en effet de la méthode qui lui a permis de se développer.

Avant Lavoisier on avait fait des analyses quantitatives, et on employait la balance dans les laboratoires, mais accessoirement. Lavoisier a songé le premier à l'appliquer *systématiquement* à l'étude des réactions et à en faire en quelque sorte l'auxiliaire et le conseiller continuel du chimiste. C'est grâce au principe de l'indestructibilité de la matière que Lavoisier a pu apercevoir dans les travaux de ses prédécesseurs ce qu'eux-mêmes n'y avaient pas vu ; c'est ce principe qui l'a constamment guidé dans ses immortelles recherches et lui a permis, entre autres choses, de renverser la croyance aux transmutations et d'édifier la vraie théorie de la combustion. Nous en donnerons un exemple.

Boyle, en distillant 200 fois de suite la même eau, avait fini par obtenir, en très petite quantité, une sorte de poussière blanche, une *terre* comme on disait alors; cette expérience avait été considérée par un grand nombre de chimistes comme une véritable *transformation de l'eau en terre*. Lavoisier reprit la question. Il chauffa une certaine quantité d'eau, pendant cent jours consécutifs, dans un vase complètement clos (*pélican*, aujourd'hui abandonné; sorte de cornue dont le col rentrait dans la panse). Le vase fut pesé avant et après l'expérience; son poids avait diminué; l'eau fut évaporée à sec, et le résidu qu'elle laissa fut pesé, ainsi que la *terre*. En ajoutant au poids de la *terre* celui du résidu, on retrouvait un nombre supérieur à la perte de poids du vase. Lavoisier, rompant avec toutes les idées reçues, attribua la formation de la *terre* à l'attaque du vase, et l'excès de poids signalé à des impuretés de l'eau.

La loi des proportions définies a été établie d'abord sur des corps composés; deux chimistes allemands, Wentzel (1740-1793) et Richter (1772-1807), en analysant des sels, avaient reconnu que les bases et les acides s'unissent dans des proportions définies et leurs recherches avaient conduit à la notion d'équivalence, formulée par Richter, notion qui, à bien considérer les choses, implique la loi des proportions définies. Mais leurs travaux avaient passé inaperçus, lorsque Dalton (1), professeur de chimie à Manchester, découvrit la loi des proportions multiples en analysant le formène, l'éthylène, l'oxyde de carbone et le gaz carbonique. Dalton alla plus loin, et proposa l'interprétation de la loi au moyen de l'hypothèse des *atomes*; c'est à lui qu'on doit l'expression de *poids atomique* (1807). Il trouva donc sur son chemin, pour ainsi dire, la loi des proportions définies. Berthollet (1748-1822) attaqua vivement les idées de Dalton et nia les deux lois; il

(1) Dalton (1766-1844) est connu par un grand nombre de travaux remarquables, sur la physique et la chimie; nous signalerons ses recherches sur la vaporisation des liquides.

admettait que deux corps peuvent se combiner en toutes proportions, le rapport des poids qui existent dans un composé dépendant des conditions dans lesquelles le corps a pris naissance. Proust (1754-1826) défendit les lois énoncées par Dalton; il établit par un grand nombre d'analyses la loi des proportions définies, à laquelle on a donné son nom, et insista surtout sur ce fait que, lorsque deux corps forment entre eux plusieurs composés, ces composés sont bien définis, en nombre limité, et que tout corps renfermant les mêmes éléments dans des proportions différentes est un mélange, et non un véritable composé chimique. Tel est le sens de la loi, que Proust défendait depuis 1801, contre Berthollet, par une discussion restée célèbre; les découvertes de Dalton venaient donc lui apporter un appui précieux. La discussion se termina en 1808 par le triomphe des idées de Proust.

La loi de Gay-Lussac (1) date de la même époque. Gay-Lussac, étudiant avec de Humboldt (1769-1859), célèbre savant et voyageur allemand, la composition de l'air, crut reconnaître qu'il renfermait exactement 20 pour 100 d'oxygène et 80 pour 100 d'azote. C'est cette observation (doublement inexacte, car les nombres sont 21 et 79 et l'air est un mélange), qui donna à Gay-Lussac la première intuition de la loi. La première observation exacte fut faite sur l'eau en 1805 par les mêmes savants; mais ce n'est qu'à la fin de 1808 que Gay-Lussac énonça la loi dans toute sa généralité, après avoir étudié tous les gaz composés connus à ce moment.

III. — La nomenclature et la notation.

Pendant toute la durée du moyen âge les alchimistes, préoccupés de se cacher les uns aux autres les résultats de leurs recherches (entreprises presque toujours pour trouver la pierre philosophale ou la panacée universelle), mettaient volontairement une obscurité extrême dans leurs écrits, et donnaient aux corps nouveaux les noms les plus étranges. Déjà, au dix-septième siècle, Boyle protestait contre cette obscurité. Après lui Lémery (2), Rouelle (1703-1770), Bergmann (3), pour ne citer que les plus illustres, essayèrent d'introduire un peu d'ordre dans le fatras des dénominations chimiques [certains corps avaient jusqu'à dix noms différents, quelquefois

(1) Gay-Lussac (1778-1850) est connu par un grand nombre de travaux importants, aussi bien en physique qu'en chimie; on lui doit, en particulier, le procédé de récupération des oxydes de l'azote dans la fabrication de l'acide sulfurique par les chambres de plomb.

(2) Lémery (1645-1715) est le premier qui ait introduit de la clarté dans l'exposition de la chimie. A publié un cours de chimie d'une précision inconnue avant lui.

(3) Bergmann (1734-1784), chimiste suédois.

assez baroques; comme le sulfate de potasse, par exemple, qui joignait à un assez grand nombre d'appellations celle d'*arcanum duplicatum* (secret double)]; on avait créé la classe des sels, celle des *vitriols* (aujourd'hui *sulfates*). Mais ces tentatives restaient isolées. C'est à Guyton de Morveau (1737-1816) qu'on doit le premier essai systématique de nomenclature (1782). Il eut l'idée de désigner les sels par deux noms, dont l'un se rapporterait à l'*acide*, l'autre à la *base*. Ainsi, il disait *vitriol d'argent* (sulfate d'argent), *citrate de cuivre*. C'était un progrès considérable, mais qui ne fut pas accepté par tous. Il fallut à Guyton de Morveau l'appui de Lavoisier, de Fourcroy (1755-1809) et de Berthollet pour faire triompher son idée. C'est en 1787 que ces quatre chimistes se mirent d'accord pour établir les bases d'une nomenclature systématique, rendant ainsi à la science un des plus grands services qu'elle pût alors recevoir. La nomenclature de Lavoisier, sous l'influence des progrès de la chimie, a subi quelques modifications, mais elle était si bien faite qu'il n'y a eu que peu à changer pour la plier à l'interprétation des nouvelles découvertes.

Lavoisier appelait *acides* les corps résultant de l'union d'un métalloïde et de l'oxygène (anhydrides actuels); *bases*, les corps formés par les métaux et l'oxygène; *sels*, les corps formés d'un acide et d'une base; dans les sels, pour lui, l'oxygène était partagé entre l'acide et la base. Cette conception, qui consiste à considérer les corps comme constitués par la réunion de deux corps simples ou de deux groupes de corps simples juxtaposés, en quelque sorte, plutôt que véritablement unis, a reçu le nom de *dualisme*. Les représentants les plus illustres du dualisme ont été Lavoisier et Berzélius (1), auquel on doit quelques perfectionnements de la nomenclature (notamment l'emploi des suffixes *eux* et *ique* pour distinguer les divers degrés d'oxydation des oxydes métalliques). L'existence d'acides hydrogénés établie par les travaux de Berthollet (1789), Gay-Lussac et Thénard (2) (1809), Davy (1810), et la découverte de l'électrolyse des sels (le métal se rendant seul à l'électrode négative, l'anhydride et l'oxygène allant à l'électrode positive) ont conduit à la définition actuelle des acides et des sels. Les idées qu'expriment ces définitions ont été défendues surtout par Gerhardt (3) qui en avait trouvé le germe dans un travail de Davy publié en 1815.

(1) Berzélius (1779-1848), chimiste suédois, l'un de ceux dont les travaux ont le plus contribué au développement de la science chimique immédiatement après Lavoisier.

(2) Thénard (1777-1857), éminent chimiste français, collaborateur de Gay-Lussac dans un grand nombre de travaux.

(3) Gerhardt (1816-1856), chimiste français, connu par des découvertes capitales en chimie organique, a puissamment contribué à l'adoption des formules actuelles.

Les alchimistes représentaient certains corps par des symboles; les métaux tels que l'or, l'argent, le plomb, étaient désignés par les signes astronomiques des astres (soleil ☉, lune ☾, Saturne ♄), auxquels ils étaient dédiés. Lavoisier, guidé par le principe de la permanence des poids, entrevit la possibilité des équations chimiques, et imagina des notations nouvelles [▽ = eau, ♆ = acide nitreux (oxyde azotique actuel), ⊕ ou + = oxygène], mais il lui manquait la notion de poids atomique, qui lui est postérieure, et qui pouvait seule conduire à des résultats féconds.

Le premier essai de notation rationnelle est dû à Dalton. Il représentait l'atome d'hydrogène par ☉, l'atome d'oxygène par ○, l'atome de carbone par ●; il considérait l'eau comme formée de 1 atome d'hydrogène et 1 d'oxygène, et la notait ○☉; l'acide carbonique (1 atome de carbone et 2 d'oxygène) était noté ○●○. Berzélius introduisit dans sa notation l'interprétation des lois de Gay-Lussac, et admit le premier que l'eau comprend 2 atomes d'hydrogène et 1 d'oxygène; c'est encore lui qui eut l'idée d'employer les symboles actuels; il notait l'eau H^2O. Il est le véritable créateur de la notation appelée aujourd'hui atomique.

C'est également lui qui a publié la première table exacte de poids atomiques (1817) (il y avait d'assez graves erreurs dans les nombres admis par Dalton). Il rapportait les poids atomiques à 100 d'oxygène. Le poids atomique de l'hydrogène était dans ce système 12,5. Le quotient $\frac{100}{12,5}$ étant égal à 8 exactement, ce fait fournit un argument au chimiste anglais Prout (1786-1856) qui avait émis en 1815 cette idée, que les poids atomiques de tous les corps simples étaient des multiples exacts de celui de l'hydrogène; des déterminations très soignées des poids atomiques ont fait rejeter son hypothèse.

IV. — La chimie organique.

Le développement de la chimie organique était subordonné à celui de la chimie minérale; et, bien qu'on possédât déjà un certain nombre de connaissances sur les substances organiques à l'époque de Lavoisier, les progrès de la chimie des êtres vivants datent surtout des travaux de ce savant et de ses successeurs.

Les chimistes arabes affirmèrent les premiers que les propriétés actives des plantes ne résidaient pas dans la plante tout entière, mais dans certains de ses organes. Dès le huitième siècle, Geber distillait le vinaigre; au douzième siècle, Albucasis décrivait la distillation du vin; Arnauld de Villeneuve (?-1313) décrit l'alcool; Basile Valentin (quinzième et seizième siècles) apprend à le *dulcifier* par les acides (formation d'éthers). On sait à cette époque que les matières d'origine végétale ou animale sont toutes détruites par la distillation, et sont les seules qui donnent dans cette opération de l'eau, des huiles, de la terre (charbon), de l'alcali volatil (ammoniac).

Vers le milieu du dix-huitième siècle, on commence à s'occuper d'isoler les principes immédiats, et on imagine les procédés employés encore aujourd'hui (pression, dissolvants neutres, eau, alcool...), mais on méconnait leur vraie nature. Celle-ci ne fut fixée qu'à la suite des mémorables travaux de Chevreul (1) sur les corps gras (1815).

Alors seulement on reconnut qu'un principe immédiat est une espèce chimique *dont on ne peut, sans la détruire, tirer par analyse aucune autre substance*. L'association des principes immédiats en proportions infiniment variables, pour ainsi dire, rend compte de la diversité de propriétés des produits organisés.

La composition élémentaire des substances organiques ne pouvait être soupçonnée tant qu'on n'avait pas reconnu la simplicité du carbone, de l'hydrogène, de l'oxygène, de l'azote. Lavoisier, brûlant de l'alcool dans un appareil qui lui permettait de recueillir l'eau formée, trouva un poids d'eau supérieur au poids d'alcool brûlé et vit dans ce résultat la preuve de l'existence de l'hydrogène dans l'alcool; le gaz carbonique produit dans cette combustion est une preuve de l'existence du carbone La détermination de la composition du gaz ammoniac par Berthollet, en 1787, vint révéler la présence constante de l'azote dans les matières d'origine animale. Lavoisier, dans ses études sur la putréfaction, reconnut qu'elle dégage de l'ammoniac, de l'eau, de l'azote, du gaz sulfhydrique, des carbures d'hydrogène, de l'hydrogène phosphoré.

En 1789, l'Académie des sciences posait au concours la question de savoir comment s'effectuait la circulation des éléments entre les trois règnes (les végétaux absorbent des éléments minéraux, les animaux se nourrissent de végétaux ou d'autres animaux, les uns et les autres restituent sous d'autres formes au milieu extérieur les éléments qu'ils lui ont empruntés) ; la conclusion du programme était : « on entrevoit que la végétation et l'animalisation doivent être des phénomènes inverses de la combustion et de la putréfaction. »

Lavoisier imagina le premier d'analyser les matières organiques en les brûlant par une quantité déterminée d'oxygène. Le procédé fut perfectionné par Berzélius, qui substitua à ce corps un peroxyde capable de perdre facilement son oxygène et proposa le bioxyde de plomb PbO^2 ; par Gay-Lussac et Thénard, qui em-

(1) Chevreul (1786-1889), auteur de nombreuses recherches sur la chimie organique et d'expériences remarquables sur la combinaison et les contrastes des couleurs.

ployèrent le chlorate de potassium auquel Gay-Lussac substitua bientôt l'oxyde noir de cuivre CuO ; par Dumas (1), qui imagina le dosage de l'azote en volume; par Liebig (2), qui rendit plus facile et plus exact le dosage du gaz carbonique.

La notion de fonction chimique fut introduite dans la science par la découverte de l'esprit de bois, en 1835, par Dumas et Péligot, qui montrèrent ses liens avec l'alcool ordinaire. Dumas, l'année précédente, avait découvert le fait capital des substitutions. A partir de ce moment les progrès et les découvertes se succèdent rapidement. La notion de fonction se précise, des industries nouvelles se créent, comme celle des couleurs d'aniline (1856, l'aniline avait été découverte en 1826 par Unverdorben). En 1854, M. Berthelot établit la fonction trialcoolique de la glycérine. En 1856, Würtz (3) découvre le glycol, qui est un alcool diatomique.

La possibilité de la synthèse des corps organiques a longtemps été niée, et Gerhardt, vers 1850, attribuait encore les réactions qui donnent naissance aux corps organiques à une *force vitale* particulière; il ne croyait pas qu'il fût possible de fabriquer de toutes pièces un principe immédiat. Cependant Wœhler (4) avait, dès 1828, obtenu l'urée en chauffant avec de l'eau le cyanate d'ammonium. En 1854, M. Berthelot réalisa la synthèse de l'alcool et celle des principes immédiats des corps gras naturels; en 1862, celle de l'acétylène, qui est fondamentale; en 1868, MM. Graœbe et Liebermann réalisèrent la synthèse de l'alizarine, matière colorante de la garance, et leur procédé perfectionné est appliqué industriellement. Le nombre des corps naturels dont on sait aujourd'hui faire la synthèse est très grand. Nous citerons parmi eux l'indigo et les sucres. Cette dernière synthèse, qui présentait d'extrêmes difficultés, est due surtout aux travaux d'un chimiste allemand, M. Fischer.

La nomenclature actuelle des corps organiques, au moyen de suffixes ajoutés aux noms des carbures, a été ébauchée par un congrès de chimistes réuni à Genève en 1892.

(1) Dumas (1800-1884), chimiste français, auteur de nombreuses et importantes découvertes.

(2) Liebig (1803-1871), un des plus grands chimistes du siècle; on lui doit la découverte de l'aldéhyde, du chloral; son nom a été popularisé par les *extraits de viande* dans lesquels il réussit à condenser les principes nutritifs de la viande.

(3) Würtz (1817-1884) a contribué par un grand nombre de recherches et de découvertes aux progrès de la chimie. C'était un des plus fervents promoteurs de la notation atomique.

(4) Wœhler (1800-1882), chimiste allemand, collaborateur de Liebig dans un certain nombre de travaux, isola le premier l'aluminium.

EXERCICES

1. — *On réduit par le charbon 100 grammes d'oxyde de cuivre, et on reçoit le gaz carbonique produit dans 1 litre d'eau où l'on a fait dissoudre 100 grammes de potasse caustique. On demande le poids de carbonate de potassium formé, et le poids de la potasse non saturée par l'acide, s'il en reste.*

L'équation

$$2CuO + C = CO^2 + 2Cu$$

montre que

158g d'oxyde de cuivre donnent 44g d'anhydride carbonique.
100g — donneront $\frac{44 \times 100}{158}$.

La saturation de la potasse par ce gaz est représentée par l'équation

$$CO^2 + 2KOH = CO^3K^2 + H^2O,$$

d'après laquelle

44g d'anhydride saturent 112g de potasse et donnent 138g de carbonate

$44 \times \frac{100}{158}$ $\quad 112 \times \frac{100}{158} = 70^g,88 \quad 138 \times \frac{100}{158} = 87^g,34.$

Il restera $100 - 70,88 = 29^g,12$ de potasse.

2. — *On plonge une lame de cuivre dans une dissolution d'azotate d'argent et on l'y laisse jusqu'à précipitation complète; le poids d'azotate d'argent contenu dans la dissolution étant 5 grammes, on demande l'augmentation de poids de la lame de cuivre.*

La réaction est représentée par l'équation

$$\begin{array}{llll} Cu + & 2AgAzO^3 = & Cu(AzO^3)^2 + & 2Ag \\ 63 & 2 \times 170 & & 2 \times 108 \\ & = 340 & & = 216. \end{array}$$

Pour 340g d'azotate d'argent la lame de cuivre gagne $216 - 63 = 153^g$
5 — — — $\frac{153 \times 5}{340} = 2^g,25.$

3. — *On traite par la chaleur* 100 *grammes d'un mélange de bicarbonates de potassium et de sodium; on obtient* 12 *litres d'anhydride carbonique mesurés à* $0°, 760^{mm}$. *On demande la quantité de chacun des sels contenus dans le mélange.*

Les réactions sont représentées par les équations suivantes :

$$2HKCO^3 = K^2CO^3 + H^2O + CO^2$$
$$2 \times 100 \qquad 44^g, \text{ ou } 22^l,2$$
$$2.HNaCO^3 = Na^2CO^3 + H^2O + CO^2$$
$$2 \times 84 \qquad 44^g, \text{ ou } 22^l,2.$$

Soit x le poids de carbonate monopotassique, y le poids de carbonate monosodique du mélange, on a :

$$x + y = 100$$
$$\frac{11,1x}{100} + \frac{11,1y}{84} = 12.$$

On tire de là, en résolvant les équations,

$$x = 57,43$$
$$y = 42,57.$$

4. — *On fait passer un courant de chlore sur* 10 *grammes d'un alliage de cuivre et d'argent; quand l'action est terminée, on reprend le produit par l'eau jusqu'à ce que rien ne se dissolve plus; on fait ensuite passer un courant d'hydrogène pur et sec sur le résidu solide placé dans un tube chauffé, et on reçoit le gaz qui sort du tube dans* 100 *centimètres cubes d'une solution de potasse contenant* 47 *grammes d'alcali* (K^2O) *par litre; on trouve qu'à la fin de l'opération il n'y a plus que* $0^{gr},79$ *d'alcali libre dans les* 100 *centimètres cubes de liqueur. Déduire de ces résultats le titre de l'alliage.*

On a obtenu par l'action du chlore un mélange de chlorures $CuCl^2$ et $AgCl$, dont le premier seul est soluble; le résidu est du chlorure d'argent, dont la réduction par l'hydrogène est représentée par l'équation

$$AgCl + H = HCl + Ag.$$

D'où :

$143^g,5$ de chlorure d'argent donnent $36^g,5$ d'acide chlorhydrique. Les 100 centimètres cubes de liqueur alcaline contiennent $4^g,7$ d'oxyde; la saturation par l'acide chlorhydrique répond à l'équation

$$K^2O + 2HCl = 2KCl + H^2O,$$

d'où :

73^g d'acide saturent 94^g d'oxyde.

Dans l'expérience il a disparu $4,7 - 0,79 = 3^g,91$ d'alcali, qui correspondent à $3,91 \times \frac{73}{94}$ d'acide chlorhydrique, et à

$$3,91 \times \frac{73}{94} \times \frac{143,5}{36,5} \text{ de chlorure d'argent;}$$

or, pour $143^g,5$ de chlorure il y a 108 d'argent; le poids d'argent de l'alliage est donc

$$3,91 \times \frac{73}{94} \times \frac{143,5}{36,5} \times \frac{108}{143,5} = \frac{3,91 \times 2 \times 108}{94} = 8^g,98.$$

Le titre de l'alliage est donc 0,898.

5. — *Pour doser les chlorures contenus dans une eau de source, on verse dans 10^{cc} de cette eau, additionnée d'une goutte de chromate dipotassique jaune (K^2CrO^4), une solution titrée d'azotate d'argent jusqu'à ce que la liqueur vire au rouge (formation de chromate diargentique rouge, Ag^2CrO^4, quand tout le chlore a été précipité par l'argent). On demande :*

1° *Quel doit être le titre de la liqueur d'argent pour que 10^{cc} correspondent à 1^{mgr} de chlore;*

2° *Quelle est, exprimée en chlorure de sodium, la quantité de chlorures contenue dans l'eau, sachant que le virage s'est produit quand on a eu versé $8^{cc},4$ de liqueur d'argent.*

1° Les tables de poids atomiques et la formule AgCl du chlorure d'argent nous apprennent qu'il faut $107^{mg},9$ d'argent, ou $14 + 3 \times 16 + 107,9 = 169^{mg},9$ d'azotate $AgAzO^3$ pour précipiter $35^{mg},5$ de chlore; la quantité qui précipitera 1^{mg} sera donc $169,5 : 35,5 = 4^{mg},786$; cette quantité devant se trouver dans 10^{cc} de liqueur, le titre cherché est $0^g,479$ par litre.

2° $8^{cc},4$ de liqueur correspondent à $0^{mg},84$ de chlore ou $\frac{0,84 \times (35,5 + 23)}{35,37} = 1^{mg},38$ de chlorure de sodium; l'eau examinée contient donc, évalués en chlorure de sodium, 138^{mg}, ou $0^g,138$ de chlorures par litre.

6. — *On a brûlé de l'acétylène dans la bombe calorimétrique au moyen d'un excès d'oxygène. Les gaz de la combustion, extraits et conduits dans des tubes à anhydride phosphorique et à potasse caustique, ont abandonné aux premiers $0^g,06$ d'eau et aux seconds $6^g,6$ de gaz carbonique; de plus la chambre à combustion contenait, après l'expérience, $1^g,29$ d'eau; la chaleur dégagée a été trouvée, toutes corrections faites, égale à $23^c,80$. En supposant que la combustion ait été complète, on demande de déduire de l'ex-*

périence la chaleur de formation de l'acétylène. On sait que la réaction C (diam.) $+ O^2 = CO^2$ *dégage* 94 *calories;*

$$H^2 + O = \begin{cases} H^2O \text{ liq.} + 69^c \\ H^2O \text{ gaz.} + 58^c,2. \end{cases}$$

La combustion complète de l'acétylène est représentée par l'équation :

$$C^2H^2 + O^5 = 2CO^2 + H^2O,$$

d'après laquelle 26 grammes de carbure fournissent 88 grammes de gaz carbonique; 6g,6 de ce gaz correspondent donc à $\frac{6,6 \times 26}{88} = 1^g,95$ d'acétylène. La formation des 0g,06 d'eau arrêtée par le chlorure de calcium correspond à un dégagement de $\frac{58,2 \times 0,06}{18} = 0,18$ calories; celle des 1g,29 d'eau condensée dans la chambre à

$$\frac{69 \times 1,29}{18} = 4^c,94;$$

celle des 6g,6 de gaz carbonique, à $\frac{94 \times 6,6}{44} = 14^c,10$; ce qui donne en tout :

$$0,18 + 4,94 + 14,10 = 19,22.$$

La différence $23,80 - 19,22 = 4,58$ représente la chaleur dégagée par la destruction de 1g,95 d'acétylène. La formation d'une molécule d'acétylène absorbera $\frac{4,58 \times 26}{1,95} = 61^c,06$.

7. — *On décompose totalement de l'éthylène par le chlore; on obtient de l'acide chlorhydrique gazeux et un dépôt de charbon. On demande, dans le cas où on opère sur* 1mc *d'éthylène, mesuré à* 0° *et à* 760mm :

1° *Quel volume de chlore, mesuré à* 0° *et sous* 760mm, *il faudra employer;*

2° *Quel volume d'acide chlorhydrique, mesuré à* 0° *et* 760mm, *on obtiendra;*

3° *Quel poids de charbon sera mis en liberté.*

On sait qu'à 0° *et* 760mm, 1 *litre de chlore pèse* 3g,18; 1 *litre d'acide chlorhydrique pèse* 1g,635; 1 *litre d'éthylène pèse* 1g,254; 1 *litre d'hydrogène pèse* 0g,08958. (École centrale, concours de 1885.)

La réaction est représentée par l'équation

$$C^2H^4 + 2Cl^2 = 2C + 4HCl.$$

C^2H^4 représente 2 volumes, Cl^4 4 volumes. Il faudra donc employer 2 mètres cubes de chlore pour effectuer la réaction.

1 mètre cube d'éthylène pèse $1^{kg},254$.

L'éthylène contient $\frac{4}{28}$ ou $\frac{1}{7}$ de son poids d'hydrogène. Le poids de l'acide chlorhydrique formé est égal au poids de l'hydrogène, ou $\frac{1,254}{7}$ augmenté du poids des deux mètres cubes de chlore ou $6^{kg},36$, c'est-à-dire $6^{kg},539$. Le volume correspondant est $\frac{6,539}{1,635} = 3^{mc},999$ ou 4 mètres cubes.

D'ailleurs, on peut remarquer que 4HCl représente 8 volumes, c'est-à-dire un volume 4 fois plus grand que celui de C^2H^4.

28 d'éthylène contiennent 24 de charbon; le dépôt produit dans l'expérience pèsera donc : $\frac{24}{28} \times 1,254 = 1^{kg},075$.

8. — *On introduit dans l'eudiomètre 100 volumes d'un gaz carboné de composition inconnue, avec 400 volumes d'oxygène. Après le passage de l'étincelle il reste 300 volumes de gaz, dont 200 absorbables par la potasse et 100 par le phosphore. Déduire de ces données la composition du carbure.*

Les 200 volumes absorbables par la potasse, et qui sont constitués par de l'anhydride carbonique, correspondent à 200 volumes d'oxygène; on avait introduit 400 volumes de ce dernier gaz, il en reste 100 après l'étincelle, donc il en a disparu 100 qui ont formé de l'eau avec l'hydrogène du carbure. 100 volumes de ce gaz contiennent donc 200 volumes d'hydrogène; c'est-à-dire qu'une molécule de gaz (2 vol.) contient H^4, et la quantité de carbone existant dans 2 molécules de CO^2, soit 2C. C'est de l'éthylène.

9. — $0^g,3$ *d'une matière organique azotée ont donné à l'analyse* $0^g,723$ *de gaz carbonique et* $0^g,405$ *d'eau; le gaz ammoniac résultant de l'action d'un excès de chaux sodée sur la même quantité de matière a été reçu dans* 10^{cc} *d'une solution étendue d'acide chlorhydrique; on demande la composition centésimale et la formule de la substance, sachant :*

1° *Que, pour saturer* 10^{cc} *de cet acide avant l'expérience, il aurait fallu y verser la quantité d'eau de baryte contenue dans 97 divisions d'une burette graduée en 250 parties égales;*

2° *Qu'il faut verser 16 divisions du liquide de la burette pour saturer les 10^{cc} d'acide qui ont servi à l'analyse;*
3° *Que 38 divisions du même liquide saturent 10^{cc} d'une liqueur chlorhydrique à $7^g,3$ d'acide pur par litre;*
4° *Que la densité de vapeur de la substance est 2,5.*

La matière analysée contient $\frac{3}{11} \times 0,723 = 0^g,197$ de carbone et $\frac{1}{9} \times 0,405 = 0^g,045$ d'hydrogène. 38 divisions du liquide de la burette saturent $0^g,073$ d'acide chlorhydrique; 97 — 16 ou 81 divisions saturent donc $\frac{81 \times 0,073}{38} = 0^g,155$ de cet acide; c'est justement la quantité équivalente au gaz ammoniac dégagé; le poids d'azote contenu dans la substance est donc $\frac{14 \times 0.155}{36.5} = 0^g,059$, puisque 17 de AzH^3, qui contiennent 14 d'azote, équivalent à 36,5 d'acide chlorhydrique; la matière analysée contient donc $0^g,197$ de carbone, $0^g,045$ d'hydrogène et $0^g,059$ d'azote; la somme étant $0^g,301$, il n'y a pas d'oxygène. En centièmes, la composition serait $199 : 3 = 65,6$ de carbone, $45 : 3 = 15$ d'hydrogène, et $59 : 3 = 19,6$ d'azote.

La composition, rapportée à 14 d'azote, serait $\frac{65,6 \times 14}{19,6} = 46,8$ de carbone; $\frac{15 \times 14}{19,6} = 10,7$ d'hydrogène et 14 d'azote; la formule la plus simple est donc $C^4H^{11}Az$; la densité de vapeur étant 2,5, le poids moléculaire est $28,8 \times 2,5 = 72$; la formule indiquée correspond à 73; elle est exacte.

10. — *$0^g,4$ d'une substance organique non azotée ont donné à l'analyse $0^g,391$ de gaz carbonique et $0^g,08$ d'eau. Trouver sa composition centésimale et sa formule, sachant que cette substance est un acide bibasique, et que 10^{cc} d'une solution aqueuse à 1 p. 100 sont complètement neutralisés par $22^{cc},1$ d'une solution de potasse à $5^g,6$ d'hydrate KOH par litre.*

La matière analysée contient $\frac{0,391 \times 3}{11} = 0^g,106$ de carbone et $\frac{0,08}{9} = 0^g,0088$ d'hydrogène; la somme est 0,1154, le poids de l'oxygène est $0^g,4 - 0,1154 = 0^g,2846$. On en déduit, pour la composition en centièmes, 26,6 de carbone, 2,2 d'hydrogène, et 71,1 d'oxygène. Rapportons à 1 d'hydrogène, nous avons $\frac{26,6}{2,2} = 12$ de carbone et $\frac{71,1}{2,2} = 32$ d'oxygène. La formule la plus simple est donc CHO^2. 10^{cc} de la solution aqueuse contiennent $0^g,1$ de la substance; $22^{cc},1$ de liqueur alcaline contiennent $\frac{22,1 \times 5,6}{1000} = 0^g,124$ d'alcali; donc 1 gramme de la substance sature $1^g,24$ de potasse: l'acide étant bibasique, sa molécule est saturée par deux molécules d'alcali ou 2×56; en appelant P le poids moléculaire, nous pourrions établir la proportion

$$\frac{P}{1} = \frac{2 \times 56}{1,24} = 90.$$

Or, $CHO^2 = 45$; la formule cherchée est donc $C^2H^2O^4$.

INDEX

(Les numéros renvoient aux paragraphes.)

Acétamide, 299.
Acétone, 264, 284-286.
Acétones, 287, 298.
Acétylène, 245, 269.
Acide acétique, 245, 291-294.
— azotique, 23.
— benzoïque, 343.
— borique, 23.
— bromhydrique, 75, 79.
— chlorhydrique, 23, 29, 36, 213.
— chromique, 177.
— cyanhydrique, 302, 310-316.
— cyanique, 306.
— ferricyanhydrique, 318.
— ferrocyanhydrique, 174, 318.
— fluorhydrique, 71, 73.
— formique, 265.
— glycérique, 321.
— glycolique, 323.
— hydracrylique, 332.
— iodhydrique, 77, 79, 217.
— lactique, 328-331.
— orthophosphorique, 23.
— oxalique, 268, 322-327.
— pyrogallique, 339.
— sarcolactique, 332.
— sulfurique, 23, 26, 28.
— urique, 301, 330.
Acides, 96-97, 265, 298.
Acidimétrie, 34.
Acroléine, 319.
Acrose, 246, 320.
Albumine, 348.
Albuminoïdes, 350.
Alcalimétrie, 33.
Alcool benzylique, 343.
— éthylique, 245, 272, 277.
— isopropylique, 252.
— propylique, 252, 334.
Alcools, 260, 262, 263, 278, 279.
Aldéhyde benzylique, 343.
— éthylique, 280-282.
— formique, 283.
— glycérique, 320.
Aldéhydes, 262, 283, 298.
Alumine, 45.
Amalgames, 143.
Amides, 292, 3°; 300.
Amines, 89, 260, 290.
Ammoniac, 23.
Analyse électrolytique, 30-31.
— élémentaire, 241.
— immédiate, 3, 22.
— pondérale, 24, 27-31.
— qualitative, 18-22, 240.
— volumétrique, 25, 32-36.
Anhydride acétique, 292.
— carbonique, 23, 212.
— sulfureux, 23, 213.
Anhydrides, 292.
Aniline, 339.
Antimoine, 91.
Argent, 29, 36.
Arsenic, 90.
Arséniure d'hydrogène, 90.
Arsines, 90.
Atomes, 40, 42.
Atomicité, 54.
Azotate de baryum, 130.
— de potassium, 123.
— de sodium, 122.
— de strontium, 130.
Azotates, 191.

Baryte, 127.
Baryum, 126.
Bases, 96, 98.
Basicité d'un acide, 97.
Benzine, 333-337.
Bioxyde de baryum, 128.
Bisulfure d'hydrogène, 82, note.
Blanc de zinc, 140.
Blende, 137.
Bleu de Prusse, 318.
Bombe calorimétrique, 234.
Bore, 94.
Brome, 74, 78.
Butanes, 253.

Cadmium, 154.
Cæsium, 114.
Calamine, 137.
Calcium, 126.

Caractères d'un corps, 1-23.
— des acides, 196.
— des métaux, 195.
Carbonate de calcium, 214.
Carbonates, 193.
— de potassium, 124.
Carbone, 23.
Carbures : dérivés halogénés, 258-266, 271, 298.
Carbures acétyléniques, 269-270.
— benzéniques, 333-337, 332-346.
— cycliques, 336.
— éthyléniques, 267-268.
— forméniques, 257.
Carnallite, 101, 118.
Caséines, 352.
Catalyse, 230.
Céruse, 163.
Chlore, 23, 29, 35, 36, 69.
Chlorure acétique, 292.
— cuivreux, 132.
— d'ammonium, 52.
— de potassium, 118.
— de zinc, 140.
— ferrique, 65, 170.
Chlorures, 188.
— de mercure, 149-152.
— d'acides, 292.
Chromates, 177.
Chrome, 176, 179, 180.
Classification des métalloïdes, 68-95.
Cobalt, 175, 180.
Congélation fractionnée, 12.
Cristallisation fractionnée, 6.
Cryoscopie, 56, 113.
Cuivre, 132-134.
Cyanogène, 302, 303-308.
Cyanures, 309, 317.
Cyclohexane, 336.

Décantation, 8 *b*.
Déliquescence, 104, 215.
Dialcools, 262.
Dichromate de potassium, 177.
Diphénols, 339.
Dissociation, 210-219.
— électrolytique, 108.
Distillation fractionnée, 13-17.

Eau (dissoc.), 210.
Eau oxygénée, 82.
Ebullioscopie, 58, 113.
Efflorescence, 104, 215.
Electrolytes, 107.
Equilibres, 207-225.
Equivalents des métaux, 106.
Essence d'amandes amères (voy. Aldéhyde benzylique).
Etain, 165.
Ether ordinaire, 274-275.
Ethérification, 218, 297.
Ethers oxydes, 276.
Ethers sels, 295-297.
Ethylates, 273.
Eutectiques, 7.
Explosifs, 205.

Fer, 166-171.
Fer chromé, 178, 182.
Ferment lactique, 331.
Ferricyanure de potassium, 318.
Ferrocyanure de potassium, 174, 318.
Fibrines, 352.
Filtration, 8 *a*.
Fluor, 70, 72.
Fluorure de calcium, 73.
Fonctions chimiques, 248.
Force des acides et des bases, 102.
Formol (voy. aldéhyde formique).
Formule d'une substance organique, 242.
Formules développées, 249, 251-255.
Fusion aqueuse, 103.

Gélatine, 352.
Glucinium, 154.
Glycérine, 266, 319-321.
Groupements fonctionnels, 250.

Hydrate de zinc, 136.
Hydrates métalliques, 182-183.
Hydrates salins, 103.
Hyposulfite de sodium, 121.
Hypothèse atomique, 40.

Iode, 76, 78.
Isoméries, 249, et Note.
Isomorphisme, 46.

Liqueurs titrées, 32.
Litharge, 156.
Lithium, 114, 115.
Loi d'Avogadro-Ampère, 49.
— de la conservation de la masse, 37.

Loi des chaleurs spécifiques, 55.
— des poids, 38.
— des volumes, 48.
Lois de Raoult, 56-58.
— du déplacement de l'équilibre, 219.
— de Berthollet, 222.

Magnésium, 154.
Manganates, 177.
Manganèse, 176, 179, 180.
Massicot, 156.
Mélanges réfrigérants, 105.
Mercure, 143-148, 154.
Métaux alcalino-terreux, 126-131.
— alcalins, 114-125.
Méthylamines, 288, 289.
Minium, 162.
Molécules, 40, 43.

Nickel, 175, 179, 180.
Nitriles, 299, 300, 302.
Nombres proportionnels, 39.
Notation atomique, 64.

Osséine, 252.
Oxyde d'éthyle, 274-275.
— de carbone, 213.
— de zinc, 140.
Oxydes de cuivre, 38, 132-133.
— de fer, 170.
— de mercure, 143-144.
— de plomb, 156.
— métalliques, 182.
Ozone, 70 note.

Pentachlorure de phosphore, 51 *b*, 260 note.
Pentanes, 254.
Périodes de Mendelejeff, 181.
Peroxyde d'azote, 51 *a*.
Phénol, 338.
Phénols, 339.
Phosphonium, phosphines, 89.
Phosphure d'hydrogène, 89.
Plomb, 155-161, 164, 165.
Poids atomiques, 41, 53, 55, 60-63, 67.
Poids moléculaires, 43, 56-59.
Point de réaction, 202.
Poudre de chasse, 123.
Potasse caustique, 117.
Potassium, 114, 116.
Pression osmotique, 111-112.
Principe du travail maximum, 238, 239.
Principes immédiats, 243-244.
Propane, 252.

Radicaux, 66, 255.
Réactions endothermiques et exothermiques, 197.
Réactions explosives, 205, 206.
— modérées, 203.
— réversibles et irréversibles, 200.
Rubidium, 114.

Sel d'oseille, 325.
Sélénium, 84.
Sels, 96-105, 221-225.
Séparation des corps solides, 4-7.
Séparation des gaz, 9-10.
Séparation des liquides, 11-17.
Silicium, 93, 165.
Sodium, 114.
Strontiane, 127.
Strontium, 126.
Sulfate de baryum, 28.
Sulfate de zinc, 141.
Sulfates, 189.
Sulfates de potassium, 119.
Sulfites de sodium, 120.
Sulfate mercurique, 220.
Sulfures, 184-187.
— alcalino-terreux, 129.
Symboles, 42.
Syntonine, 348, 352.
Synthèses organiques, 245-247.

Tellure, 85.
Thermochimie, 231-239.
Toluène, 342.
Toluidines, 343.
Tonométrie, 57.
Trialcools, 265.
Tube chaud et froid, 213.

Urée, 301.

Valence, 64, 65.
— des acides, 97.
— des bases, 99.
Vapeurs anormales, 51.
Vitesse de réaction, 203.
Volume moléculaire, 50.

Zinc, 135-140, 142.

TABLE DES MATIÈRES

CHAPITRE I (§ 1-23).

Généralités sur les combinaisons chimiques. — Analyse immédiate. — Principes d'analyse qualitative.

Caractères distinctifs des corps, 1. — Préparation des corps, 2. — Produits secondaires et impuretés; analyse immédiate, 3. — Corps solides, 4; eutectiques, 6. — Solides et liquides, 7. — *Mélanges homogènes :* corps gazeux, 8. — Corps liquides : congélation fractionnée, 9; distillation fractionnée, 9. — Caractères d'un composé défini, 13. — Existence d'un corps simple dans une combinaison, 14. — Caractères des combinaisons, 15.

CHAPITRE II (§ 24-36).

Principes d'analyse quantitative.

Méthodes pondérales et méthodes volumétriques, 19. — Composition des corps, 20. — *Description de quelques méthodes pondérales;* généralités, 21. — Acide sulfurique et baryum, 22. — Chlore et argent, 23. — *Dosages électrolytiques*, 23; cuivre, 24. — *Méthodes volumétriques;* généralités, 25. — Alcalimétrie, 26. — Acidimétrie, 27. — Chlorométrie, 27. — Chlore des chlorures et argent, 28.

CHAPITRE III (§ 37-67).

Lois fondamentales de la chimie. — Poids moléculaires et poids atomiques. — Notation atomique.

Lois et définitions. — Loi de la conservation de la masse, 30. — Loi des poids, 30. — Nombres proportionnels, 31. — Atomes et molécules, 33 — Poids atomiques, symboles; poids moléculaires, formules, 34.

Détermination des poids moléculaires et des poids atomiques: marche à suivre, 35. — Méthodes de contrôle : Isomorphisme, 37. — Corps à l'état de gaz ou de vapeur : loi des combinaisons en volume, 37. — Loi d'Avogadro-Ampère, 38; volume moléculaire, 40; vapeurs anormales, 41; poids atomiques des corps formant des composés volatils, 43; atomicité, 43. — Poids atomique des éléments solides : lois des chaleurs spécifiques, 43. — Méthodes fondées sur les propriétés des solutions : cryoscopie, 45; tonométrie et ébullioscopie, 47. — Exemples de détermination des poids atomiques, 48. — Notation atomique : valence, 51; radicaux, 53. — Tableau des poids atomiques, 54.

CHAPITRE IV (§ 68-95).

Classification des métalloïdes.

Généralités, 55. — *Première famille :* Fluor, 55; brome, 58; iode, 59; résumé, 61. — *Deuxième famille :* Oxygène et soufre, 62; sélénium, 63; tellure, 63; résumé, 64. — *Troisième famille :* Azote et phosphore : différences, 64; analogies, 65; arsenic, 66; antimoine, 67; résumé, 68. — *Quatrième famille*, 68. — *Cinquième famille :* Bore, 69.

CHAPITRE V (§ 96-113).

Acides, bases, sels.

Définitions, 71. — Basicité ou valence des acides; sels acides et sels neutres, 71. — Bases; valence des bases, 73. — Sels basiques, 74. — Sels doubles, 74. — Force des acides et des bases, 74. — Hydrates salins, 75. — Déliquescence et efflorescence, 76. — Mélanges réfrigérants, 77. — Electrolytes; dissociation électrolytique, 78. — Réactions des ions, 80. — Propriétés générales des solutions : Pression osmotique, 81; coefficients de la cryoscopie et de l'ébullioscopie, 84.

CHAPITRE VI (§ 114-181).

Etude particulière de quelques groupes de métaux.

Métaux alcalins. — Propriétés générales, 86; lithium, 87; potassium, 87; potasse, 87. — Chlorure de potassium, 88. — Sulfates de potassium, 88. — Sulfites de sodium, 88; hyposulfite de sodium, 89; azotate de sodium, 89. — Azotate de potassium; poudre, 90; carbonates de potassium, 91. — Ammonium, 92.

Métaux alcalino-terreux. — Propriétés générales, 92. — Baryte et strontiane, 93. — Sulfures de calcium et de baryum, 93. — Azotates de baryum et de strontium, 94.

Cuivre. — Sels cuivreux et sels cuivriques, 95.

Zinc. — Propriétés, 96; extraction, 98; blanc de zinc, 99; sulfate de zinc, 99; sels de zinc, 100.

Mercure. — Propriétés, 100; extraction; purification, 101. — Chlorures de mercure, préparation et usages, 102. — Sels mercureux et mercuriques, 104. — Groupe du zinc, 104.

Plomb. — Propriétés, 105; extraction, raffinage, 106; usages, 108. — Minium, 108. — Céruse, 108. — Sels de plomb, 109. — Groupe du plomb, 110.

Fer et métaux voisins. — Fer; propriétés et préparation du fer pur, 110. — Sulfate ferreux, 112. — Sels ferreux et sels ferriques, 114. — Nickel et cobalt, 114. — Chrome et manganèse, 115.

Périodes de Mendelejeff, 117.

CHAPITRE VII (§ 182-196).

Caractères distinctifs des oxydes, des sulfures et de quelques genres de sels.

Oxydes et hydrates métalliques, 119. — Caractères des hydrates, 120. — Sulfures, 121 ; caractères des sulfures, 122. — Chlorures, 124. — Sulfates, 124. — Azotates, 125. — Carbonates, 126. — Résumé des caractères des métaux, 128, des acides, 132.

CHAPITRE VIII (§ 197-230).

Notions sur les réactions. — Equilibres chimiques. Dissociation.

Réactions exothermiques et réactions endothermiques, 133. — Réactions réversibles et réactions irréversibles, 134. — Influence des conditions extérieures, 134. — Point de réaction, 135. — Vitesse de réaction, 135 ; réactions modérées, explosives, 136.

Équilibres chimiques. — Équilibres vrais et faux équilibres, 137. — *Dissociation :* Moyens de manifester la dissociation, 141. — *Lois de la dissociation :* tension de dissociation, 143 ; efflorescence et déliquescence, 145 ; mélanges partiellement homogènes, 145 ; mélanges entièrement homogènes, 146 ; lois du déplacement de l'équilibre, 147.

Actions des acides, des bases et des sels sur les sels, 149. — Lois de Berthollet, 149. — Renversement des réactions, 152.

Actions chimiques de l'électricité, 152. — Actions chimiques de la lumière, 153. — Actions diverses, 153.

CHAPITRE IX (§ 231-239).

Thermochimie.

Méthodes thermochimiques, 155. — Saturation d'un acide par une base, 155. — Bombe calorimétrique, 156. — Principe de l'état initial et de l'état final, 158. — Principe du travail maximum, 161.

CHIMIE ORGANIQUE

CHAPITRE I (§ 240-247).

Principes de l'analyse organique.

Analyse qualitative, 163. — Analyse élémentaire, 164. — Détermination de la formule, 166.

Principes immédiats, 167. — Transformation des principes immédiats, 167. — Synthèses, 168.

CHAPITRE II (§ 248-255).

Fonctions chimiques. — Formules développées.

Classification des substances organiques; fonctions chimiques, 170. — Isoméries; formules développées, 170. — Groupements fonctionnels, 171. — Etablissement des formules développées, 171.

CHAPITRE III (§ 256-271).

Carbures d'hydrogène. — Dérivés halogénés.

Carbures forméniques, 176. — Dérivés halogénés, 177. — Dérivés monosubstitués : alcools, amines, 178. — Dérivés disubstitués : dialcools, aldéhydes, acétones, 179. — Dérivés trisubstitués : trialcools, acides, fonctions complexes, 180.
Carbures éthyléniques, 181.
Carbures acétyléniques, 184.

CHAPITRE IV (§ 272-290).

Alcool éthylique et corps qui s'y rattachent.

Ethylates, 186. — *Ether ordinaire*, 187. — Ethers-oxydes, 188.
Oxydation de l'alcool, 189.
Aldéhyde ordinaire ou *éthanal*, 190. — Aldéhydes, 192.
Acétone ordinaire ou *propanone*, 192. — Acétones, 193.
Méthylamines, 193. — Amines, 195.

CHAPITRE V (§ 291-301).

Acide acétique et ses dérivés. — Ethers-sels. — Amides.

Acide acétique ou éthanoïque, 196.
Chlorure d'acétyle; chlorures d'acides, anhydrides, 196. — Acides acétiques chlorés, 198.
Ethers-sels, 198.
Relations entre les acides, les aldéhydes, les acétones et les carbures, 200.
Acétamide ou éthanamide, 201. — Amides, 202.
Urée, 202.

CHAPITRE VI (§ 302-318).

Cyanogène. — Acide cyanhydrique. — Cyanures.

Nitriles, 205. — *Cyanogène :* propriétés, 206; préparation, 207; composition, 207. — Production des composés du cyanogène, 208.
Acide cyanhydrique : propriétés, 209; préparation, 210; caractères, 211.
Composés métalliques : cyanures, ferrocyanures et ferricyanures, 212.

CHAPITRE VII (§ 319-332).

Glycérine, acide oxalique, acide lactique.

Glycérine et ses dérivés, 213.
Acide oxalique : propriétés, 214; dérivés, 215; préparation, 217.
Acide lactique : propriétés, 217; préparation, 218; isomères, 219.

CHAPITRE VIII (§ 333-346).

Carbures benzéniques. — Phénol. — Aniline.

Benzine, 220. — Formule de la benzine, 221; carbures cycliques, 222; isoméries dans les dérivés de la benzine, 223.
Phénol : propriétés, 224; phénols, 225.
Aniline, 226; anilines, 227.
Homologues de la benzine : toluène, 227; dérivés du toluène, 228.
Carbures benzéniques, 229; naphtaline, 230.

CHAPITRE IX (§ 347-353).

Substances organiques azotées. — Albumine.

Albumine : propriétés, 231; préparation et usages, 233.
Matières albuminoïdes : propriétés, réactif, 233.
Albumines, caséines, fibrines, gélatines, 234.
Note. — *Notation stéréochimique*, 236.
Notices historiques, 239.
Exercices, 240.
Index, 253.

SAINT-CLOUD. — IMPRIMERIE BELIN FRÈRES.

www.ingramcontent.com/pod-product-compliance
Ingram Content Group UK Ltd.
Pitfield, Milton Keynes, MK11 3LW, UK
UKHW012021240726
13965UKWH00002B/503

9 782013 580205